陈利 吴玉梅 周兵 著

# 生态安全视域下
# 巨灾风险动态识别
# 与防控机制研究

SHENGTAI ANQUAN SHIYU XIA
JUZAI FENGXIAN DONGTAI SHIBIE
YU FANGKONG JIZHI YANJIU

中国财经出版传媒集团
经济科学出版社
Economic Science Press

·北京·

**图书在版编目（CIP）数据**

生态安全视域下巨灾风险动态识别与防控机制研究/
陈利，吴玉梅，周兵著 . -- 北京：经济科学出版社，
2024.3

ISBN 978 - 7 - 5218 - 3714 - 8

Ⅰ . ①生… Ⅱ . ①陈…②吴…③周… Ⅲ . ①自然灾
害 - 风险管理 - 研究 - 中国 Ⅳ . ①X432

中国版本图书馆 CIP 数据核字（2022）第 096511 号

责任编辑：刘 莎
责任校对：隗立娜 靳玉环
责任印制：邱 天

**生态安全视域下巨灾风险动态识别与防控机制研究**

陈 利 吴玉梅 周 兵 著

经济科学出版社出版、发行 新华书店经销

社址：北京市海淀区阜成路甲 28 号 邮编：100142

总编部电话：010 - 88191217 发行部电话：010 - 88191522

网址：www. esp. com. cn

电子邮箱：esp@ esp. com. cn

天猫网店：经济科学出版社旗舰店

网址：http://jjkxcbs. tmall. com

固安华明印业有限公司印装

710 × 1000 16 开 19 印张 320000 字

2024 年 3 月第 1 版 2024 年 3 月第 1 次印刷

ISBN 978 - 7 - 5218 - 3714 - 8 定价：86. 00 元

　　自然因素和人为破坏导致的各种生态巨灾风险，已成为影响
人类社会可持续发展的重大障碍。各类灾害事件的发生，特别是
生态巨灾事件的爆发，不仅会导致大量的财产损失和人身伤害，
还将导致基础设施、社会秩序等破坏，而产生的生态灾难和毁损
在短时间内难以恢复，严重的生态灾难甚至会诱发经济危机和社
会动荡。

　　生态安全视域下巨灾风险的动态识别与防控机制研究致力于
解决生态安全背景下生态巨灾风险管理的理论和实践问题。由于
现代社会人与自然、人与社会、人与人之间的关系变化非常快，
特别是人与自然的矛盾越发突出，导致生态风险的生成形式、发
生种类、传导渠道、扩散途径等都发生前所未有变化。特别是新
兴科技的快速创新与广泛应用，显著改变人类的生产生活方式。
而人类对生态资源的大量索取与破坏，改变了生态境况和社会结
构，导致生态灾害的成灾机理和致灾损失的扩散机理都发生巨大
变化。此外，生态灾害风险管理的知识、生态灾害的风险认知水
平也极大影响人类关于生态灾害风险管理的理念和行为。虽然生
态灾害管理的理论和实践在前期已得到快速发展，但是基于生态
安全的巨灾风险防控不仅是生态风险管理中最有难度的挑战，也

是人类社会可持续发展亟须解决的薄弱环节。

本论著研究了生态巨灾风险的成灾机理，探索影响生态巨灾风险的成灾原因与生态巨灾风险呈现的特性。基于生态巨灾风险的成灾机理，构建了生态巨灾风险成灾的模型，对生态巨灾风险的逻辑进行了探究，剖析了生态巨灾风险暴露出的生态、经济和社会等方面的特殊效应。通过构建生态安全框架下灾害风险影响因素及评价体系，对中国各省市的生态灾害风险进行了综合评价和差异分析。为探索解决生态巨灾风险的防控管理，提高人们对生态巨灾风险的感知能力和行为管理能力，通过借鉴国际生态巨灾风险管理的模式和经验，重点研究设计具有中国特色的生态巨灾风险防控机制。着力解决生态巨灾风险的动态识别与路径选择，包括生态巨灾风险的管理制度、协同系统、融资策略和防控技术等，提升生态巨灾风险损失的分散分担能力和生态灾害风险的防控水平。

本论著从理论和实证的角度出发，着重作了以下研究：（1）通过对中国生态安全和生态巨灾风险现状的梳理，从生态安全视角探索了生态巨灾风险的成灾机理，包括生态巨灾风险的成灾原因、风险特性、成灾逻辑和致灾的生态效应、经济效应、社会效应等，为生态巨灾风险的识别和管理机制设计提供基础。（2）选取我国30个省份2012~2017年的数据，研究生态灾害风险影响因素并构建了生态灾害风险评估体系，发现中国生态灾害风险主要受地理自然条件、区域经济维度、社会管理程度等方面的影响。不同地区的自然资源与地理环境、经济发展水平都存在较大的差异，自然灾害的敏感性和脆弱性亦不同。（3）借鉴前景理论和行为经济学的分析框架，利用风险感知、行为认知相关的理论基础和获取的调研数据，进行风险感知与行为选择的指标设计和体系构建，分析了巨灾情景下风险主体的风险感知与行为倾向。在指标选取和体系构建中，共选取35项指标，构建3层指标体系。（4）本论著采用灰色模糊综合评判法，将模糊集理论与灰色关联分析法相结合，充分考虑在两者互补性的基础上建立方案排序模型。基于模糊综合评价法对中国各地区的生态灾害风险进行了综合评价和差异性比较分析。

　　本论著共9章，具有以下特点和创新：（1）创新生态巨灾成灾理论。巨灾风险的显著特征是低概率、高损失，但巨灾冲击的大小不单纯取决于巨灾损失本身，更取决于社会预警、干预与响应程度。从生态安全视角研究巨灾风险，有助于在人类对自然灾害认知能力的现实约束下，为社会转型背景的生态巨灾风险管理提供新的思路。（2）针对生态安全与巨灾风险的互动比较及其创新展开研究，构建生态巨灾风险成灾的模型，探究生态巨灾风险的成灾机理，对生态巨灾风险进行动态识别和防控机制设计，在一定程度上丰富和完善我国风险治理理论。（3）借鉴不同国家生态巨灾风险管理经验，丰富生态巨灾风险管理的策略与方法。提出中国应发展以政府为主导，多部门多力量协调的巨灾风险管理模式。同时，加强生态巨灾风险管理的立法规范和管理制度的体系建设，并充分利用现代科技为巨灾防控提供技术支撑，提升生态巨灾风险管理能力。（4）传统预期效用理论和决策理论难以解释生态巨灾风险情境下，风险主体的风险感知与行为选择倾向。本论著基于风险主体的风险感知与行为认知理论，运用调查研究和案例方法探索巨灾场景下，生态巨灾风险主体采取的风险偏好和行为选择倾向，并得出结论：①公众生态巨灾的风险感知与敏感程度总体较弱；②不同风险个体的风险感知与行为选择差异明显；③有限理性和政府救助会影响风险主体的非理性行为。（5）推进构建生态风险防控机制，探索构建现代生态巨灾风险管理制度和协同管理系统，加快生态保护融资和生态风险防控技术研发等创新。通过生态巨灾风险管理的策略与路径的探索，寻求生态巨灾管理方式和思路的创新，提高社会系统的抗逆性。

本书由重庆工商大学陈利博士、重庆财经学院吴玉梅教授和重庆工商大学周兵教授合作编著。写作分工为：第3、第4、第5、第7、第8章由陈利执笔；第1、第2、第6章由吴玉梅执笔；第9章由周兵执笔。陈利对全书进行审阅及定稿。

由于编写的时间和笔者的水平有限，难免存在不足与疏漏，恳请读者批评指正。

著者注
2023 年 6 月

CONTENTS ▷
目　　录

# 第1章

# 导　论

　　生态安全视域下巨灾风险的动态识别与防控机制研究致力于解决生态安全背景下生态巨灾风险管理的理论和实践问题。研究生态巨灾风险的成灾机理，拟探索解决：影响生态巨灾风险的原因是什么？生态巨灾风险呈现怎样的特性？生态灾害成灾的逻辑又是如何？研究生态巨灾风险的动态识别，拟探索解决：生态巨灾风险的源头是哪里？生态巨灾的风险源有哪些？生态巨灾风险造成损失程度如何，以及生态巨灾的致灾风险损失怎样传导？人们如何认知生态风险并提高风险感知能力和行为管理能力？研究生态巨灾风险防控机制，着力解决生态巨灾风险管理的制度设计，生态巨灾风险管理的策略与路径选择；力求解决如何防范和控制生态灾害风险水平，提升生态巨灾风险损失的分散能力，降低生态系统与社会系统脆弱性和经济财产损失。由于现代社会人与自然、人与社会、人与人之间的关系变化非常快，特别是人与自然的矛盾越发突出，导致生态风险的生成形式、发生种类、传导渠道、扩散途径等都发生了前所未有的变化。特别是新兴科技的快速创新与广泛应用，显著改变人类的生产生活方式。而人类对生态资源的大量索取与破坏，改变了生态境况和社会结构，导致生态灾害的成灾机理和致灾损失的扩散机理都发生巨大变化。此外，生态灾害风险管理的知识、生态灾害的风险认知水平也极大地影响了人类关于生态灾害风险管理的理念和行为。虽然生态灾害管理的理论和实践在前期已得到快速发展，但是基于生态安全的巨灾风险防控不仅是生态风险管理中最有难度的挑战，也是人类社会可持续发展亟须解决的薄弱环节。

# 1.1 研究背景

## 1.1.1 我国面临日益严峻的生态巨灾风险考验

自然因素和人为破坏导致的各种生态巨灾风险,已成为影响人类社会可持续发展的重大障碍。各类灾害事件的发生,特别是生态巨灾事件的暴发,不仅会导致大量的财产损失和人身伤害,还会使基础设施、社会秩序等遭到破坏,而产生的生态灾难,将使毁损在短时间内难以恢复,严重的生态灾难甚至会诱发经济危机和社会动荡。

尽管人类的风险认知水平不断提升,灾害风险管理的防控能力已得到巨大提高。特别是近年来互联网、新材料等科学技术的发展,推动了灾害识别管理、风险控制技术和工程救灾装备等高速发展,人类驾驭自然的风险管控能力大幅提高。然而灾害风险管理的相关理论和观测数据统计表明:由于自然因子和人类行为相互作用,持续破坏生态平衡导致气候异常,进而引发气象、地质等灾害频繁暴发,人类遭受的生态灾害风险威胁越来越严峻;同时,人类快速创新的新兴科技,大幅拓展了人类活动空间,人为干扰破坏不仅导致大量新的生态灾害产生,而且使单纯的生态风险不断演化,形成更为复杂多变的风险。

自然因素和社会因素的互相作用、相互传导,自然灾害与人为灾害互相叠加,使人类正面临日益严峻的生态巨灾风险威胁。(1) 全球范围内自然灾害造成的经济损失巨大,灾害损失趋势不断扩大,几乎呈指数形式增长。据统计,在20世纪60~80年代,自然灾害共造成经济损失高达2 000多亿美元,从60年代的400亿美元上升到70年代的600亿美元,再到80年代一下飙升为1 200亿美元,为70年代的2倍①;90年代直接超过6 000

---

① 于庆东. 自然灾害经济损失函数与变化规律 [J]. 自然灾害学报, 1993 (4): 3 - 9.

亿美元，为60年代的15倍；进入21世纪以来甚至高达2.5万亿美元。（2）发展中国家面临生态巨灾的风险威胁比发达国家更严峻。相关统计数据还表明：与发达国家的灾害致损相比，发展中国家不仅遭受严重的经济损失，还会造成较大的人身伤亡。全球灾害的人身伤亡统计中，约90%都集中于发展中国家①。

中国历来是生态灾害高发国家，面临着非常严峻的生态巨灾风险考验。根据有关史料记载，中国在西周至清末的3000年里，累计发生大灾大荒5 168次，年均1.723次②。据联合国有关数据统计，全球20世纪累计暴发超级严重的自然灾害54个，中国占8个，死亡人数约占全球的44%。死亡人数在20万人以上的特大地震只有2次，全都发生在中国（1920年，宁夏海原③；1976年，河北唐山）④。伴随着巨灾事件暴发数量的增加，巨灾发生的频率不断攀升，严重程度也在继续上升⑤。据后文⑥统计，1998～2017年在中国发生的典型生态巨灾风险事件高达74件（见表3－6），其中自然生态巨灾风险事件54件，非自然生态巨灾风险事件20件。数据表明，中国的生态巨灾风险事件发生频率较高，自然生态巨灾发生的频率高于非自然生态巨灾发生的频率。

与普通灾害事件相比，一般灾害的发生频率较高、损失规模相对较小，因此其风险冲击和破坏影响相对可控。而生态巨灾风险事件却非常特殊，生态巨灾暴发的概率虽然比较低，但如果一旦暴发则后果非常严重，不仅致灾损失巨大，而且风险也相当难以控制，导致承灾体无法承受巨灾损失的巨大冲击。正是因为生态巨灾属于小概率事件，人们普遍对生态巨

---

① Charles，Perrow. Disasters evermore？［J］. Communications of the Acm，2007.

② 张业成，张立海，马宗晋，等. 从印度洋地震海啸看中国的巨灾风险［J］. 灾害学，2007（3）：105－108.

③ 王长征，彭秀良. 民国前期地震灾害求助研究——1920年宁夏海原地震为中心［J］. 历史教学：下半月，2008（12）：5.

④ 李勇杰. 建立巨灾风险的保障机制［J］. 改革与战略，2005（6）：108－110.

⑤ 姚庆海. 沉重叩问：巨灾肆虐，我们将何为？——巨灾风险研究及政府与市场在巨灾风险管理中的作用［J］. 交通企业管理，2006（9）：46－48.

⑥ 陈利，吴玉梅，等. 国家社会科学基金《生态安全视域下巨灾风险动态识别与防控机制研究》（15XGL025）课题组。

灾缺乏科学认知，不去关注重视，难以掌握其发生规律，通常将生态巨灾事件作为例外。人们将生态巨灾风险的管理列为例外管理，容易走向两个极端，没有发生则漠不关心，而一旦发生则视为巨大挑战，极易导致人类在处理生态巨灾风险管理中，形成知识缺位、认知缺失和管理缺乏。生态巨灾属于"黑天鹅事件"，人们对生态巨灾事件普遍存在态度和行为上的偏差，不重视生态保护、无节制破坏生态，生态风险防控的准备和应对严重缺失，一旦暴发则给社会造成巨大冲击和破坏，常常使承灾体无法承受。据世界气象组织（WMO）2013 年统计显示，虽然统计的 10 次最大气候灾害仅占同期灾害数量的 0.1%，但伤亡人数却占 70%，经济损失也占 19%。由于生态巨灾暴发会造成无法估量的生态损害、财产损失和社会影响，因此有关生态巨灾的科学研究和风险管理得到了全球前所未有的重视。

## 1.1.2 生态巨灾成为危及国家安全的重要因素

2014 年我国将生态安全首次纳入国家安全体系作为总体国家安全观，党的十八大要求全面深化生态改革，提出新常态下要防范隐形风险等现实要求，表明生态巨灾风险是危害国家安全的重要因素，生态安全正受到国家前所未有的高度重视。国家生态安全是指国家具有支撑社会经济持续发展、较为完整且不受威胁的生态系统，以及应对重大生态问题的能力。2015 年国家颁布《中华人民共和国国家安全法》，生态安全被作为维护国家安全的重要任务。

党的十九大进一步阐明生态安全的特殊重要性，提出走良好的生态文明发展道路，为全球生态安全和全国人民良好的环境创造作出贡献。2018 年全国生态环境保护大会将生态安全体系作为生态文明建设的五大体系之一，将生态系统良性循环和环境风险有效防控作为重点。综上所述，生态安全作为国家安全体系的重要基石，已经在理论与实践层面达成共识。

生态安全属于非传统安全，过去常常被人们忽略，没有引起政府和公众足够的重视。非传统安全是指非政治、军事因素引发，但会直接影响甚至威胁国家，乃至全球安全稳定的新安全观①。非传统安全涵盖的范围非常广，涉及经济文化、思想信息、社会舆论、社会思潮、自然环境、生态失衡等方面。经济全球化的冲击下，与传统的政治和军事安全观相比，非传统安全观正受到越来越多的关注和重视，特别是经济社会的可持续发展问题。

**1. 特殊的地形地貌使中国成为全球自然灾害风险最严重的国家之一**

由于中国的地理位置非常特殊，导致异常气象灾害和地质灾害比较频繁。全国的地貌呈西高东低、地势落差大的特征，导致降水量时空分布不均，极易形成大范围的洪涝、干旱等生态灾害。西高指西部的青藏高原是世界地势最高的高原，东低指东部地区是太平洋，极易遭受世界上最大台风源的冲击，从而引发各类气象、海洋灾害。同时，中国处于欧亚与环太平洋两大地震带之间，约 50% 的城市位于地震带上，极易遭受地质、地震灾害。此外，大规模的人为行为，特别是近年加速推进的城市化和工业化，大大加重了各类灾害的风险度。中国是全世界自然灾害风险最严重的国家之一，面临非常严重的各种巨灾灾害威胁，如表 1 - 1 所示。

表 1 - 1　　　　　　　世界遭受多种气候灾害影响最大的国家

| 预计年均总死亡人数 | | | 预计年均总受灾人口 | | | 预计年均总经济（GDP）损失 | | |
|---|---|---|---|---|---|---|---|---|
| 排名 | 国家 | 人/年 | 排名 | 国家 | 百万人/年 | 排名 | 国家 | 十亿美元/年 |
| 1 | 印度 | 2 194 | 1 | 中国 | 7.89 | 1 | 中国 | 75.85 |
| 2 | 中国 | 2 181 | 2 | 印度 | 7.25 | 2 | 日本 | 74.93 |
| 3 | 孟加拉国 | 927 | 3 | 孟加拉国 | 3.6 | 3 | 美国 | 49.14 |
| 4 | 菲律宾 | 726 | 4 | 菲律宾 | 3.34 | 4 | 菲律宾 | 23.47 |
| 5 | 越南 | 374 | 5 | 越南 | 1.46 | 5 | 印度 | 11.57 |
| 6 | 美国 | 243 | 6 | 日本 | 0.95 | 6 | 韩国 | 5.96 |

---

① 马振超. 新形势下国家安全观的演变及特点 [J]. 中国青年政治学院学报，2008，27（5）：62 - 66.

续表

| 预计年均总死亡人数 | | | 预计年均总受灾人口 | | | 预计年均总经济（GDP）损失 | | |
|---|---|---|---|---|---|---|---|---|
| 排名 | 国家 | 人/年 | 排名 | 国家 | 百万人/年 | 排名 | 国家 | 十亿美元/年 |
| 7 | 日本 | 242 | 7 | 美国 | 0.79 | 7 | 墨西哥 | 4.08 |
| 8 | 印度尼西亚 | 181 | 8 | 印度尼西亚 | 0.51 | 8 | 巴西 | 3.73 |
| 9 | 巴西 | 156 | 9 | 墨西哥 | 0.47 | 9 | 越南 | 3.72 |
| 10 | 墨西哥 | 152 | 10 | 韩国 | 0.46 | 10 | 孟加拉国 | 2.9 |
| 11 | 韩国 | 126 | 11 | 巴西 | 0.44 | 11 | 印度尼西亚 | 2.52 |
| 12 | 缅甸 | 125 | 12 | 缅甸 | 0.44 | 12 | 泰国 | 2.46 |
| 13 | 巴基斯坦 | 122 | 13 | 巴基斯坦 | 0.32 | 13 | 德国 | 2.36 |
| 14 | 尼日利亚 | 110 | 14 | 尼日利亚 | 0.32 | 14 | 缅甸 | 2.13 |
| 15 | 泰国 | 104 | 15 | 泰国 | 0.29 | 15 | 法国 | 1.87 |

资料来源：Shi Peijun. Mapping and ranking global mortality, affected population and GDP loss risks for multiple climatic hazards [J]. Journal of Geographical Sciences, 2016, 26 (7): 878 – 888.

据德国慕尼黑再保险公司有关巨灾风险事件的报告统计，发生在中国的巨灾风险事件呈螺旋式上升，1988 年、1995 年、2008 年和 2014 年分别为不同阶段的峰点，但各种灾害风险事件在各个阶段却没有显著差异。

### 2. 日益频发的生态巨灾带来生命财产和社会稳定的巨大冲击

评价和衡量某个国家或地区生态灾害风险的影响程度，既要考虑生态灾害的频率和损失规模，还要考虑生态灾害风险的冲击度。相关研究已表明，如果灾害损失占 GDP 比例不到 2%，则表明灾害对经济的影响程度相对较小；如果大于 5%，则必然产生较大的冲击。国际发达国家巨灾的致损率相对较低，日本的灾损率为 0.5%，美国为 0.6%。与大多数发展中国家类似，生态巨灾的灾损率更高，对经济和社会的冲击巨大。中国的灾害损失比较严重，灾损率一般为 2%～3%，但异常年份更高。中国的灾损占财政比例一般大于 10%，而美国不及 1%①。由于异常气候和过去人为过度开发等因素，导致生态巨灾事件日趋频发，对生态环境、人类生命财产、社会稳定等构成巨大冲击和威胁。②③

（1）生态巨灾会危及大量人身安全和国家安全。

生态巨灾事件暴发常常造成数量惊人的人身伤亡。2004 年暴发的"印度洋地震海啸"事件导致 23 万人死亡，4.6 万人失踪④；2008 年的"缅甸飓风"事件造成人员 7.8 万人死亡，5.6 万人失踪⑤。我国 1976 年发生的"唐山大地震"事件造成 24.2 万人死亡，16.4 万人重伤⑥；2008 年的"汶川大地震"事件造成 6.9 万人死亡，37.5 万人受伤，1.8 万人失踪⑦。2001 年美国的"9·11"恐怖袭击事件造成 2 977 人死亡⑧。生态巨灾事件发生后，不仅造成直接的生命财产损失，还容易引发瘟疫灾荒、生态破坏等次生灾害，造成大批人员间接死亡。据有关资料统计，20 世纪中国各类自然灾害导致 1 231 万人死亡，年均死亡达 12 万人；其中有 820 万人死于巨灾灾害，占总死亡人数的 2/3⑨。

（2）生态巨灾会造成公众心理恐慌而危及社会稳定。

生态巨灾暴发往往会造成社会公众极大的心理恐慌，恐慌情绪的蔓延则会对社会造成冲击和影响，进而可能颠覆社会的正常秩序和公众的理性程度。现代发达的信息通信技术，极易叠加繁杂多变的信息，并迅速放大相关事件。不仅容易引发社会的极度恐慌，甚至会造成社会动荡而危及国家安全⑩。

———————————

① 刘毅，柴化敏. 建立我国巨灾保险体制的思考［J］. 上海保险，2007（5）：16-18.

② 于国伟. 我国洪涝灾害流行病学的发展对策［J］. 中国卫生，2002（1）：2.

③ 李元. 关于荒漠化问题的战略思考［J］. 环境与发展，2016（3）：97-100.

④ 薛颖杰. 六百多年，海啸一次［J］. 新世纪周刊，2008（32）：1.

⑤ 中国天气网. 强气旋风暴"纳尔吉斯"横扫缅甸 伤亡惨重. http：//www. weather. com. cn.

⑥ 金磊. 城乡综合减灾问题新见——写在"7·28"唐山大地震 36 周年的思考［J］. 中国应急救援，2014（4）：4.

⑦ 张雁灵. 地震灾害批量伤员医学救援的组织与实施［J］. 解放军医学杂志，2012，37（1）：5.

⑧ 新华网. 环球深壹度｜"9·11"二十年，一个失落的时代. 2021. 9. 11. http：//www. news. cn.

⑨ 张业成，张立海，马宗晋，等. 从印度洋地震海啸看中国的巨灾风险［J］. 灾害学，2007，22（3）：105-108.

⑩ 谢家智，陈利，等. 巨灾风险管理机制设计及路径选择研究［R］. 2018.

生态巨灾风险发生后，如果风险长期得不到有效管控，就会通过复杂的社会系统放大风险、扩散巨灾损失，诱发的社会恐慌和沮丧情绪不断蔓延，致使损失再次放大并危害社会安定。如太湖长年暴发的水污染事件，长期困扰沿湖地区的生产生活，对地区生态安全和社会稳定构成威胁。太湖蓝藻连续多年暴发引起的水污染，不仅造成巨大经济损失，而且在一定程度上引发恐慌。1990 年、1994 年、1995 年和 1998 年由于蓝藻大暴发、湖水发臭引发了 4 次突发性水污染事件，致使自来水厂停产，经济损失达数十亿元①。2007 年太湖又因天气连续高温少雨和蓝藻的提前暴发，高度腐烂和散发出剧烈恶臭的蓝藻导致自来水伴有难闻的气味，自来水水质变化无法正常饮用。无锡 70% 的水厂水质都遭受蓝藻污染，波及 200 万人口的生活用水。本次水污染事件再次引发市民恐慌性抢购纯净水，桶装纯净水出现较大的价格波动，对安全维护和社会稳定带来不利影响。研究发现，形成"太湖蓝藻"事件的根本原因在于突发性自然因素和长期存在的人为环境隐患叠加。长期以来，因太湖沿岸发达的工农业生产和经济高速发展产生的污染附加持续累积，使得太湖的淤泥中富含了大量的氮和磷，造成太湖水体长年严重富营养化；而气候环境温度升高和太湖水体流动性差等自然因素叠加，加剧了太湖水污染暴发的风险度②。

（3）生态巨灾严重破坏社会生产力危害国家安全。

生态巨灾事件暴发的破坏力不仅体现在事件本身导致的严重损失，而且还表现为严重破坏社会生产力而危害国家安全。某些特大灾害事件的暴发常常造成基础设施毁损、生态环境崩溃、社会系统被严重破坏等危害国家安全的情况。如日本 2011 年的福岛大地震，由地震引起海啸进而造成核电站核泄漏。福岛核泄漏是世界历史上非常严重的生态巨灾事件之一，造成了极为严重的生态灾难和社会破坏③。福岛核泄漏后关闭核电站，致使日本遭受严重的电力短缺，给抗震救灾造成重重困难。而因核泄漏导致的核污染对灾区乃

---

① 朱喜，张扬文，梅梁. 湖水污染现状及防治对策［J］. 水资源保护，2002（4）：28 – 30.

② 陈宗明，从"太湖蓝藻事件"论中国环保的变革［J］. 上海建设科技，2008（6）：53 – 54，59.

③ 本次事故被认为是自 1986 年乌克兰切尔克贝利核泄漏以来最严重的核灾难。

至全国的危害都极为严重。核泄漏之后，日本政府把 20 多公里的范围划为禁区，紧急疏散区内 21 万人到安全地带。而今福岛已成无人居住的鬼城，核电站危机处置中数万吨放射性污水被排进大海，造成非常严重的核污染，生态环境被严重破坏。西太平洋部分海域的放射性元素是我国海域的 300 多倍，会在很长时间内危害周边海洋沿岸地区。地震、洪涝、泥石流和台风等巨灾事件暴发都会严重毁损通信、电力和交通等基础设施，不仅破坏社会生产力，还会危害国家安全。1976 年的唐山大地震将河北唐山地区夷为平地，毗邻唐山的天津也遭到Ⅷ~Ⅸ度破坏。2008 年汶川大地震导致北川、青川等地区的交通和通信电力等完全瘫痪，生态环境、社会生产力遭到重创。生态巨灾事件暴发不仅导致严重的直接经济损失，更会大幅摧毁基础设施，严重破坏生态环境，必将削弱社会经济的可持续发展能力。①

库普曼斯（1957）将处理不确定性的问题为社会经济制度的核心问题，而突发性强、概率低、损失巨大的生态巨灾事件是现代社会最不确定性事件之一，现有证据已表明生态安全应对、生态巨灾的风险管理在社会发展中具有举足轻重的地位。日趋严峻的生态巨灾风险显然已成为影响经济持续发展和社会长期稳定的重大安全隐患。生态安全不仅是影响国家安全、经济发展和社会稳定的重要因素，同时也是国家非传统安全的重点领域。

## 1.2　研究动态与述评

### 1.2.1　国外研究现状与述评

#### 1. 生态安全的战略高度和研究视野发生重大变化

布朗和皮尔格斯（Lester R. Brown，1977；Dennis Piarges，1996）认为

---

①　谢家智，陈利，等. 巨灾风险管理机制设计及路径选择研究［R］. 2018.

生态安全作为非传统安全正威胁国家的安全，成为国家安全的重要组成和发展竞争力的重要因素（Norskov，2013）。生态威胁的影响因素非常复杂，而人类是主要责任者（Patricia M. Mische，1998）。生态系统具有破坏不可逆性、恢复长期性和跨区域性等特性（Malin Falkenmark，2002），使其成为 OECD（国际经合组织）、UNCSD（联合国可持续发展委员会）等国际组织的关注重点，并构建了"驱动力—状态—响应"等研究框架。奥凯弗（O'Keefe，1967）在 *Nature* 首提"脆弱性"并认为不利的社会经济是人类面对自然灾害"脆弱性"的原因，SOAPC（南太平洋应用地球科学委员会）基于脆弱性视角，从环境危险度、内生脆弱性和外在恢复力三个维度研究生态，进而引发休伊特等（Kenneth Hewitt et al.，1997）将灾害研究从过去集中于传统的致灾因子论，转向灾害产生的社会经济系统的脆弱性研究，开启了生态研究的新范式。查德尔等（Flora Josiane Chadare et al.，2018）认为土地安全引发粮食安全，粮食资源的可得性影响粮食价格、购买力和食品制备方法[1]。总之，生态安全俨然成为自然、社会、经济、环境共同决定的综合性范畴（Birkmann J. Measurin，2006；Siwi Seminar，2012；Valeriia Denisova，2019）[2]。

## 2. 生态风险与社会风险的研究从分裂逐步走向融合

卡斯帕森（Roger E. Kasperson，1992）认为风险领域研究常以分裂方式展开——生态学研究自然系统风险而社会学研究社会系统风险。生态安全引发资源战争（Norman Myers，1993），科斯坦萨等（Robert Costanza et al.，1996）认为自然资本具有价值，生态价值降低导致的利益冲突影响社会经济动态和风险（Marten Scheffer et al.，2000）。艾兴格尔（Aich-

---

[1] Flora Josiane Chadare［1］［2］；Nadia Fanou Fogny［1］；Yann Eméric Madode［1］；Juvencio Odilon G. Ayosso［1］；Sèwanou Hermann Honfo［3］；Folachodé Pierre Polycarpe Kayodé［1］；Anita Rachel Linnemann［4］；Djidjoho Joseph Hounhouigan［1］. Local agro-ecological condition-based food resources to promote infant food security：a case study from Benin［J］. Food Security, 2018, 10 (4)：1013 – 1031.

[2] Valeriia Denisova. "Energy Efficiency as a Way to Ecological Safety：Evidence From Russia," International Journal of Energy Economics and Policy, Econjournals, 2019, 9 (5)：32 – 37.

inger，2006）认为气候变化、系统脆弱性使人们认识到生态风险与社会风险不是单纯的因果关系，而是"共振"关系。人类—环境耦合系统引起关注（Berkes and Folke，1998），生态学家和社会学家利用生态系统演变与恢复力理论，建立了生态与社会双重体系共同演变的框架（Gunderson and Holling，2001）。随后有关生态与社会系统间的反馈循环、跨尺度交互模式等得到高度关注（Kinzing et al.，2002；Jeanne X. Kasperson，2005；Kash and Moser，2010）。坎瓦尔（Kanwar P.，2018）主张生态系统风险的调查和研究，越来越需要全面系统识别人类的作用和社会维度，他主张在生态风险领域重新评估传统的资源和生态系统研究方法，通过利益相关方参与整合的非传统形式，重新评估与风险相关联的社会结构和行为规范。[1] 比如社会和生态因素在登革热灾害传播中共同起着重要作用，相互影响。[2] 德·苏扎等（De Souza C. D. F. et al.，2019）研究巴西东北部麻风病流行地区的空间聚类、社会脆弱性和生态风险，结果发现麻风病群体和疾病负担与城市社会脆弱性指数显著相关[3]。

### 3. 生态巨灾风险的形成与演化机制综合复杂

目前学术界关于自然灾害风险形成机制达成了比较一致的意见：灾害危险性（hazard）、暴露（exposure）、承灾体脆弱性（vulnerability）三个因素相互作用综合形成灾害风险（Phillips，J. D.，1980；Kates，R. W.，1995，冈田宪夫，2005）。基于不同视角的巨灾风险形成机理可分为：①致灾因子论（Bolt，1977；Busoni；1997）；②孕灾环境论（Parsons，1995；Park，C.，1999）；③承灾体论（Loveland，1991；TurnerII，B. L.，1998）。因此，基于致灾因子、孕灾环境、承灾体相互作用研究巨灾风险成为巨灾

---

① Kanwar P. Ecological Risk in the Anthropocene：An Evaluation of Theory，Values，and Social Construct［J］. Encyclopedia of the Anthropocene，2018：367 – 372.

② Siregar F. A.，Makmur T. Social – Ecological Risk Determinant and Prediction For Dengue Trans-mission［J］. Indian Journal of Public Health Research and Development，2019，10（3）：732.

③ De Souza C. D. F.，Rocha V. S.，Santos N. F. et al. Spatial clustering，social vulnerability and risk of leprosy in an endemic area in Northeast Brazil：an ecological study［J］. Journal of the European Academy of Dermatology and Venereology，2019.

风险管理的基本思路和主要方向，而生态巨灾风险的演化发展更加综合复杂。（Renn Burns Kasperson et al.，1992）巨灾异化的次生风险是涉及若干层面的动态社会现象。人口、环境、技术、社会和经济互相作用，共同影响改变了传统危害，却引发了新型风险（Liverman，1990），转化了事故影响扩散的途径（Jeanne X. Kasperson，2010）。风险源信号通过次级"涟漪效应"（Kasperson Renn，1988）、"过滤效应"（Renn，1991）、"混合效应"（Singer and Endreny，1993）和"污名化效应"（Mertz et al.，2008）等传导作用，引起风险认知与反应的动态极端化（Burns et al.，2013），因而管理公众风险综合复杂（Mehdi Moussa，2014）。复杂的社会生态系统呈双向耦合空间模式，社会水文共同影响风险①。

### 4. 生态巨灾风险管理的理论体系逐渐形成

巨灾风险管理理论经过了半个多世纪的发展演变，从最早的风险认知、风险沟通和不确定性决策研究，到风险平等、风险适应和风险社会研究，再到最新的期望效用理论、风险分散决策理论、社会脆弱性与恢复力、综合风险治理理论，逐渐形成了较为系统完整的风险管理理论。风险理论体系的形成极大地拓展和丰富了风险研究，促进了巨灾风险解读、选择与管理的应用发展，保险、再保险以及与资本市场连接的新型风险证券化巨灾管理工具的运用，提高了巨灾风险的应急管理和有效分散巨灾损失能力（David Rode，2000；David Cummins，2006）。环境风险管理需要选择恰当必要的措施，而生态保险是环境保护机制中最突出的一项，技术风险保险是生态政策中最有效的角色②。

可见，生态安全冲突加剧了人类面临风险的脆弱性，引发的社会风险不断增加，生态巨灾风险的应对涉及经济活动和社会结构的演变。目前已

---

① Luis Antonio Bojórquez – Tapia, Janssen M., Eakin H. et al. Spatially explicit simulation of two-way coupling of complex socio-ecological systems: Socio-hydrological risk and decision making in Mexico City [J]. Socio – Environmental Systems Modeling, 2019.

② Misheva I. Ecological Risk Insurance in the System of Mechanisms for Environment Quality Management [J]. Ikonomiceski Sotsialni Alternativi, 2016.

把研究的重心转移到脆弱性、共振性和综合风险管理方面（Freeman，2009；Roger E. Kasperson，2010），这已成为西方风险研究的共识。发达国家大多建立了灾害—社会风险分析框架和管理程序，综合巨灾风险应急管理方面正在积极探索，但实际效果有限。同时，协同优化的风险治理研究还存在诸多疑惑（Birkmann J. Measurin，2012），生态安全与社会风险管理的平衡、巨灾损失管理的机制与效率等问题是多年来一直争论但尚未有效解决的难题。国外生态安全与巨灾风险的共生研究、互动适应与综合管理研究为国内提供了新的研究范式和理论借鉴。

## 1.2.2　国内研究现状与述评

### 1. 生态安全的战略性与脆弱性研究逐渐成为热点

国家安全的关注重心已悄然转移，生态安全正成为国家安全的重要基石（曲格平，2002；蒋明君，2013），生态风险成为全球无声危机（沙祖康，2014）。生态安全涉及自然和社会，中国生态环境的基础原本比较脆弱，而庞大的人口规模和传统发展模式引起生态风险不断增加（彭少麟，2004），各类灾害对人类生存造成了严重威胁（周珂、王灿，2014）。於俐（2005）认为自然灾害具有社会与人文维度，是人类社会的脆弱环节所致，气候变化与社会生态系统的脆弱性有显著关系，灾害的强度和规模越大则脆弱性更加突出（童小溪，2011）。随着人们对社会脆弱性的认识和重视，降低承灾体脆弱性的全面风险管理成为避免灾害发生的重要手段，同时也是减轻灾难后果的有效策略（李宏伟，2009；陶鹏、童星，2011）。曾以禹等认为林业适应战略与林业脆弱性、生态系统自我恢复弹性和国家安全相互作用，林业适应气候变化的国家战略应纳入国家安全框架[①]。许幼霞等从生态系统的环境、

---

[①] 曾以禹，吴柏海，赵金成，等. 林业适应气候变化国家战略纳入国家安全框架（续）——从公共财政政策框架改良的视角［J］. 林业经济，2014.

结构和功能三个方面评价生态脆弱性，构建流域的生态安全格局①。生态系统是国家生态安全的重要屏障，其脆弱性和敏感性使其成为重点关注对象，在生态环境的保护和建设中处于重要地位②。

### 2. 现代性的社会变化及风险成为解读社会的核心

中国已进入风险社会（于建嵘，2012；竹立家，2014），转型期的风险管理研究成为当前学术界的研究热点。社会与经济发展不协调和社会分化断裂被认为是风险社会的主要原因（王思斌，2003；夏玉珍，2007；姚平，2009）。新常态下"三期"叠加和"新四化"使国家面临的风险急剧转型，各种矛盾和问题相互交织，传统与非传统风险并存叠加（孙立平，2002；郑杭生，2004）。社会风险的产生和存在源于大量的利益矛盾与风险冲突，特别是公共利益与私人利益的分裂对抗（朱哲，2009），过分重视短期效益的盲目行为使我国"锁定"于高风险的未来（张秀兰，2010）。童星（2012）认为中国正经历现代化的社会变迁和巨大的体制转型，"风险共生"造成高风险积聚。中国社会的质量建设要以社会安全为核心③，而风险社会的社会责任认定却陷入困境，对传统的风险治理提出挑战，构建政府、市场、公众多元参与和责任分担的合作治理成为选择路径，政府信任是影响风险社会合作治理的关键因素和核心④。社会风险中的巨大灾难不仅不会终结历史，反而是社会变迁的"导火索"，因此要以安全为中心治理社会风险⑤。

---

① 许幼霞，周旭，赵翠薇，等. 基于喀斯特脆弱性评价的印江流域生态安全格局构建 [J]. 贵州师范大学学报（自然科学版），2017，35（6）：22 – 29.
② 杨屹涵，王军邦，刘鹏，等. 气候变化主导高寒脆弱生态系统净初级生产力年际变化趋势 [J]. 资源与生态学报（英文版），2019，10（4）：379 – 388.
③ 张海东. 中国社会质量问题及社会建设取向——以社会安全为核心 [J]. 学习与探索，2014（11）：31 – 35.
④ 刘召，陆踊. 风险社会及其治理机制论析 [J]. 天津行政学院学报，2013（6）：68 – 72.
⑤ 张海波，陈武. 以安全为中心治理社会风险 [J]. 新华月报，2018（4）：116 – 117.

### 3. 生态安全与巨灾风险管理是新公共管理

传统巨灾风险具有发生频率低、风险相关性高、致灾范围广、传递性较强等特征（姚庆海，2005；邓国取，2006）。国内早期的自然灾害研究侧重于自然属性的"灾变"研究（苏桂武，1985），认识灾害的时空危险性和形成机制。进入 20 世纪 90 年代，灾害社会属性的"灾度"研究逐渐受到关注，"灾害兼有自然与社会双重属性，是自然灾变与承灾体脆弱性相互作用的产物"（史培军，1991）。一般认为巨灾风险管理具有非排他性和非竞争性，呈现典型的（准）公共物品属性（陈利根，2008；汪祖杰，2009）。生态破坏的环境风险与社会后果风险是中国转型出现的严重风险，因此，生态巨灾风险管理已超越传统公共管理范畴（芦明辉，2010；王晓龙，2014）。

童星（2012）认为社会转型中旧的资源分配体系和整合机制正趋于解体，新的机制体系尚未健全并充分发挥作用。巨灾风险治理的主体、范围和手段不能仅停留于政府层面，还包括公共组织、私人部门、NGO、社区和个人等微观主体及各主体间的合作互动（张秀兰，2010）。建设与生态承载能力相适应的产业布局、结构和规模，实现生态文明建设与和谐社会执政是现代化产业模式转变的重要推动力（张志刚，2011；高吉喜，2013），建立和谐的生态伦理与风险管理机制，健全政府绩效责任等机制贯彻生态文明的价值观、政绩观和风险观，才能共享生态发展成果（冯志宏，2009；竹立家，2014）。陈晓亮等提出要构建基于生态红线的生态安全格局，按照生态廊道、辐射廊道和生态战略等节点进行空间分布[①]。孔锋等则认为未来100 年中国将面临气候变暖趋势加剧，极端天气事件暴发的频率增加，冰川退缩、海面上升、土地荒漠化等趋势加重，经济社会的持续发展对生态安全提出更高要求[②]。

---

① 陈晓亮，陈国生，向小文. 基于生态红线划分的生态安全格局构建——以湖南省为例 [J]. 武汉职业技术学院学报，2017 (5).

② 孔锋，吕丽莉，王一飞. 透视中国综合防灾减灾的主要进展及其挑战和战略对策 [J]. 水利水电技术，2018，49 (1)：42 – 51.

## 4. 生态巨灾风险的管理机制模式研究

巨灾风险的可控与否很大程度上不单纯取决于数理特征，而关键在于体制结构和管理机制的安排能否实现平衡（彭水军，2006；张庆洪，2008；曲格平，2013）。国外巨灾风险的管理模式主要归为3类：①市场为主的商业化管理（德国、英国）；②政府和市场合作（土耳其、美国）；③政府为主（日本）。其中，政府直接或间接参与巨灾风险管理已成为全球共识，目前的主要争议在于政府参与巨灾管理的方式和程度（李文富，2006；谢世清，2008）。现代化市场转型的中国解决系统性生态风险问题，迫切需要完善政府与市场结合的风险预警和干预机制（夏玉珍，2007；王晓龙，2014）。张云昊（2011）基于社会风险的演进建立"风险建构—危机处理—结果管理"风险治理机制；童星（2012）根据"风险管理—灾害（应急）管理—危机管理"的全程应对模型，提出"三位一体"的风险治理理念。王思斌（2006）和竹立家（2014）提出巨灾风险管理要发挥公众的主体意识和参与性，正确处理效率与公平、群体与利益之间的关系。

转型期的风险研究正成为国内研究关注的热点，但对巨灾风险的研究才起步，巨灾风险的识别、评估和防控研究仍处于探索阶段（石勇，2011；陈磊，2012）。现有生态安全研究大多集中在环境和地理科学，而巨灾风险研究也多局限于灾害学范畴，从生态学、经济学和管理学视角研究成果很少，近年来研究巨灾风险的视角已逐步扩展到了生态学、心理学等学科（芦明辉，2010）。在现代社会风险变化的背景下，用单一静止的思维和框架来防范巨灾风险必然受阻，应用系统综合、动态调整的思维方式和制度框架来防范规避巨灾风险（何枫，2008；于景辉，2011）。

上述理论研究已表明，防控基于生态安全的巨灾风险已成为未来国家社会风险管理的重点之一，而地区生态灾害威胁程度和巨灾风险防控水平常常由以下因素决定：①气候为首的灾种。气象灾害是致使自然灾害产生的主要因素，异常气候常会引发巨灾。而与极端气象灾害密切相关的致灾因子，如暴雨、干旱、洪涝、冰雪和病虫灾害等常常加剧灾害暴发。②地理位置与自然环境。地理环境是重要的孕灾环境，自然界的洪涝、地震、旱灾、龙卷风等大部分灾害，几乎都与地理位置、周边环境相关。③社会经济水平。社会经济水平是地区脆弱性的重要反映，直接影响着承灾体的风险暴露程度。一般情况下经济发展水平与灾害风险的损失程度呈负相关。原因在于经济发展水平提高降低了社会脆弱性，减少灾害损失发生的可能性。④风险管理能力。社会的风险管理能力决定人们应对灾害风险表现出的防灾减灾和抗震救灾水平。

# 1.3　研究内容与思路

## 1.3.1　研究对象与研究目标

本课题研究对象为中国生态巨灾风险，属于中国非传统安全风险源研究。课题研究目标是以中国新常态的"三期"转型为背景，以生态安全为切入点展开，探索生态安全框架下中国生态巨灾风险的防控机制和路径选择。

## 1.3.2　研究思路与基本逻辑

首先，认清中国生态巨灾风险的风险特征、生态安全隐患和生态巨灾风险现状，了解中国生态巨灾的成灾机理；其次，分析中国生态灾害风险的影响因素，并客观评价中国生态灾害的风险水平和差异状况；再次，进一步剖析巨灾风险主体面对生态巨灾风险的风险感知与行为特征；最后，在借鉴国际生态巨灾风险管理的模式和经验基础上，结合我国生态巨灾风险的特性和现状，探索设计生态巨灾的风险识别和防控管理机制。同时探索构建适合中国国情，既能发挥政府作用和市场效能，又要兼顾生态安全与巨灾风险平衡的防控策略和协同优化的风险治理体系。

### 1.3.3　研究内容和重点难点

（1）生态安全视角的巨灾风险成灾机理。基于联合国减灾委提倡的 $R = HV/C$ 风险评估模型，即 $R(risk) = H(hazard) \times V(vulnerability)/C(capacity)$。以生态学、管理学、灾害学、经济学和社会学等学科为基础，探索生态安全视角下巨灾风险成灾机理与风险管理框架。通过梳理找准中国生态安全隐患，认清中国生态巨灾风险现状，分析生态巨灾风险的成灾原因和特性。研究生态灾害冲击承灾体引发巨灾风险的机理与传导过程，剖析生态安全下巨灾风险暴发引起的生态效应、经济效应和社会效应。

（2）生态安全框架下灾害风险影响因素及评价体系构建。建立地理自然风险源、区域经济维度、管理行为的三维生态灾害风险影响因素模型。运用灰色模糊层次分析为主的方法进行结构安排和权重分配，建立多维度的生态灾害风险研究指标体系，较为客观地分析评价生态安全框架下中国生态灾害风险的现状。从理论和实证研究生态安全框架下中国生态灾害风险的影响因素，并对地区生态灾害的风险差异进行评价分析。

（3）生态巨灾风险主体风险感知与行为特征分析。生态巨灾风险主体的风险感知、风险偏好和行为倾向选择，是生态巨灾风险防控机制设计和风险管理策略选择的微观基础。研究以行为经济学框架为起点，摒弃主流经济学关于理性经济人的假设，以行为主体有限理性作为研究的前提和假设。借鉴预期效用和风险偏好等理论经验模型，对生态安全情景下生态巨灾风险主体风险感知与行为特征进行分析。最后采取问卷调查、事件分析、案例比较等研究方法，进行实证研究和实际佐证，揭示行为主体面临生态巨灾风险冲击的预期性、敏感性、抗逆度和防御救灾的恢复力等特征与行为。

（4）生态巨灾风险管理模式的国际比较与借鉴。研究旨在为降低中国生态巨灾风险的风险管理策略提供有益的经验和必要的启示。采用比较法、文献法和案例法相结合的综合分析法，结合描述统计和逻辑推导分析，对国外各国基于提高生态安全的巨灾风险管理制度的社会背景、经济因素、管理模式和运行机制等进行考察、分析和比较，总结国外有关生态巨灾风险管理的共性与差异、经验与教训，并对构建中国生态巨灾风险防控机制和管理制度体系进行思考。

（5）生态巨灾风险动态识别与防控机制设计。根据研究逻辑揭示出生态巨灾风险管理有效性的关键在于增强风险管理的预见性、主动性和社会性，以降低脆弱性与提高恢复力。核心在于立足中国国情，建立起既可发挥政府作用，更能引导市场参与的政府诱导型生态巨灾风险管理运行机制，该机制旨在解决生态巨灾风险管理中政府和市场科学结合问题、生态安全与巨灾风险治理平衡问题。研究拟采用机制设计理论、制度创新理论以及系统演化理论相结合的分析框架。对中国生态巨灾风险防控的发展历程进行梳理，研究中国生态巨灾风险的风险源、承灾体和孕灾环境的动态识别。重点探索中国生态巨灾风险的防控机制和模式，包括风险预警机制、政府诱导机制、激励约束机制、协调联动机制和长效监督机制等，实现政府与市场有效结合的公私伙伴合作模式。

（6）生态巨灾风险管理的策略与路径选择。生态巨灾风险管理策略选择的核心在于形成"市场—资源"约束下风险防控能力和灾害损失分摊能力。在生态安全理论、风险主体有限理性和巨灾风险管理机制等研究的基础上，探索生态巨灾风险管理的路径与策略：现代生态巨灾风险管理制度、生态巨灾风险管理协同系统、生态安全与生态保护融资制度、生态安全与风险防控技术创新等。进一步基于政府诱导型机制设计，综合国情优化社会资源配置和制度安排，提升自然、社会和社区综合的灾害风险抗逆韧性，降低承灾体抵御生态巨灾风险冲击的脆弱性。

重点难点：①研究重点：生态巨灾风险的成灾机理与特性分析；生态安全框架下灾害风险影响因素的探寻和生态灾害风险程度的评价体系构建；生态巨灾风险主体的风险感知与行为特征分析；生态巨灾风险动态识别与防控机制设计。②研究难点：生态安全框架下灾害风险影响因素及生态灾害风险程度评价体系构建，生态巨灾风险动态识别与防控机制设计。

# 1.4　研究视角与意义

## 1.4.1　理论意义

（1）拓展传统巨灾风险研究的视角。巨灾风险的显著特征是低概率、高损失，但巨灾冲击的大小不单纯取决于巨灾损失本身，更取决于社会预警、干预与响应程度。从生态安全视角研究巨灾风险，有助于在人类对自然灾害认知能力的现实约束下，探索生态巨灾成灾理论的创新，为社会转型背景下的生态巨灾风险管理提供新的思路。

（2）创新生态安全与巨灾风险的研究。基于风险致灾因子、孕灾环境、承灾体之间相互作用，探究生态巨灾风险的动态演化机理和传导路径，有助于了解生态安全框架下生态巨灾风险的影响因素，并为生态灾害风险评价体系构建奠定基础。为在此基础上应用动态调整的思维方式和框架来进行的生态安全与巨灾风险的互动耦合等研究提供依据。国内研究较为零散，针对生态安全与巨灾风险的互动比较及其创新的研究还不多见，本研究有助于在一定程度上丰富和完善我国风险治理理论。

（3）丰富生态巨灾风险管理的方法。虽然巨灾风险是否可控可保的争论，不管在理论上还是实践层面都一直存在，但是通过政府的资助扶持、保险金融资本的联合和风险管理技术的创新，探索巨灾保险和巨灾风险证券化产品从未停止，巨灾风险可保已取得社会一致共识。随着巨灾风险管理的理论和实践条件的不断完善，生态巨灾风险管理的方法和工具都得到迅猛发展，大幅提高社会系统的抗逆性和反脆弱性，为有效防控和化解生态巨灾风险提供可能。国内外研究成果为本项目研究提供了理论支持，不断创新发展的巨灾风险管理方法与工具，则为本项目的探索提供了研究空间。

## 1.4.2　现实意义

（1）生态安全与巨灾风险应急管理是新常态下风险治理的重要任务。旧常态导致的环境污染加剧，牺牲环境发展经济带来的生态失衡、社会矛盾增加等失衡"综合征"使旧有模式难以为继。2014年国家将生态安全首次纳入"国家安全体系"，成为国家安全观下非传统安全的重要内容。2015年国家颁布《中华人民共和国国家安全法》，将生态安全作为维护国家安全的重要任务。党的十八大部署的全面深化改革方略和新常态经济运行的逻辑表明，资源环境约束强化的压力加大，需要创新思路和方式以防范隐形风险，而隐形的生态安全威胁与巨灾风险管理同是新常态下亟待解决的现实问题。

（2）生态巨灾风险的有效防控是新时期生态文明建设的重要战略。党的十九大详细阐明了生态安全的重要性，生态安全作为国家安全的基石和保障，是政治、经济和军事安全的载体，关系国家的可持续发展和社会的长治久安。报告提出要走良好的生态文明发展道路，为全球生态安全和全国人民创造良好的环境作出贡献。2018年全国生态环境保护大会提出生态安全是生态文明建设的五大体系之一，以有效防控环境风险为重点。因此，有效防控基于生态安全的巨灾风险是筑牢国家安全和生态文明的重要战略。

（3）课题探索性研究为防控化解生态巨灾风险提供一些参考借鉴。雾霾天气、生态多样性日渐消失、水资源短缺等生态巨灾风险、异化共生风险等积聚，对中国政府的执政能力是巨大考验，因而基于生态安全下的巨灾风险治理成为当前乃至以后风险研究的主要方向之一。基于生态巨灾风险的成灾机理和承灾体风险感知与行为选择的研究，探索政府诱导与市场伙伴合作的生态巨灾风险管理模式，探讨社会系统对生态系统的干预程度和对生态巨灾冲击的反馈效应。进一步探索生态安全视域下巨灾风险的动态识别和防控机制，为推进我国社会风险管理能力的提高提供一些决策参考和借鉴。

# 第2章

# 相关概念与理论基础

目前，人们普遍缺乏对生态巨灾风险的科学认知。生态巨灾理论经历了自然灾害理论到风险社会理论的转变，而巨灾风险管理理论也从危机管理理论到风险管理理论的演进发展。虽然，在巨灾风险管理的相关领域取得了较大突破，但在生态巨灾风险管理的理论和实践中还存在相当大的挑战与反思。本章将基于生态学、灾害学、管理学、社会学和经济学等多学科的理论研究成果，对生态巨灾风险管理的相关概念及理论基础进行回顾与剖析，以期促进新的理论探索与推进。

## 2.1 相关概念界定

### 2.1.1 生态巨灾

目前关于生态巨灾的研究，学术界和业界的研究都非常缺乏。但就巨灾而言，国外学者则主要是从人类社会的生存环境破坏程度、国家或地区的总体承受能力、巨灾发生的频率以及经济损失和人员伤亡等角度予以定义；国内关于巨灾的研究主要围绕灾害工程学与保险经济学两个角度展开。尽管我国研究巨灾和巨灾风险的文献一直在快速增长，但是人们对于生态巨灾却鲜有研究，包括生态巨灾是什么、生态巨灾的致灾逻辑和风险管理尚未深入研究。因此，可以立足于巨灾的现有研究，从不同的维度来认识生态巨灾。

## 1. 定性与定量

（1）定性角度：国外研究巨灾的学者代表之一，安东尼·奥利弗·史密斯（Anthoy Oliver Smith，1998）从定性角度认为巨灾是一个危险事件，或者是风险不断演化的过程，是自然演变、环境变化和社会经济相互作用的负面产物，负面作用会破坏个体的相对满意、社会的物质存在、秩序方式等传统习惯。在史密斯的影响下，无论是国外还是国内，各大学者都分别从定性的角度界定过巨灾（见表2-1）。

表2-1 国内外巨灾的定性研究

| 序号 | 定义 | 文献 |
|---|---|---|
| 1 | 对受灾主体产生严重影响的自然灾害 | 马宗晋，1990 |
| 2 | 自然变异朝正反方向变化并超过一定限度，导致经济损失和人员伤亡的产物 | 国家科委，1994 |
| 3 | 承灾体必须依赖外部援助才可恢复社会经济秩序的重大自然灾害 | 慕尼黑再保险公司，1998 |
| 4 | 超过一定物理级别，并致使经济损失超过一定比值，或人员伤亡超过某一限值的自然灾害 | 史培军，1998 |
| 5 | 能被人类认知的社会威胁，人类必须采取额外举措雨衣应对，否则将导致破坏性的巨大损失 | Hristopher and Kevin，1999 |
| 6 | 影响不同地区，并在时空上相互作用引起巨大损失的破坏性事件 | Ermoliev and Macdonald et al.，2000 |
| 7 | 社会严重的功能性失调，导致大面积的环境、物资、人身等损害，超过社会依赖自身资源的承受力 | 联合国减灾研究中心，2002 |
| 8 | 造成严重危险并威胁人类生存的事件，事件暴发将造成人类发展的毁灭性影响 | Poser，2004 |
| 9 | 小概率且单次损失大于预期或累计损失超过承灾体承受能力的风险事件 | 李全庆和陈利根，2008 |
| 10 | 损失程度超过传统保险风险，小概率大损失的风险事件，因可保性较差无法采用常规方式承保 | 耿鹏志，2011 |

因此，从定性角度可以认为生态巨灾是由自然灾害或人为灾害引起的，因自然演变、环境变化、社会行为导致的危险事件，是整个人类社会在时间和空间上相互发生作用的负面产物，将对人类赖以生存的生态环境带来毁灭性或持久性影响。

（2）定量角度：定量方面的认识，学者们主要是通过巨灾造成的损失来定义。由于判别标准的不同，对巨灾的定量也产生了不同的界定（见表 2 – 2）。

表 2 – 2　　　　　　　　　国内外巨灾的定量研究

| 序号 | 定义 | 文献 |
|---|---|---|
| 1 | 自然巨灾导致超过 100 人死亡、财产损失占 GDP 1% 以上、灾区人口数超过全国 1%，3 个条件达到时则称为巨灾 | 联合国减灾十年委员会，1994 |
| 2 | 自然环境中各类级别最高或接近最高的灾害，如洪涝 50 年难遇，地震 >7 级、强台风（风力 >12 级、风速 >32.6 米/秒）、海啸、台风、龙卷风等 | 张林源，1996 |
| 3 | 一个或系列相关风险事件造成保险损失 >500 万美元的巨额损失 | 标准普尔，1999 |
| 4 | 造成保险业损失 >100 亿美元的风险事件 | J. David Cummins，2001 |
| 5 | 造成超过 1 000 人死亡，或超过 1 000 亿元人民币的经济损失，概率为百年不遇的灾害事件 | 史培军，2009 |
| 6 | 死亡人数 >100 人或直接经济损失 >2 亿美元的灾害 | 石兴，2010 |
| 7 | 家庭损失超过预期纯收入 50%，或赔付率 140% ~ 200% 或单次经济损失数大于当期国内农业生产总值 0.01% | 王和，2013 |

因此，从定量角度可以认为生态巨灾是由自然灾害或人为灾害引起的，造成人类社会的人员伤亡、经济损失达到非常规级别的生态负面产物，给人类带来毁灭性或持久性打击，且短期难以恢复和弥补。

## 2. 事件起因

从定性和定量的角度看，早期大部分学者对巨灾的定义是归于自然灾害，但随着社会经济的发展，人为因素的影响逐渐扩大，巨灾的研究不再只局限于自然灾害，而是拓展到研究人为巨灾。国外较早时期对巨灾就有了较为详细的分类，如 FEMA（美国联邦紧急事务管理署）和瑞士再保险公司对灾害就有过细致的分类（见表 2-3）。我国学者单其昌在 2002 年也认为巨灾不仅包括地震、火灾、水灾、暴风雨，还包括战争、暴乱等。近年来，关于人为巨灾的研究也开始逐渐增多（见表 2-4），尽管研究仍显不足。

表 2-3　　　　　　　　　　　FEMA 对灾害的分类

| 一级分类 | 二级分类 | 三级分类 |
|---|---|---|
| 自然灾害 | 气象性灾害 | 龙卷风、暴风、冰雹、雪崩 |
| | 地质性灾害 | 山崩、土壤灾害 |
| | 水文性灾害 | 洪水、旱灾 |
| | 地震性灾害 | 地震、海啸 |
| | 其他自然灾害 | 山火、野火 |
| 人为灾害 | 火灾、核能意外、水坝溃堤 | |

表 2-4　　　　　　　　　　　巨灾的分类研究

| 序号 | 定义 | 文献 |
|---|---|---|
| 1 | 对受灾主体产生巨大冲击，并造成巨大人员或财产损失可能性的低概率自然或人为事件 | Bank E. , 2005 |
| 2 | 因自然灾害或意外事故造成极为严重后果的事件，受灾体自身无法解决，需要跨区域或国际援助的不利情境 | 石兴, 2010 |
| 3 | 难以预料也无法避免，突然暴发造成巨额损失的严重灾难或灾害，包括暴雨、台风、洪水等自然巨灾和恐怖事件、环境污染、大火爆炸等人为巨灾 | 谷红波, 2011 |
| 4 | 造成大量人员伤亡和巨大财产损失，严重影响受灾体的自然灾害或人为灾难 | 王和, 2013 |
| 5 | 人与环境之间的，由自然或者人引起的瞬时的或者是持续的巨大灾害 | William, 2013 |

由此可见，我们对生态巨灾的认识，也可从自然因素和人为因素两个方面入手。一般而言，自然生态巨灾主要包括洪水、台风、地震、泥石流、干旱等自然灾害造成的生态损害；人为生态巨灾主要是指人为故意或过失行为造成的巨大生态损害，主要包括有害物质的泄漏、核污染、废气废水排放等。

### 3. 损失的程度

相对于普通灾害而言，巨灾一般被认定为会引起巨大人员伤亡或财产损失的事件。如 2016 年希格玛（Sigma）对巨灾的评判标准（见表 2 - 5）。

表 2 - 5　　　　　　　　　2016 年希格玛（Sigma）巨灾事件标准

| 保险损失（索赔额） | 船运灾难 | 1 990 万美元 |
|---|---|---|
| | 航空灾难 | 3 980 万美元 |
| | 其他损失 | 4 950 万美元 |
| 或经济损失总额 | | 9 900 万美元 |
| 或伤亡人数 | 死亡或失踪 | 20 人 |
| | 受伤 | 50 人 |
| | 无家可归 | 2 000 人 |

资料来源：2018 全球巨灾损失达 1550 亿美元，全球 3 种巨灾保险模式. 金融界，2018 - 12 - 26.

因此，从损失程度的角度，可将生态巨灾界定为会造成大范围生态破坏、巨大经济损失或者人员伤亡的事件。例如，2014 年重庆云阳特大暴雨事件，造成直接经济损失 6 800 万元；2015 年安徽沱湖、天井湖流域 9.2 万亩（约合 6 133.3 公顷）水域突然遭遇严重污染，造成 2 000 多万斤（约 1 000 万千克）河蟹、鱼类等死亡，直接经济损失 1.9 亿元。

尽管目前学术界对生态巨灾还没有形成统一的定义，但纵观对巨灾的各类认识，不难看出生态巨灾具有以下共性特征。

（1）致灾强度大。

生态巨灾的发生存在突发性、累积性、难以预见性、无法规避性等特征。界定生态巨灾灾害时需要重点关注频率低影响广、致灾强度较大的生态灾害事件，而将损失程度较小的常规性灾害事件排除在外。

（2）属相对概念。

不同致灾因子的致灾程度是相对的，即使同一致灾因子对不同地区、不同承灾主体的冲击而言也是相对的。承灾体承受灾害能力的高低、巨灾风险管理机制和巨灾风险的分散分担策略千差万别，导致生态巨灾的分析判定、巨灾风险的管理应对都会存在差异。从灾害源、孕灾环境，再到承灾体的相对性不仅表现出国别、地区差异，还表现为同一灾害下显著的个体差异。

（3）影响程度深。

无论是基于定性还是定量的认识，巨灾的界定都表明巨灾具有负面影响性，会带来巨大的财产损失或人员伤亡。但是生态巨灾的影响不能单纯以财产损失或人员伤亡来判断，这些都是绝对数字，而对受灾群众的心理健康、社会经济的持续发展、生态环境的破坏都是无法用绝对数字来衡量的，对其影响程度十分深远，甚至对全球贸易也有显著影响，对出口的抑制作用大于对进口的促进作用（孟永昌，2016）。

（4）救助需求高。

生态巨灾对受灾主体造成的破坏与一般的灾害不同，很难依靠受灾主体自身的资源恢复，常常需要借助外部资源，有时候甚至需要国际的帮助。像发生在 2008 年的汶川地震，救助国家和地区达 170 多个[1]，截至 2008 年 8 月 11 日共接收国内外社会各界捐赠款物达 592.73 亿元人民币[2]。

综上所述，生态巨灾的定义需要回答生态灾害是什么的问题。基于上述比较，我们可以将生态巨灾界定为一类无法预见的突发性生态灾害事

---

[1] 资料来源：2008 年中国接收来自境外的捐赠款物达 135.39 亿元. 新华社，2009 – 03 – 11，https：//www.gov.cn.

[2] 康永健：汶川印证 30 年 [J]. 时事（初中版），2008（1）：2.

件，致灾损失难以规避，生态影响长期持续，造成巨大财产损失或人身伤亡的自然灾害事件，或人为破坏引发的生态性灾难。

## 2.1.2 生态巨灾风险

### 1. 巨灾风险的特点

巨灾风险是相对普通风险而言，而且现有关于生态巨灾风险的研究十分匮乏，只能从巨灾风险的研究中进行分析和推演。我们对巨灾风险最简单的理解是指会引起巨灾损失的不确定性。当前巨灾风险的定义仍未达成一致，但与普通风险相比，国内学者对巨灾风险特点的研究基本取得一致，课题组将巨灾风险的特点归纳（见表 2-6）。

表 2-6　　　　　　　　　　巨灾风险的特点

| 序号 | 特点 | 文献 |
| --- | --- | --- |
| 1 | 巨灾属于小概率大损失事件 | 穆拉里德哈兰（T. L. Murlidharan），2001 |
| 2 | 巨灾风险一般不可保，其发生频率低、影响区域广、造成损失大 | 张志明，2006 |
| 3 | 巨灾风险具有发生概率小、影响程度大、难以预测、造成损失巨大的特点 | 邓国取，2007 |
| 4 | 巨灾风险具有发生频率低、损失金额大、覆盖面积广、损失复杂、不可预测等特点 | 李超，2011 |
| 5 | 巨灾风险具有影响范围广泛、偶然突发、灾难传递、预测性和控制性差等特点 | 刘志远和车辉，2017 |
| 6 | 巨灾风险具有发生频率低、损失巨大、差异较大、蔓延性强等特点 | 张卓和尹航，2018 |
| 7 | 具有发生频率较低、损失数额巨大、难以预见、无法避免和高度不确定性等特点 | 樊朱丽，2018 |

### 2. 生态巨灾风险的特点

借鉴生态灾害的特点和巨灾风险的特征研究，课题组概括认为生态巨灾风险既具有巨灾风险的一般特性，也具有生态风险的特殊性，总体归纳如下。

（1）发生概率低。

与普通生态风险发生的高频率相比，生态巨灾风险具有发生频率低，持续周期比普通生态风险长，属于典型的极端事件或累积灾难事件。尽管某些生态巨灾风险的产生具有一定"规律性"，如季节性的旱灾风险、洪水风险。但总体来看，低概率仍是生态巨灾风险的首要特征。

（2）损失程度大。

尽管普通生态风险具有高频的发生率，但每次造成的财产损失或人员伤亡都比较小，而生态巨灾风险如果暴发将会造成严重的破坏，导致大量的财产损失或人员伤亡。2017 年 9 月超级飓风"哈维"和"艾尔玛"接连登陆美国，造成的经济损失高达 2 900 亿美元，相当于美国 2016 年 GDP（18.6 万亿美元）总值的 1.56%。[①]

（3）影响范围广。

一般生态风险的发生往往只会造成小范围的环境污染，但是生态巨灾的影响不仅会造成环境污染、经济损失、人员伤亡，甚至还会影响社会多个方面，如破坏基础设施、波及社会秩序，严重了还会影响社会的可持续发展能力。

（4）可预测性差。

与普通生态灾害相比，生态巨灾风险的发生频数和概率很低，缺乏大数据和大样本等数据基础。因此，对生态巨灾的预测，无法像普通灾害风险那样，可利用大数法则和概率论来进行预测。

---

① 资料来源：美媒：两大飓风所致损失或高达 2900 亿美元. 中国新闻网，2017 – 09 – 11，http：//news. cctv. com.

（5）不可规避性。

正因为没有可行有效的方法预测生态巨灾，因此当生态巨灾风险来临时，自然无法避免。无论是自然灾害引发还是人为破坏造成的生态巨灾风险，都是不以人的主观意志转移，只能尽量减少和防控生态巨灾带来的风险损失。尽管人为破坏引发的巨灾可以预防，但有些巨灾事件仍然防不胜防，过失行为导致的巨灾事件举不胜举，而且巨灾风险一旦发生，其造成的巨大损失仍不可避免。

（6）持续影响性。

普通灾害发生后，经过后续的治理可以让后续风险完全消失，对以后的环境不会有持续的影响。可生态巨灾暴发后，它对某个国家或地区产生的风险，会持续很长时间，可能长达几十年，甚至几百年。例如，北京2010年的特大沙尘暴，使北京空气污染严重，至今被雾霾笼罩时还偶有沙尘暴的因素；云南滇池的水污染，尽管每年投入大量资金进行治理，从污染到现在已持续了十余年。

### 3. 生态巨灾风险的界定

至此，可以根据生态巨灾风险的特性，将生态巨灾风险界定为：因重大自然灾害、流行疫病传染、人为破坏事故等行为导致巨大灾害损失的生态风险。该风险具有不确定性、生态性、持续性等特点，其影响是会带来巨大经济损失、人员伤亡或持续环境恶化等后果，并可能持续引发危机的低概率高损失风险。

## 2.1.3 生态巨灾风险管理

### 1. 巨灾风险管理的定义

"风险管理"一词最早由美国沃顿商学院施耐德教授于1955年提出，早期主要用于企业风险管理，直到全球灾害频发，风险管理才被逐渐引入灾害领域之中，形成了一系列对巨灾风险管理的理论定义（见表2-7）。

**表2-7** 巨灾风险管理的定义

| 序号 | 定义 | 文献 |
|---|---|---|
| 1 | 有效的风险分散方式，可采用提高保险覆盖率的模式把分散的社会资金和力量进行汇聚，以保护投保人和保险人的利益 | 布朗和霍伊特，2000 |
| 2 | 综合风险识别、风险衡量和风险防控，以最小的成本把巨灾风险损失降到最低程度的管理手段 | 霍华德昆鲁斯和埃尔文·米歇尔（Howard Kunreuther and Erwann Michel），2004 |
| 3 | 结合风险致灾因子与风险程度评价、减灾法律规范与防灾工程，综合提高应对灾害能力和风险管理水平的策略 | 史培军，2007 |
| 4 | 政府和市场共同合作的风险分担模式，各风险承担体共同参与，并按照事前约定责任分别分担巨灾损失 | 昆鲁瑟，2008 |
| 5 | 巨灾风险管理是采取各种风险分散分担组合，降低保险人经营管理风险的手段 | 保罗肯尼斯·艾弗德（Kenneth A. Frootand Paul），2008 |
| 6 | 强调政府发挥最后再保险人的功能，作为巨灾风险转移分担的最终担保者，并让保险业全面参与巨灾风险管理 | 熊海帆，2009 |
| 7 | 各参与主体对已发巨灾事件或潜在巨灾进行风险识别、估测和评价，最大限度规避巨灾或降低巨灾发生损失的暴露程度，通过优化组合风险管理技术，实现巨灾风险转移分散的过程 | 卓志，2011 |
| 8 | 由政府主导，社会、企业和家庭共同参与，与国家长期的社会经济发展战略相结合的社会管理过程 | 陈秉正，2011 |
| 9 | 市场化巨灾保险能最大限度提升巨灾风险管理的效率，也有利于化解巨灾导致的经济后果 | 李旭峰，2013 |

#### 2. 生态巨灾风险管理的界定

根据巨灾风险管理的相关研究，课题组将生态巨灾风险管理界定为：由政府主导并组织社会各方力量共同参与，通过动态观测和系统识别生态巨灾风险，同时优化组合生态风险管理的方法和工具，综合制定全面的巨灾风险管理策略，并进行长期监督的行动决策体系、方法和过程。

### 3. 生态巨灾风险管理的特征

由于生态巨灾风险既具有巨灾风险的一般特征，也具有生态风险的特殊性，因此与普通风险管理相比，生态巨灾风险管理一般具有以下特征。

（1）整合性。

生态巨灾风险的影响范围广、损失巨大，决定了对生态巨灾的风险管理不能依赖一个部门、一个行业和一个主体独立完成，更应该是一个多主体共同参与、多层次优化整合的系统。这种整合不仅是制度上的整合，也是机构、工具、流程等各个方面的整合。

（2）多样性。

生态巨灾风险管理的多样性主要是指参与主体和管理方法的多样性。一方面是指参与主体的多样性。生态巨灾风险管理的实施不可避免地要涉及政府与市场的合作，不同行业的协调，以及居民个体和社会组织之间的协同。另一方面是指风险管理方法的多样性。由于涉及不同的灾种和主体，风险管理的方法必须包容多样，主要包括传统的财政赈灾、巨灾保险与再保险、非传统的巨灾债券、巨灾期权、巨灾期货、巨灾风险互换和灾后股权融资等。

（3）创新性。

尽管生态巨灾风险管理的方法经过不断探索发展，逐渐形成了风险自留、政府救济、巨灾保险和再保险等传统的巨灾风险管理方法，以及新兴的巨灾债券、巨灾期货、巨灾期权等为代表的各种创新方式。但是，随着全球自然灾害发生的频率和严重程度日趋上升，仍旧需要不断创新更多科学有效的方法来解决层出不穷的生态问题。

（4）挑战性。

面对我国日益严重的环境问题和多样性的生态巨灾，加大了生态巨灾管理的难度，也成了一个巨大的考验。一方面需要提高事前的风险检测技术，另一方面需要用切实可行的方法恢复已被破坏的生态环境。平衡协调好经济发展与生态环境保护之间的关系，成为摆在生态巨灾管理面前的巨大挑战。

（5）持续性。

生态巨灾管理的持续性，主要基于灾后影响与长期管理的角度分析。首先，生态巨灾尽管是低概率的事件，然而一旦发生并破坏生态环境，则生态恢复需要花费很长的时间。其次，当前的研究没有任何证据表明，生态巨灾发生后不会在以后的时间再发生。因此，过程的管理和事后的监管需要永久、持续。最后，面对我国生态巨灾发生的多样性，迫切需要提高生态灾害风险管理的技术。无论是事前污染的控制，还是事后的管理，都需要采用更先进、更成熟的技术来完成，而不断完善生态管理的技术也是一个长期的过程。因此，我国生态巨灾风险的管理将是一个长期而艰巨的任务，不仅具有挑战性，更存在持续性。

（6）绿色性。

习近平总书记在党的十九大报告中，详细讲述了生态建设，阐明绿色发展是贯穿生态建设的新理念，并确定"绿水青山就是金山银山"的"两山"绿色思想。因此，在生态巨灾管理的方式上，必须紧跟国家政策方针，不能以破坏生态安全的前提来修复巨灾遗留的问题。因此，我国在生态巨灾的管理方式上也应逐渐向经济、绿色、可持续发展的道路靠近。

## 2.2　相关理论基础

### 2.2.1　生态安全理论

1914年美国学者奥尔多·利奥波德（Aldo Leopold，1941）首次提出"土地健康"概念，开启了生态安全研究的先河，引起大量外国学者进入生态安全领域研究。我国虽然很早就有"天人合一""道法自然""万物平等"等思想，但对生态安全领域的研究仍落后于西方国家。自 1988 年，联合国环境规划署（UNEP）针对环境污染的危害等级制订了地区级紧急事故的意识和准备计划（Awareness and Preparedness for Emergencies at Local Level，Apell），第一次正式提出环境安全的概念。国内外关于生态安全的研究，主要形成了马克思主义生态观、生态国家利益、生态系统健康论、生态灾害风险评价、生态权利、绿色经济、可持续发展等理论。我国在前期国内外关于生态安全研究的基础上，形成了立足于中国国情的具有中国特色的生态安全理论体系。

（1）马克思主义生态观。

国外生态安全的研究最早出现在马克思主义生态观中，主要包含两个部分：一个部分是自然辩证法。这是人类第一次系统地认识人与自然的关系，它是认识并解决生态安全问题的理论基石和方法论；另一个部分是生态价值理论。该理论是指引人们了解生态价值、认识生态危机、维护生态安全的基础。

马克思主义生态观在我国的社会主义实践中，得到了创新、丰富和发展。党和国家领导人立足于我国实际国情，逐步发展为具有中国特色的社会主义生态文明建设理论体系。在党的十八大上，中国共产党革命性地提出生态文明建设。将生态文明作为建设社会主义"五位一体"战略的重要构成，并创新性地提出 6 大理念：①生态决定人类文明的兴衰；②生态是社会生产力；③生态是民生福祉；④统筹治理山水林田湖；⑤调动社会各方力量参与生态治理；⑥森林关系国家生态安全[①]。中国特色的社会主义生态文明建设理论体系，是马克思主义生态观在中国继承发展的重大体现。

（2）生态系统健康与风险评价理论。

生态系统健康与风险评价理论最初是由美国国家科学院和美国环保局提出的，涵盖了风险源、暴露反映—关系等概念和研究方法。该理论主要

---

① 吴柏海，余琦殷，林浩然. 生态安全的基本概念和理论体系 [J]. 林业经济，2016（7）.

包括四个方面的内容:第一,保证生态系统自身的功能正常;第二,对生态系统健康状况诊断并客观分析;第三,生态安全评价标准不一,具有发展性和相对性;第四,建立生态安全保障体系。

我国关于生态系统健康与生态风险评价领域的研究,已从定性研究转向定量研究,运用不同方法评价不同领域生态系统,并由宏观向微观转变。目前该领域研究主要方向有森林生态系统(王云霓,2019)、农业生态系统(江雪,2019)、草地生态系统(刘春青,2018)、湿地生态系统(孙雪,2019)、河流生态系统(郑保,2019)、城市生态系统(张鑫,2018)等;主要方法有PSR模型(彭建交,2019)、和谐度方程(王徐洋,2019)、海洋健康指数和"压力—状态—响应"(吴珍,2019)、综合指数法(万家云,2019)、层次分析法(马行天,2019)等。尽管我国在生态健康评价理论方面有了重大的突破,但是仍未形成完整的理论体系,有待后续深入研究。

(3)生态权利理论。

生态权利理论起源于俄罗斯环境资源法学家的研究,从法学视角将生态安全作为环境法调整的社会关系。《俄罗斯联邦宪法》(1993)、《俄罗斯联邦自然环境保护法》(2002)明确生态安全是公民实现生态权利的保障。1995年俄罗斯专门制定《俄罗斯联邦生态安全法》保障生态安全。通过制定系列生态法律,其将生态安全和生态权利列为国家法律保护范围。

虽然我国把生态安全和环境保护法也纳入法律范畴,但并没有把生态权利作为公民的基本权利,虽然有自然资源保护利用、生态环境保护治理和生态文明建设的相关法律,但目前还没有制定专门生态安全法律。生态权利相关的理论研究在我国也未有涉及,自然权利仅被作为生态文明建设的一个理论支点(刘玉,2010)。

(4)绿色经济理论。

大卫·皮尔斯(David Peerce,1989)首次提出"绿色经济",2012年的"里约+20"峰会详细阐述了绿色经济,会议倡导发展绿色经济不仅要遵循生态界限，也要注重全社会的公平，确保全球每个公民公平享有自然资源的权利。

我国在新时代背景下加快了经济转型，经济发展由粗放模式转变为绿色模式，提出基于生态环境容量和资源承载力的绿色生态经济才是践行绿色发展观的前提（岳玉利，2019）。在供给侧改革的关键时期，提出通过协同创新驱动，优化绿色低碳环保型资源要素配置，发展绿色环保价值链的对外贸易（易露霞，2019）。当前，发展绿色经济已成为中国经济发展的重要使命。

（5）可持续发展理论。

面对 20 世纪 50 年代以来全球性的生态危机，国际社会经过深入反思，共同提出可持续发展理论，并获得全球性一致共识。首次联合国人类环境会议（1972）通过《人类环境宣言》，宣言将生态环境列入国际议事日程。1980 年联合国大会首次提出可持续发展理念（sustainable development）。1987 年世界环境与发展委员会发布报告《我们共同的未来》，首次详细阐述可持续发展的内涵，即既要满足当代人需要，但又不能损害满足后代人自身发展的能力。1992 年的联合国环境与发展大会通过《21 世纪议程》和《气候变化框架公约》，明确将可持续发展与环境密切联系，并实施全球行动。

我们几代国家领导集体对自然环境保护都非常重视和敬畏，其中关于人与自然关系的客观认识、环境保护与经济发展关系的正确处理，都非常符合生态安全的部分内涵。毛泽东提出自然对人类发展举足轻重，人不仅是自然的产物，还可能动地改造自然，并在全国大力开展兴修水利、植树造林等。邓小平要求采取统筹兼顾、因地制宜的方式建设生态文明。指出虽然发展经济是关键，但发展经济不能以破坏环境为代价，必须正确处理经济发展与生态环境保护的关系。还进一步提出可持续发展理念，采取了资源节约、污染治理等行动。江泽民提出可持续发展战略，即既着眼于当前发展需要，更要兼顾未来发展的利益[①]，首次提出"保护环境就是保护

---

① 江泽民文选（第 1 卷）[M]. 北京：人民出版社，2006.

生产力"①。胡锦涛在党的十七大上首次提出生态文明建设，进一步丰富了生态文明思想，提出人与自然和谐发展的科学发展观，要求全面、协调、可持续。党的十八大报告屡次强调生态安全，把生态文明列入"五位一体"总布局，提出良好的生态环境是人类社会持续发展的根基②。习近平把建设生态文明推向新高度，提出构建生态安全格局和严守生态红线以保障国家生态安全。反复强调底线思维，指出坚决不能突破作为国家生态安全的生命线和底线的生态红线③。此外，习近平主席还提出"生态兴则文明兴，生态衰则文明衰"④"绿水青山就是金山银山"等生态论断⑤，明确了生态安全与环境保护的内在价值，阐明生态治理与经济发展本质上互相统一。党的十九大把人与自然和谐共生列为新时代的重要战略之一，对中国特色生态文明建设的本质作了深入规定。

## 2.2.2 生态系统演变理论

冯·诺依曼与奥斯卡·摩根斯特恩最早提出博弈论，属于现代数学的一个全新分支，被广泛运用于经济学、金融学和管理学等多个学科领域。自20世纪70年代起，全球环境问题突出，逐渐开始将博弈论理论引入生态环境领域，开始了博弈论在生态中的动态运用。到了80年代，3S（遥感技术、地理信息系统和全球定位系统，即 RS、GIS 和 GPS）技术的产生，让生态环境的研究有了更大的突破，让更多的学者能研究不同的领域（张天曾，1981；刘清泉，1985；杨佩芝，1986；斯密尔，1988；牛文元，1989）。20世纪90年代关于生态环境脆弱性的研究迅速增加（杨明德，1990；罗承平，1995；王经民，1996；万国江，1998），主要采用层次分析

---

① 江泽民文选（第1卷）[M]. 北京：人民出版社，2006.
② 胡锦涛. 坚定不移沿着中国特色社会主义道路前进为全面建成小康社会而奋斗——在中国共产党第十八次全国代表大会上的报告 [M]. 北京：人民出版社，2012.
③ 习近平总书记系列重要讲话读本 [M]. 北京：学习出版社，人民出版社，2016.
④ 陈俊，张忠潮. 习近平生态文明思想：要义、价值、实践路径 [J]. 中共天津市委党校学校，2016（6）.
⑤ 张云飞. "绿水青山就是金山银山"的丰富内涵和实践途径 [J]. 前线，2018（4）：3.

和指标评价等方法，对不同生态环境的发展现状、存在问题、生态脆弱性的分析与衡量等方面展开研究，但多集中于区域的局部探索。

随着人类行为活动不断延伸和社会经济的高速发展，生态环境遭受破坏的境况日趋严重，人类面临前所未有的生态危机。生态危机涵盖的内容非常广泛，比较突出的有水资源短缺引发绿地缩减、土地荒漠导致耕地和森林面积减少、矿产开发和固废排放污染致使生态退化等。为化解生态环境破坏造成的危机，找到有效的应对办法，由区域生态系统演变分析转向生态危机的驱动因素研究，特别是重点关注人类行为影响生态系统演变（齐文同等，2002；王新平等，2005；孙自永，2006；许端阳等，2009；曹如中等，2011；徐福留等，2015；孙冰等，2016）。近年来，博弈论更加广泛地运用在生态补偿机制，也逐渐转向微观领域。由于博弈论在生态系统运用的时间尚短，涉及的覆盖面小，还未形成更为细致的生态系统演变理论。

## 2.3　本章小结

本章主要阐述了生态巨灾风险管理的相关理论基础，通过回顾、借鉴、融合生态安全和生态巨灾风险多学科的理论研究成果，以期为生态巨灾风险管理的机制设计与路径创新提供理论支撑。目前，学术界主要从定性和定量两个维度研究生态巨灾。定性研究主要指自然灾害或人为灾害引起的自然演变、环境变化、社会行为等危险事件对人类生态环境带来毁灭性或持久性影响的分析。而定量研究则指从自然灾害或人为灾害引起，造成人类社会的人员伤亡、经济损失达到非常规级别的生态负面产物的数字量化分析。我国关于生态巨灾风险的研究十分匮乏，国内学者虽未形成完全统一的定义，但对巨灾风险特点的研究基本一致。课题组研究认为生态巨灾风险具有不确定性、生态性和持续性等特点，是重大自然灾害、人为事故或疾病传播等造成巨大损失的生态风险。随着全球灾害频繁暴发，

"风险管理"从企业管理逐渐渗透到灾害管理领域之中。生态安全和生态风险管理的理论表明，生态巨灾风险管理需要政府发挥主导作用，由社会各界共同参与，并在全面、动态和系统的生态安全分析基础上，实现生态巨灾风险管理方法的优化组合，通过制订风险管理综合方案，形成长期监督的行动决策体系和管理机制。

第3章

# 生态安全视角的巨灾风险成灾机理

有效的生态巨灾风险识别与防控机制设计必须基于科学识别和认知。虽然近几十年相关理论在快速发展，出现了多学科、多视角的风险理论研究，但对生态巨灾风险的识别和认知仍相当有限。关于什么是生态巨灾风险？生态巨灾风险来自哪里？生态巨灾风险的成灾机理是什么？以及生态巨灾风险的影响效应怎样？这些问题仍然没有明确答案。本章将基于中国生态安全隐患的探寻和生态巨灾风险现状的梳理，尝试从生态安全视角出发探索生态巨灾风险的成灾原因、成灾机理和成灾效应。

## 3.1 中国生态安全和生态巨灾风险现状

### 3.1.1 中国生态安全隐患

生态安全是人类社会进入 21 世纪以来为实现可持续发展面临的新主题。生态安全的内涵有广义和狭义之分。广义的生态安全指人类的生活保障、生态权利、必要资源、社会秩序等不受威胁的境况，由自然、经济和社会等生态安全内容共同构成复合系统 [国际应用系统分析研究（IASA），1989]。狭义的生态安全则指自然和部分自然的生态系统，反映了系统的

41

安全性、健康性和完整性情况①。

21世纪以来世界各国的学者和组织通过大量的实验研究，将生态安全的研究内容和范围持续细化。对地区的大气、水体和土壤等生态要素和系统的安全性评估，工农业、旅游业等各产业影响地区生态安全和可持续发展途径的探索，以及人居环境可持续发展的安全性评估等②。

维持生态系统自身安全是生态安全的前提和基础，即保持整个生态系统的健康性、完整性和可持续性发展。生态安全中的生态主要指大气圈、生物圈、水土圈等组成的生态系统③。生态系统的状态反映出国家的生态安全水平和影响效应。同时，生态安全具有外化效应，一国的生态状况恶化，必然引发国际社会的关注。可见，生态安全是国家安全和国际安全的重要组成部分。近年来中国生态环境总体有所改善，但仍然存在着不同程度的各种隐患，生态隐患对我国生态安全造成了极大威胁④。

中国过去生态安全的重点主要是大气、土地、水源、天然林、动植物资源、地下矿产等自然资源⑤。然而，随着人口的快速增长和经济体量的增大，我国的资源需求和环境压力显著增加，特别是水资源的时空分布不均和严重短缺，造成水土流失进而导致严重的土地沙漠化。中国的能源消耗也巨大，燃煤排放的 $CO_2$（二氧化碳）、$SO_2$（二氧化硫）均位居世界前列，严重影响气候变化。人为的社会经济活动加剧了生态灾害的脆弱性，不仅危及本国的持续发展与社会稳定，也可能波及周边国家。

生态安全的主要类型归为五大类：空气安全、水安全、生物安全、土地安全和其他安全问题，如图 3-1 所示。

---

① 肖笃宁，陈文波，郭福良. 论生态安全的基本概念和研究内容 [J]. 应用生态学报，2002（3）：354-358.

② 曹秉帅，邹长新，高吉喜，等. 生态安全评价方法及其应用 [J]. 生态与农村环境学报，2019，35（8）：953-963.

③ 罗永仕. 生态安全的现代性解构及其重建 [D]. 北京：中共中央党校，2010.

④ 吴思珺. 我国生态安全存在的隐患及消除措施 [J]. 武汉交通职业学院学报，2009，11（3）：31-34.

⑤ 曲格平. 关注生态安全之二：影响中国生态安全的若干问题 [J]. 环境保护，2002（7）：3-6.

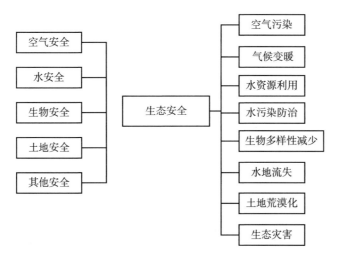

图 3 - 1　影响生态安全的五大方面

### 1. 空气安全——空气污染和气候变暖

（1）空气污染。

煤炭是我国生产生活的主要能源，燃烧时会释放非常多的有害气体，如 $CO_2$（二氧化碳）、$SO_2$（二氧化硫）、$N_2O$（氧化亚氮）和 $CH_4$（甲烷）等。释放的有害气体与空气飘浮颗粒互相混合严重损害空气质量。氮氧化物、二氧化硫和烟尘是空气中主要的自然物，自 2011 ~ 2017 年其平均排放量分别为 1 741.61 万吨、1 935.94 万吨和 1 268.35 万吨，虽然污染物的排放有下降趋势，但总排放量仍然数量巨大，致使我国被许多境外媒体称为"空气污染源"（见表 3 - 1）。同时，空气质量的下降加剧呼吸道等疾病暴发与传播的危险，严重危害社会公众的生命与健康①。

（2）气候变暖。

图 3 - 2 显示，从 20 世纪 30 ~ 40 年代开始，全球气温逐步变暖；而从 20 世纪 80 年代至 2018 年，气温急剧上升，全球各地区都受到不同程度的影响。

---

① 尹晓波 . 我国生态安全问题初探 ［J］. 经济问题探索，2003（3）：51 - 55.

表 3 - 1                中国废气污染物排放情况               单位：万吨

| 年份 | 二氧化硫 | 氮氧化物 | 烟（粉）尘 |
|---|---|---|---|
| 2011 | 2 217. 91 | 2 404. 27 | 1 278. 83 |
| 2012 | 2 117. 63 | 2 337. 76 | 1 235. 77 |
| 2013 | 2 043. 92 | 2 227. 36 | 1 278. 14 |
| 2014 | 1 974. 42 | 2 078 | 1 740. 75 |
| 2015 | 1 859. 12 | 1 851. 02 | 1 538. 01 |
| 2016 | 1 102. 86 | 1 394. 31 | 1 010. 66 |
| 2017 | 875. 4 | 1 258. 83 | 796. 26 |
| 平均数 | 1 741. 61 | 1 935. 94 | 1 268. 35 |

资料来源：国家统计局。

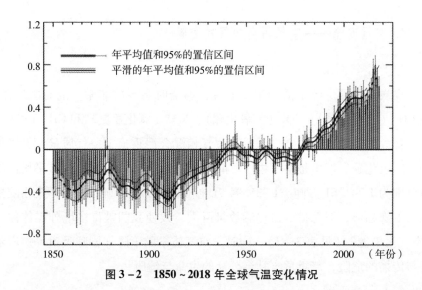

图 3 - 2   1850 ~ 2018 年全球气温变化情况

图 3 - 2 数据为网格化数据，是 CRUTEM4 陆地表面温度数据集和 HadSST3 海面温度（SST）数据集的混合。数据集以 100 个数据集实现的整体表示，在当前了解影响近地表温度观测值的非气候因素的前提下，对全球温度记录中不确定性的分布进行采样，这种集成方法可以表征网格数

据中时空相关的不确定性结构。

垂直的柱状线条显示了1850年以来的全球年平均近地表温度异常，误差线显示年平均值的95%置信区间。粗的水平波浪线表示使用21点二项式滤波器进行平滑处理后的年值，平滑线的虚线部分表示受端点处理影响的位置，细的水平波浪线显示平滑曲线上的95%置信区间。

在全球变暖的背景下，中国年均地表气温显著上升，升温幅度为0.5～0.8℃，比同期全球均值（0.6℃±0.2℃）略高。20世纪80年代中期后，中国气候增暖现象更为突出，全国年均地表气温增加1.1℃，增温速率为0.22℃/10a，明显高于全球同期平均增温速率[①]。

### 2. 水安全——水资源短缺和水污染严重

水资源是国民经济发展的决定因素，当前中国水资源短缺与污染的形势非常严峻，对国家生态安全构成严重威胁。

（1）水资源短缺。

中国的水资源非常短缺，虽然水资源总量列世界第6，然而人均拥有量却只有2 500立方米，约为世界人均的1/4，排世界第110位，被联合国列为13个贫水国家之一。在水资源总量不变的约束下，人口规模的扩大、生产生活的提升，导致水的消费需求急剧上升，水资源短缺日益严重。图3-3显示，2005～2017年居民用水量呈明显上升趋势。由表3-2可知，2003～2017年，我国水资源总量和供水总量变化不明显，但工农业、生产生活和生态用水量均显著上升。

目前，中国多地工农业生产和居民生活均面临缺水威胁。严重缺水会导致地下水被过度利用和循环平衡被打破。21世纪中期中国用水总量预计会超过可利用量的28%。按照经验标准判断，如果某地区用水量大于可利用量的20%，则会引发水源的供给危机。

---

① 丁一汇，任国玉，石广玉，等. 气候变化国家评估报告（Ⅰ）：中国气候变化的历史和未来趋势［J］. 气候变化研究进展，2006（1）：3-8，50.

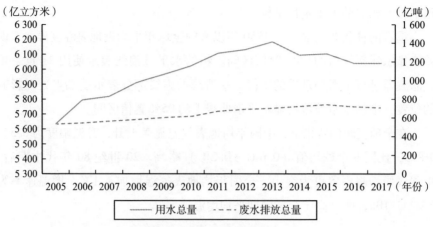

图 3 - 3　中国水资源现状

资料来源：国家统计局。

表 3 - 2　　　　　　　　　　2003～2017 年中国水资源现状　　　　　　　单位：亿立方米

| 年份 | 水资源总量 | 地表水资源量 | 地下水资源量 | 地表水资源供水量 | 地下水资源供水量 | 供水总量 | 农业用水量 | 工业用水量 | 生活用水量 | 生态用水量 |
|---|---|---|---|---|---|---|---|---|---|---|
| 2003 | 27 460.19 | 26 250.74 | 8 299.32 | 4 286.00 | 1 018.11 | 5 320.40 | 3 432.81 | 1 177.20 | 630.89 | 79.47 |
| 2004 | 24 129.56 | 23 126.40 | 7 436.30 | 4 504.20 | 1 026.40 | 5 547.80 | 3 585.70 | 1 228.90 | 651.20 | 82.00 |
| 2005 | 28 053.10 | 26 982.37 | 8 091.12 | 4 572.19 | 1 038.83 | 5 632.98 | 3 580.00 | 1 285.20 | 675.10 | 92.68 |
| 2006 | 25 330.14 | 24 358.05 | 7 642.91 | 4 706.75 | 1 065.52 | 5 794.97 | 3 664.45 | 1 343.76 | 693.76 | 93.00 |
| 2007 | 25 255.16 | 24 242.47 | 7 617.17 | 4 723.90 | 1 069.06 | 5 818.67 | 3 599.51 | 1 403.04 | 710.39 | 105.73 |
| 2008 | 27 434.30 | 26 377.00 | 8 122.00 | 4 796.42 | 1 084.79 | 5 909.95 | 3 663.46 | 1 397.08 | 729.25 | 120.16 |
| 2009 | 24 180.20 | 23 125.21 | 7 267.03 | 4 839.47 | 1 094.52 | 5 965.15 | 3 723.11 | 1 390.90 | 748.17 | 102.96 |
| 2010 | 30 906.41 | 29 797.62 | 8 417.05 | 4 881.57 | 1 107.31 | 6 021.99 | 3 689.14 | 1 447.30 | 765.83 | 119.77 |
| 2011 | 23 256.70 | 22 213.60 | 7 214.50 | 4 953.30 | 1 109.60 | 6 107.20 | 3 743.60 | 1 461.80 | 789.90 | 111.90 |
| 2012 | 29 528.79 | 28 373.26 | 8 296.40 | 4 952.80 | 1 133.80 | 6 131.20 | 3 902.50 | 1 380.70 | 739.70 | 108.30 |
| 2013 | 27 957.86 | 26 839.47 | 8 081.11 | 5 007.29 | 1 126.22 | 6 183.45 | 3 921.52 | 1 406.40 | 750.10 | 105.38 |
| 2014 | 27 266.90 | 26 263.91 | 7 745.03 | 4 920.46 | 1 116.94 | 6 094.88 | 3 868.98 | 1 356.10 | 766.58 | 103.20 |
| 2015 | 27 962.60 | 26 900.80 | 7 797.00 | 4 969.50 | 1 056.20 | 6 103.20 | 3 852.20 | 1 334.80 | 793.50 | 122.70 |
| 2016 | 32 466.40 | 31 273.90 | 8 854.80 | 4 912.40 | 1 057.00 | 6 040.16 | 3 768.00 | 1 308.00 | 821.60 | 142.60 |
| 2017 | 28 761.20 | 27 746.30 | 8 309.60 | 4 945.50 | 1 016.70 | 6 043.40 | 3 766.40 | 1 277.00 | 838.10 | 161.90 |

资料来源：国家统计局。

（2）水污染严重。

严重的水污染不但会导致巨额经济损失和生命健康伤害，而且极易引发社会恐慌和动荡。近年来由于污染造成中国水环境持续恶化，水资源质量也不断下降，污染所致的缺水事故时有发生，不仅导致生产停产、农业减产甚至绝收，而且对社会经济造成极坏的影响和损失，严重威胁可持续发展，危及人类生存。由图 3 - 3 可知，中国 2005 ~ 2017 年的污水排放总量逐年攀升，再综合考虑中国废水中主要污染物排放情况（见表 3 - 3），2011 ~ 2017 年，尽管废水中的污染物，如氨氮、总氮、总磷和石油等排放量有所下降，但总量仍然巨大，其影响不容忽视。

表 3 - 3　　　　　　2011 ~ 2017 年中国废水中主要污染物排放情况

| 年份 | 废水排放总量（万吨） | 化学需氧量（COD）排放量（万吨） | 氨氮排放量（万吨） | 总氮排放量（万吨） | 总磷排放量（万吨） | 石油类排放量（吨） | 挥发酚排放量（吨） | 铅排放量（千克） |
|---|---|---|---|---|---|---|---|---|
| 2011 | 6 591 922. 44 | 2 499. 86 | 260. 44 | 447. 08 | 55. 37 | 21 012. 09 | 2 430. 57 | 155 242. 00 |
| 2012 | 6 847 612. 14 | 2 423. 73 | 253. 59 | 451. 37 | 48. 88 | 17 493. 88 | 1 501. 31 | 99 358. 81 |
| 2013 | 6 954 432. 70 | 2 352. 72 | 245. 66 | 448. 10 | 48. 73 | 18 385. 35 | 1 277. 33 | 76 111. 97 |
| 2014 | 7 161 750. 53 | 2 294. 59 | 238. 53 | 456. 14 | 53. 45 | 16 203. 64 | 1 378. 43 | 73 184. 74 |
| 2015 | 7 353 226. 83 | 2 223. 50 | 229. 91 | 461. 33 | 54. 68 | 15 192. 03 | 988. 21 | 79 429. 53 |
| 2016 | 7 110 953. 88 | 1 046. 53 | 141. 78 | 212. 11 | 13. 94 | 8 838. 70 | 381. 19 | 52 930. 47 |
| 2017 | 6 996 609. 97 | 1 021. 97 | 139. 51 | 216. 46 | 11. 84 | 5 202. 11 | 233. 14 | 38 348. 20 |

### 3. 生物安全——生物多样性减少

当今时代，生物多样性减少导致生态平衡遭到破坏、生物资源日益减少，是影响生态安全的关键因素。生物多样性减少有洪涝、干旱、疫病等自然原因，也有人类无节制地乱开发等人为原因①。维持生物多样性是确

① 王丰年. 论生物多样减少的原因 [J]. 清华大学学报（哲学社会科学版），2003（6）：49 - 52.

保人类生存发展的基本条件之一，也是保障生态安全的重要举措。正是各种各样的生物相互依存、相互制约，共同构成有机共生体，并成为人类生存发展的基础。

中国生物的种类非常丰富，呈现出特有的多样性。由于自然和人为因素的干扰行为，加剧了生物物种消亡的速度。根据 2017 年《濒危野生动植物种国际贸易公约》（CITES），濒危动植物种类包括中国有自然分布记录的列入 CITES 附录 I 和附录 II 的全部动物物种及部分贸易量较大的附录 III 物种；还包括列入国家野生动物保护名录的全部动物物种和部分海关违法通关的常见物种。

现行附录物种总数达 34 000 种，其中动物约为 5 000 种，植物约为 29 000 种。中国有 2 000 多个物种列入附录。据初步统计，截至 2016 年涉及中国的已列入 CITES 附录的动物有 772 种，植物 382 种。

### 4. 土地安全——水土流失和土地荒漠化

水土流失是中国面临的首要环境问题之一，影响水土流失加剧的因素有自然和人为两个方面，主要包括：水力侵蚀、风力侵蚀、不当开垦、过度采伐和过度放牧等。据统计，2018 年我国的土地沙漠化面积高达 33.4 万平方千米。严重的水土流失和土地荒漠化将大幅减少耕地、林地等有效利用的土地面积。

中国现阶段人均耕地不足 1.35 亩（0.09 公顷），不及世界平均水平的 40%。目前全国约 1/3 耕地遭受水土流失威胁，随着土地荒漠化、基础设施开发、工业和住房等建设占地增加，致使耕地面积越来越少，也致使化肥农药等过量使用，破坏土壤成分和耕地质量，造成恶性循环（见图 3 - 4）。

中国的森林覆盖率不到 14%，人均林地仅为世界的 18%。虽然 2003 ~ 2017 年，林业用地面积有一定程度的增加，但林地仍然存在分布不均衡、质量不高等问题。近年来人工林面积也在逐年增加，人工造林可在一定程度上改善土地荒漠化的现状，但人工造林面积增加也从另一个角度说明了中国的土地安全情况不容乐观（见表 3 - 4）。

化肥施用量（万吨）

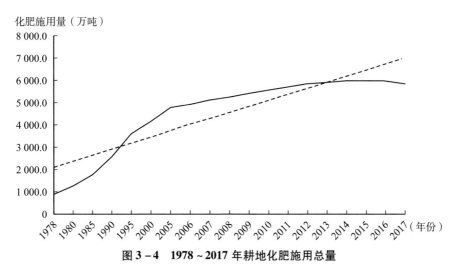

图 3 – 4　1978~2017 年耕地化肥施用总量

资料来源：国家统计局。

表 3 – 4　　　　　　　　　　土地资源使用状况　　　　　　　单位：万公顷

| 年份 | 耕地面积 | 森林面积 | 人工林面积 | 林业用地面积 |
|---|---|---|---|---|
| 2003 | 13 003. 92 | 15 894. 09 | 4 708. 95 | 26 329. 47 |
| 2004 | 13 003. 92 | 17 490. 92 | 5 364. 99 | 28 492. 56 |
| 2005 | 13 003. 92 | 17 490. 92 | 5 364. 99 | 28 492. 56 |
| 2006 | 13 003. 92 | 17 490. 92 | 5 364. 99 | 28 492. 56 |
| 2007 | 12 173. 52 | 17 490. 92 | 5 364. 99 | 28 492. 56 |
| 2008 | 12 171. 59 | 19 545. 00 | 5 364. 99 | 28 492. 56 |
| 2009 | 13 538. 46 | 20 769. 00 | 6 168. 84 | 30 590. 41 |
| 2010 | 13 526. 83 | 20 769. 00 | 6 168. 84 | 30 590. 41 |
| 2011 | 13 523. 86 | 19 545. 22 | 6 168. 84 | 30 590. 41 |
| 2012 | 13 515. 84 | 20 769. 00 | 6 168. 84 | 30 590. 41 |
| 2013 | 13 516. 34 | 20 768. 73 | 6 933. 38 | 31 259. 00 |
| 2014 | 13 505. 73 | 20 768. 73 | 6 933. 38 | 31 259. 00 |
| 2015 | 13 499. 87 | 20 768. 73 | 6 933. 38 | 31 259. 00 |
| 2016 | 13 492. 09 | 20 768. 73 | 6 933. 38 | 31 259. 00 |
| 2017 | 13 488. 12 | 20 768. 73 | 6 933. 38 | 31 259. 00 |

资料来源：国家统计局。

### 5. 其他安全——生态灾害

中国生态安全的威胁远不止上述灾害，还涉及生态环境脆弱性相关的泥石流、地裂缝等地质灾害；洪水、旱灾、台风、冰雹等气象灾害；过度使用农药化肥等农产品污染；以及因管理不善造成的固体废物污染、噪声污染和光污染等①②。

（1）地质灾害。

如表 3 – 5 所示，2000 ~ 2017 年中国发生地质灾害的次数非常多，最少的年份为 2001 年也有 5 793 起，最多则是 2006 年高达 102 804 起。18 年间，平均每年发生了 21 786 起，造成了巨大经济损失，使得政府在地质灾害防治方面的投资额巨大，每年平均投入 719 308.07 万元。地质灾害中，绝大部分地震主要是由地壳运动引起的，少数受人为活动的影响，其余地质灾害则主要由地震、降雨和人类工程活动引起。

表 3 – 5 　　　　　　　　　2000 ~ 2017 年中国地质灾害情况

| 年份 | 发生地质灾害数量（件） | 地质灾害直接经济损失（万元） | 地质灾害防治投资额（万元） | 年份 | 发生地质灾害数量（件） | 地质灾害直接经济损失（万元） | 地质灾害防治投资额（万元） |
|---|---|---|---|---|---|---|---|
| 2000 | 19 653.00 | 494 201.00 | 33 197.00 | 2009 | 10 580.00 | 190 109.40 | 542 367.60 |
| 2001 | 5 793.00 | 348 699.00 | 44 639.00 | 2010 | 30 670.00 | 638 508.50 | 1 159 813.00 |
| 2002 | 40 246.00 | 509 740.00 | 110 022.00 | 2011 | 15 804.00 | 413 151.00 | 928 085.45 |
| 2003 | 15 489.00 | 504 325.00 | 166 514.00 | 2012 | 14 675.00 | 625 253.00 | 1 024 183.00 |
| 2004 | 13 555.00 | 408 828.00 | 175 231.00 | 2013 | 15 374.00 | 1 043 567.56 | 1 235 363.10 |
| 2005 | 17 751.00 | 357 678.07 | 166 860.16 | 2014 | 10 937.00 | 567 027.45 | 1 634 039.10 |
| 2006 | 102 804.00 | 431 590.13 | 193 569.86 | 2015 | 8 355.00 | 250 527.54 | 1 762 662.91 |
| 2007 | 25 364.00 | 247 528.42 | 244 884.66 | 2016 | 10 997.00 | 354 289.79 | 1 360 233.96 |
| 2008 | 26 580.00 | 326 936.35 | 529 938.93 | 2017 | 7 521.00 | 359 476.62 | 1 635 940.50 |

资料来源：国家统计局。

---

① 曲格平. 关注生态安全之二：影响中国生态安全的若干问题 [J]. 环境保护，2002 (7)：3 – 6.

② 吴思珺. 我国生态安全存在的隐患及消除措施 [J]. 武汉交通职业学院学报，2009，11 (3)：31 – 34.

（2）气象灾害。

中国是世界气候最脆弱的地区之一。气候异常近年来造成中国严重的气象灾害，尤其是干旱、洪水、冰雹、冰雪等重大气象灾害，造成我国年均粮食损失 200 亿千克以上，年均经济损失超过 2 000 亿元。

20 世纪 90 年代以来，气象灾害给我国造成的年均经济损失 1 000 亿元以上。1991 年发生在淮河流域和长江中下游地区的特大洪涝，以及发生在河套地区和华南区域的严重干旱，造成的经济损失达 1 200 亿元；1994 年发生在华南和辽南地区的严重洪涝，以及发生在江淮流域的严重干旱，造成的经济损失高达 1 800 亿元。20 世纪 90 年代中后期，气象灾害造成的经济损失更为严重。受厄尔尼诺事件的影响，1997 年我国因气象灾害造成的经济损失 1 975 亿元；1998 年发生在嫩江、松花江和长江流域的特大洪涝共造成了 3 000 余人丧生、经济损失高达 2 600 亿元；2000 年发生在华北、东北南部的严重干旱，导致粮食减产约 10%。气象灾害造成的损失在普通年份占到 GDP 的 3% ~6%，干旱和洪涝是最严重的气象灾害，约占气象灾害总损失的 78%。

（3）人为污染。

人类活动造成的环境污染也极易产生生态安全隐患。其中，作为四大环境公害之一的噪声污染，成为 21 世纪控制环境污染的主要对象。噪声会影响动物的生理机能。据统计，中国 75% 以上城市交通的噪声均值超过 70dB。在影响城市环境的噪声源统计中，交通噪声占了 30%、生活噪声占 47%、工业噪声占 8% ~10%、建筑施工噪声仅占 5%。噪声污染投诉占环境污染的投诉比例为 35.6%[1]。2019 年全国 12369 环保举报统计显示，噪声举报占 38.1%，排各类污染的第 2 位。在全国噪声扰民举报中，施工噪声 45.4% 的比例居首位[2]。

光污染是指因人工光源导致，会损害人的生理与心理健康现象，包括眩光污染、射线污染和频闪等。光污染不仅影响人类和动植物的生存，还会造成生态破坏。人工白昼会伤害鸟类和昆虫，鸟类在迁徙期易受人工光

---

[1] 田玉军，巨天珍，任正武 . 国内城市环境噪声污染研究进展［J］. 三峡环境与生态，2003，25（3）：37 -39，49.

[2] 中国生态环境部 . 2020 年中国环境噪声污染防治报告 . http：//www. mee. gov. cn.

源的干扰，因城市照明光无法定向而迷失方向。候鸟会因灯光无法区分四季，秋季筑巢造成气温过低冻死，也可能会撞上广告灯死去。强光会破坏昆虫夜间的正常繁殖而杀死昆虫，又会导致大量鸟类因失去食物被饿死，同时还会破坏植物授株。光污染也会影响海龟，在幼龟出生期死海龟遍布大西洋沿岸，刚出生的海龟通常根据月亮和星星的水中倒影游向大海，由于地面光亮度超过月亮和星星，导致新生幼龟误把陆地当海洋缺水丧命。

强烈的光照会提高光源周围温度，影响草坪和植被的生长。紧靠强光的植物存活时间较短，产生的氧气也较差。过度照明同样会导致农作物抽穗延迟，甚至减产绝收。烈日下驾驶的司机容易受强光干扰而增加交通事故，反射光汇聚还容易引发火灾。

## 3.1.2　中国生态巨灾风险现状

生态安全的动态变化极易累积演化为生态巨灾风险，而生态巨灾风险不仅会对生命财产造成巨大破坏，而且也严重影响社会经济。一是生态安全状态会动态变化，外部人为行为会影响，生态系统自身运动变化也会影响，导致生态安全的变化充满不确定性，如果不加控制极易演化为生态风险。生态风险（Eco-risk）指生态系统及其组成承受的风险，通常指不确定性灾害或事故对生态系统产生的不利影响，损害其结构与功能，并危及健康和安全。由于它的潜伏期长，出现过程缓慢，所以生态风险极易被忽略或轻视。如果生态风险由隐性风险累积演化为现实危害，则非常难以防控。二是风险社会理论认为，生态环境是个极其复杂的系统，系统内涉及若干元素和子系统，而很多元素至今尚未完全搞清楚，导致生态安全存在相当大的不确定性，成为潜在的生态风险。生态风险由自然退化和人为破坏导致，逆向测度生态安全的危险程度。生态系统的平衡性和完整性如果遭受某种程度的破坏，整个系统就会朝危险的方向发展。现代人类的行为和活动原本就极其复杂、脆弱的生态系统增添了许多不确定因素，必然产生更大风险[①]。因此，生态灾害

---

① 罗永仕. 生态安全的现代性解构及其重建 [D]. 北京：中共中央党校, 2010.

若发展态势凶猛,对环境威胁程度严重,极有可能演化成为巨灾风险。

区域生态风险程度的高低常常由以下因子决定:(1)气候为首的灾种。气象灾害是致使自然灾害产生的主要因素,异常气候常会引发巨灾。而与极端气象灾害密切相关的致灾因子,如暴雨、干旱、洪涝、冰雪和病虫灾害等常常加剧灾害暴发。(2)地理位置与自然环境。地理环境是重要的孕灾环境,自然界的洪涝、地震、旱灾、龙卷风等大部分灾害,几乎都与地理位置、周边环境相关。由于中国的地理位置非常特殊,导致异常气象灾害和地质灾害比较频繁。全国的地貌呈西高东低、地势落差大的特征,导致降水量时空分布不均,极易形成大范围的洪涝、干旱等生态灾害。西高指西部的青藏高原是世界地势最高的高原,东低指东部地区是太平洋,极易遭受世界上最大台风源的冲击,从而引发各类气象、海洋灾害。同时,中国处于欧亚与环太平洋两大地震带之间,约50%的城市位于地震带上,极易遭受地质、地震灾害。

据统计中国西周至清末的3000年间共有5 168次大灾,年均1.723次①。据联合国数据统计,全球20世纪累计暴发54个超级严重的自然灾害,有8个发生在中国,造成的死亡人口占全球同期44%,20万以上人口死亡的特大地震灾害只有2个,结果都在中国。分别是1902年的宁夏海原地震和1976年的河北唐山地震②。随着巨灾事件发生次数的增加,巨灾暴发的频率不断上升,毁损的严重程度还会继续增加③。

据慕尼黑再保险公司的研究统计,中国的巨灾损失事件总体呈上升趋势,在不同时期达到峰值,其中1988年、1995年、2008年和2014年分别达到高点,但地质、气象等灾害事件没有表现出显著的阶段性差异。

表3-6、表3-7列示了1998~2017年中国典型自然及非自然生态巨灾风险事件。

---

① 张业成,张立海,马宗晋,等. 从印度洋地震海啸看中国的巨灾风险 [J]. 灾害学,2007 (3):105-108.

② 李勇杰. 建立巨灾风险的保障机制 [J]. 改革与战略,2005 (6):108-110.

③ 姚庆海. 沉重叩问:巨灾肆虐,我们将何为?——巨灾风险研究及政府与市场在巨灾风险管理中的作用 [J]. 交通企业管理,2006 (9):46-48.

表3-6 1998~2017年中国典型自然生态巨灾风险事件

| 类别 | 序号 | 年份 | 灾害名称 | 强度（年遇水平） | 死亡人数（人） | 失踪人数（人） | 成灾面积/10⁴平方千米 农作物受灾面积 | 经济损失（亿元） |
|---|---|---|---|---|---|---|---|---|
| 水灾 | 1 | 1998 | 中国长江流域水灾 | 50~100年 | 1 562 | — | 22.3 | 1 070 |
| | 2 | 2005 | 四川洪游灾害 | 约100年 | 49 | 9 | 15.8 | 31.34 |
| | 3 | 2005 | 湖南洪涝灾害 | — | 64 | 57 | 29.1 | 26.1 |
| | 4 | 2005 | 黑龙江宁安山洪 | — | 117 | — | — | — |
| | 5 | 2005 | 华南、江南严重洪涝灾害 | — | 165 | 70 | 114 | 157 |
| | 6 | 2006 | 南方九省严重雨涝洪涝 | — | 225 | — | 119.6 | 168.1 |
| | 7 | 2007 | 四川遭受暴雨洪涝灾害 | — | 42 | 26 | 17.52 | 16 |
| | 8 | 2007 | 降雨袭击南方七省 | — | 112 | 14 | 85.2 | 56.9 |
| | 9 | 2007 | 济南遭受大暴雨袭击 | 有气象记录以来 | 46 | 1 | 4.5 | 约15 |
| | 10 | 2007 | 重庆遭受雷暴雨 | 115年 | 55 | 7 | 约23.1 | 29.78 |
| | 11 | 2007 | 淮河流域性大洪水 | 100年 | 39 | — | 约40.0 | 195.9 |
| | 12 | 2008 | 长江沿线及江南地区秋涝 | — | 61 | 46 | 20.2 | 8.2 |
| | 13 | 2008 | 华南、中南地区严重洪涝灾害 | — | 87 | 10 | 143 | 236 |
| | 14 | 2009 | 湖南12市遭受强降雨 | — | 21 | 1 | 19.79 | 25.5 |
| | 15 | 2010 | 长江中下游地区暴雨洪涝 | 50~100年 | 268 | 40 | 约20.0 | 1 287.2 |
| | 16 | 2010 | 东北洪涝 | — | 126 | 44 | 80.84 | 511.3 |

续表

| 类别 | 序号 | 年份 | 灾害名称 | 强度（年遇水平） | 死亡人数（人） | 失踪人数（人） | 成灾面积/104 平方千米农作物受灾面积 | 经济损失（亿元） |
|---|---|---|---|---|---|---|---|---|
| 水灾 | 17 | 2011 | 华西秋雨灾害 | — | 109 | 14 | 88.2 | 305.6 |
| | 18 | 2011 | 南方洪涝灾害 | — | 256 | 72 | 242.8 | 483.5 |
| | 19 | 2013 | 东北地区洪涝风雹灾害 | — | 219 | — | — | 447.1 |
| | 20 | 2013 | 四川及西北华北地区洪涝灾害 | — | 319 | — | 107.9 | 527.6 |
| | 21 | 2017 | 长江中下游 5 省暴雨洪涝灾害 | — | 90 | 5 | 158.6 | 693.3 |
| | 22 | 2017 | 吉林永吉暴雨洪涝灾害 | — | 23 | 13 | 33.25 | 359.2 |
| | 23 | 2017 | 西南及广西等地严重洪涝灾害 | — | 67 | 15 | 32.7 | 136 |
| 台风 | 24 | 2005 | 台风"达维" | — | 29 | — | 113.3 | 121.9 |
| | 25 | 2005 | 台风"麦莎" | — | 20 | — | 214.1 | 180.1 |
| | 26 | 2005 | 台风"龙王" | — | 152 | 7 | 16 | 78.1 |
| | 27 | 2005 | 台风"泰利" | — | 119 | 26 | 112.5 | 170.7 |
| | 28 | 2006 | 台风"格美" | — | 64 | — | 34 | 57.5 |
| | 29 | 2006 | 超强台风"派比安" | 12 级 | 96 | — | 65 | 78.6 |
| | 30 | 2006 | 超强台风"桑美" | 17 级 | 483 | — | 约 12.0 | 196.58 |
| | 31 | 2006 | 强热带风暴"碧利斯" | 11 级 | 843 | — | 深入内陆达 5 千米 | 348.2 |
| | 32 | 2007 | 台风"圣帕" | — | 52 | 11 | 54.9 | 86.47 |
| | 33 | 2008 | 台风"黑格比" | 15 级 | 47 | — | 87.9 | 133.3 |

续表

| 类别 | 序号 | 年份 | 灾害名称 | 强度（年遇水平） | 死亡人数（人） | 失踪人数（人） | 成灾面积/104 平方千米 农作物受灾面积 | 经济损失（亿元） |
|---|---|---|---|---|---|---|---|---|
| 台风 | 34 | 2010 | 台风"凡亚比" | — | 129 | 4 | 9.896 | 60.9 |
| | 35 | 2011 | 台风"纳沙" | 14级 | 9 | — | 113.9 | 138.8 |
| | 36 | 2013 | "菲特"台风 | 14级 | 11 | 1 | 64.7 | 631.4 |
| | 37 | 2013 | "尤特"台风 | 14级 | 86 | 9 | 57.2 | 215 |
| | 38 | 2016 | 台风"尼伯特" | 70年 | 105 | 22 | 4.8 | 99.94 |
| | 39 | 2017 | 台风"天鸽" | 68年 | 23 | 9 | 12.3 | 290.3 |
| | 40 | 2019 | 中国"利奇马"台风 | 16级 | 39 | 9 | — | 537.2 |
| 雪灾 | 41 | 2008 | 中国南方低温雨雪冰冻灾害 | 50~100年 | 132 | 4 | 约100.0 | 1 517 |
| | 42 | 2009 | 全国16省遭暴雪袭击 | 7.6级 | 33 | — | 约20.0 | 110.7 |
| | 43 | 2010 | 新疆北部雪灾 | 60年 | 33 | 2 | 5.83 | 31.5 |
| | 44 | 2011 | 南方低温冷冻和雪灾 | 50年次低 | 5 | — | 327.9 | 253.6 |
| 地震 | 45 | 2008 | 四川汶川地震灾害 | 8.0级 | 69 227 | 17 923 | 约50.0 | 约9 000 |
| | 46 | 2008 | 四川攀枝花—会理地震 | 6.1级 | 41 | — | — | 36.2 |
| | 47 | 2010 | 青海玉树地震 | 7.1级 | 2 698 | 270 | 3.6 | 228.5 |
| | 48 | 2013 | 甘肃岷县漳县地震 | 6.6级 | 95 | — | 0.56 | 244.2 |
| | 49 | 2013 | 四川芦山地震 | 7.0级 | 196 | 21 | 125 | 500 |
| | 50 | 2017 | 四川九寨沟地震 | 7.0级 | 29 | 1 | 182.95 | 1.1 |

续表

| 类别 | 序号 | 年份 | 灾害名称 | 强度（年遇水平） | 死亡人数（人） | 失踪人数（人） | 成灾面积/104 平方千米 农作物受灾面积 | 经济损失（亿元） |
|---|---|---|---|---|---|---|---|---|
| 干旱 | 51 | 2010 | 西南地区秋冬春特大干旱 | 60 年 | — | — | 576.6 | 423.9 |
| 泥石流 | 52 | 2010 | 陕西安康山洪泥石流 | — | 78 | 104 | — | 71.4 |
| | 53 | 2017 | 四川茂县 "6·24" 特大山体滑坡 | — | 80 | 3 | — | 5.4 |
| | 54 | 2019 | 中国汶川泥石流 | — | 9 | 35 | — | 约 14 |

资料来源：根据民政部官网、各媒体报道手工搜集整理。

表 3 - 7　　1998～2017 年中国典型非自然生态巨灾风险事件

| 类别 | 序号 | 年份 | 灾害名称 | 污染物（强度） | 受灾范围 | 死亡或失踪人数（人） | 受灾人数（人） | 经济损失（人民币） |
|------|------|------|----------|----------------|----------|---------------------|----------------|---------------------|
| 水污染 | 1 | 2002 | 贵州都匀矿污渣污染清水江事件 | 上千立方米矿渣 | 20 多千米 | — | — | — |
| | 2 | 2004 | 四川沱江特大水污染事件 | 2 000 吨氨氮 | — | — | 近百万人 | 2.19 亿元 |
| | 3 | 2005 | 吉化爆炸致使松花江污染 | 约 100 吨苯类物质 | 80 千米 | 6 | — | 约 7 000 |
| | 4 | 2006 | 四川泸州电厂环境污染事故 | 16.945 吨柴油 | — | — | — | 20 万元经济处罚 |
| | 5 | 2006 | 河北白洋淀大面积死鱼事件 | 含磷污水排放 | 9.6 万亩水域 | — | — | — |
| | 6 | 2010 | 紫金矿业酸水渗漏事件 | 铜酸水 | 9 100 立方米 | — | — | 3 187.71 万元 |
| | 7 | 2010 | 大连新港原油泄漏事件 | 原油 | 50 平方千米 | 1 | — | — |
| | 8 | 2011 | 中海油渤海湾漏油事故 | 原油 | 5 500 平方千米 | — | — | 赔偿 16.83 亿元 |
| 病毒感染 | 9 | 2003 | SARS 病毒暴发 | SARS 病毒 | 全球范围 | 829 | 8 422 | — |
| | 10 | 2013 | 上海松江死猪事件 | 猪圆环病毒 | 10 395 头 | — | — | — |
| 火灾 | 12 | 2006 | 大兴安岭发生特大森林火灾 | 19 年 | 44.2 万公顷 | 无 | 无 | 1.4 亿元 |
| | 13 | 2008 | 香港葵芳山山火 | 3 级 | 6 平方千米 | 无 | 无 | 未知 |
| 大气污染 | 14 | 2010 | 中国北方沙尘暴 | 污染指数 500 | 282 万平方千米 | — | 2.7 亿人 | 9.37 亿元 |

续表

| 类别 | 序号 | 年份 | 灾害名称 | 污染物（强度） | 受灾范围 | 死亡或失踪人数（人） | 受灾人数（人） | 经济损失（人民币） |
|------|------|------|---------|---------------|---------|-------------------|---------------|------------------|
| 爆炸事故 | 15 | 2010 | 南京化工厂爆炸事故 | 丙烯 | — | 22 | 144 | 4 784 万元 |
| | 16 | 2013 | "11·22" 青岛输油管道爆炸事件 | | 4 000 平方米 | 62 | 136 | 7.5 亿元 |
| | 17 | 2014 | "8·2" 昆山工厂爆炸事故 | 铝粉尘 | | 146 | 260 | 3.51 亿元 |
| | 18 | 2015 | "8·12" 天津滨海新区爆炸事故 | TNT 等 | — | 165 | 971 | 68.66 亿元 |
| | 19 | 2018 | "11·28" 张家口爆炸事故 | 氯乙烯 | — | 23 | 43 | 4 148.8606 万元 |
| | 20 | 2019 | 江苏盐城爆炸事故 | 苯 | — | 78 | 200 | 处罚上百万元 |

资料来源：根据民政部官网、各媒体报道等手工搜集整理。

## 3.2　生态巨灾风险的成灾原因与特性

### 3.2.1　生态巨灾风险的成灾原因

生态巨灾风险是否产生，取决于生态系统的安全程度，当出现生态灾害，即是生态系统平衡被打破，带来各种不良后果时，则会引发生态巨灾风险。根据人类历史上生态安全事件可以看出，生态灾害发生所具备的要素有三个：①致灾因子——引致灾害发生的因子；②孕灾环境——孕育灾害的环境；③受灾体——承受灾害的客体。针对灾害产生的原因，学者们一共提出了四种理论：致灾因子论、孕灾环境论、承灾体脆弱性理论、承灾体抗逆力理论。根据四种基本理论，可以发现生态巨灾风险的产生原因主要包括自然因素和人类活动两类，具体如下。

（1）自然与社会环境自身条件。

不同区域的环境为生态巨灾提供的环境条件不同，决定了生态巨灾风险发生的类型、频率和强度。例如，气候灾害是气候系统作用的结果，2008 年我国南方冰雪灾害发生的原因就是受拉尼娜事件、欧亚 1 月阻塞形势的异常发展、大气环流形势持续和来自孟加拉湾、南海出现持续的大量暖湿空气北向输送的影响[1]。地震灾害是与特定的地质结构和环境相联，比如 2008 年"5·12"汶川大地震，是因为印度洋板块由南向北碰撞欧亚板块，两个板块碰撞的地区拱起形成青藏高原，在拱升的同时青藏高原继续向东北方向移动，挤压四川盆地，汶川地震正好发生在青藏高原的东南方向。环境的地区差异不仅对灾害自身影响深刻，而且对灾害造成的财产和人员损害也非常突出[2]。

---

[1]　丁一汇，王遵娅，宋亚芳，等. 中国南方 2008 年 1 月罕见低温雨雪冰冻灾害发生的原因及其与气候变暖的关系 [J]. 气象学报，2008（5）：808–825.

[2]　史培军，李曼. 巨灾风险转移新模式 [J]. 中国金融，2014（5）：48–49.

（2）人口增长与人类活动。

我国人口众多是世界第一大国，而土地面积却是世界第三，在有限的国土面积上，对资源的消耗量巨大。人们生产生活用的能源主要是煤炭、天然气等，这种燃料在燃烧中会释放较多有害气体，如 $CO_2$（二氧化碳）、$SO_2$（二氧化硫）、$N_2O$（氧化亚氮）和 $CH_4$（甲烷）等，这些有害气体导致气候变暖和空气污染；人们生产生活产生的污染物排放到河流，导致水体严重污染和水资源短缺枯竭；人类的不当开垦、过度采伐、过度放牧等，造成严重的水土流失和土地荒漠化状况；而城市化进程的加快，噪声污染、光污染等随处可见。这些人类的生产生活活动都严重影响到生态环境，当达到某一限度，将可能引发生态巨灾风险。

（3）环境系统恢复力。

自然生态系统本身具备自我调节能力，如果破坏程度未超过环境自我调节临界阈值，单因子破坏的灾害程度一般较弱，相关因子的调节功能抑制灾害向恶性发展。而是当破坏程度超过环境自我调节临界阈值时，环境容易遭受多因子同时破坏，必定会导致生态系统结构性的功能障碍。生态系统的结构性功能一旦遭到破坏，则环境系统的解体将急剧恶化，普通的生态灾害极易演化为生态巨灾。

自然和社会环境系统的恢复力不仅取决于系统本身的若干因素，还涉及外部的诸多因素。包含社会系统的制度结构、组织水平、经济水平，以及广大社会公众对生态风险的认知能力、沟通水平和风险管理的行为选择等[1]。

目前，国内外大量的灾害理论研究和灾害管理的实践表明，生态巨灾的暴发既受到自然系统的决定，也受到社会系统的作用，还受到灾前致灾因子和灾后灾害管理的左右。生态灾害不仅导致直接破坏和损失，还会引发次生伤害。常常次生灾害的致灾危害比原生灾害更具破坏力，导致社会秩序和制度破坏比直接灾害损失本身的影响更严重，巨灾对灾民的心理打击比人身财产损失更可怕，危害更深远。显然，灾前预防和灾后重建比灾中应急处理更重要，生态系统的脆弱性和承灾体的恢复力是巨灾风险管理

---

[1]　谢家智，陈利，等. 巨灾风险管理机制设计及路径选择研究［R］. 2018.

必须重点关注的变量。

### 3.2.2 生态巨灾风险的特性

#### 1. 自然特性

（1）动态性。

生态灾害的持续演化是生态环境恶性循环增加或是致灾因子的致损能量不断累积的过程，具有动态性和周期性，或是多灾种之间存在一定的相互关系和能量流动①。

与普通自然灾害类似，一般情况下单一灾种会随时间变化而出现灾害强度波动的不确定性，并呈增强加剧趋势。由于在生态灾害的演化机制中，多种灾害极易交叉叠加、互相传导致灾，因此生态环境的持续破坏容易导致灾害能量累积和灾害效应叠加，并且随时间变化呈阶段累积和总和累积递增的现象。表现为随着生态系统破坏程度的持续加剧，生态灾害的风险程度愈演愈烈，范围和规模不断扩展，频率加速增大，最后导致灾情不断恶化，演化为生态巨灾。如台风灾害属于典型的灾害链系统，具有动态叠加性。台风自身的暴风暴雨、风暴潮等初级致灾因子，以及因子之间相互交叉重叠，进而诱发具有同源或因果关联的衍生灾害，最后演化成灾害链动态叠加系统。台风灾害各致灾因子之间借助链式关系相互作用，互动叠加，加剧台风灾害的影响范围和程度。台风灾害链系统是生态破坏、气候异常变化和社会化进程加快的情景下，演化而成的动态灾害链系统②。

（2）低概率性。

生态巨灾风险有高损失和低概率特征。与普通生态风险发生的概率偏高、地区相对集中相比，生态巨灾具有显著的突发性和低概率性，也没有

---

① 许世远，王军，石纯，等. 沿海城市自然灾害风险研究 [J]. 地理报，2006（2）：127 - 138.

② 牛海燕. 中国沿海台风灾害风险评估研究 [D]. 上海：华东师范大学，2012.

固定发生地，属于典型的极端事件和异常风险。虽然极个别的生态巨灾风险具有一定规律性，如季节性的旱灾、洪涝灾害，但总体比较而言生态巨灾风险表现出典型的低概率和突发性。

（3）破坏性。

生态巨灾事件的暴发，不仅造成巨大的财产损失和人员伤亡，而且还造成基础设施被严重破坏，甚至诱发社会动荡，影响社会的可持续发展。如 2008 年汶川地震是中国 1949 年以来破坏性最强、波及范围最大的地震，仅重灾区的范围就远超十万平方公里。道路桥梁、学校、医院、房屋和通信等基础设施的损毁非常严重，直接经济损失高达 1 500 亿元人民币。无论是伤亡人数，还是经济财产损失、基础设施损毁和灾后重建恢复等，汶川地震犹如强烈脉冲影响了中国经济。汶川地震对重灾区造成的严重毁损，特别是基础设施和生态环境的破坏，使受灾区需要花费很长时间才能恢复到灾前水平。除了震中地区外，其他地区也间接遭受影响。重灾地区复杂的地质基础、特殊的地理位置和地貌特征导致灾后的重建成本特别高，基础设施的恢复也非常困难。

（4）滞后性。

生态巨灾风险的滞后性是指生态系统的平衡遭受破坏后，经过一段时间间隔就会加重灾情循环，在生态破坏与巨灾暴发之间存在一定的可度量时间差。灾害的发生本身是一个渐变到突变、量变到质变的过程。变化的时间差为生态巨灾的潜育期，时间差的大小正是生态巨灾潜育期的长短。实地调查发现，人为破坏生态而出现的多种重发性灾害重灾区，其滞后特征表现亦非常明显。如气候变暖具有典型的滞后性，DRI（国际灾害风险指标计划）的科研人员历时 4 年，研究 12 吨密闭罐装的草原泥土，发现反常高温年度会在滞后的 2 年，甚至更长时期减少草原生态系统吸收 $CO_2$ 数量[①]。

（5）持续性。

生态巨灾由于其具有巨大的影响力，一旦暴发后，它对某个地区或者

_____

① 今科. 气候变暖存在"滞后效应"［J］. 今日科苑, 2008（11）: 9.

国家产生的影响会持续很长时间，可能长达几十年，甚至几百年，使得在巨灾发生后的未来一段时间，都有可能再次出现生态巨灾的可能。例如，云南滇池的蓝藻污染事件，由于蓝藻暴发的主要原因是水体富营养化，再加上外在条件，光照、温度等适宜就会导致蓝藻大规模暴发。目前对蓝藻的治理方式主要是进行打捞处置，这样可以从滇池中带出大量的氮、磷等富营养物质，有效削减滇池内源污染。但由于滇池的地形比较复杂，有些水域除藻设备可能无法到。同时，由于水具有流动性，打捞设备受技术限制，不能将滇池内的蓝藻完全清除，再加上昆明的气候一年四季都比较温暖，蓝藻特别容易在水中繁殖和聚集。因此，蓝藻的存在将对滇池的水环境产生长期影响，当大量氮磷营养盐偏高的污水、雨污水、生活污水汇入滇池后，蓝藻可能再次暴发，形成巨大生态灾害。

### 2. 社会特性

（1）难预测性。

与普通灾害相比，生态巨灾风险的发生频数总体较低。由于生态巨灾为小概率事件，属于统计学中的小样本。因此，生态巨灾风险因缺乏足够的大样本数据，难以采用数理统计等有效方法估测其发生概率。另外，由于巨灾事件的突发性，大大增加了预测的难度。以地震为例，即使现代社会的科技手段比较发达，人们也无法准确预测地震发生的时间和范围，虽然个别地震能被预测到，但也只局限在临近地震发生前的有限时间里，因而留给人们逃离地震区域和转移财产的时间太少，极易导致大量的人员伤亡和财产损失。

（2）不可规避。

自然灾害引致的巨灾多数为人类不可抗御，尽管加强防范也无法逃避。2017 年"艾尔玛"超级飓风袭击美国，虽然政府早已发出风险预警，并采取了相关风险防范措施，包括强制撤离民众 650 万人、飓风到来前放 4 天"飓风假"为未撤离民众做好风险准备。最后的灾害结果表明，人类面临"世纪最强"飓风时，抵御力量也显得非常渺小，飓风的高度破坏力依然造成当地超过 1 000 亿美元的财产损失①。

（3）系统性。

"系统性"一词最先出现在金融研究中，系统性风险是指不能通过投资组合分散的风险。生态系统中的系统性风险主要为区域性同类灾害，如大面积的洪水、干旱、飓风等②。生态环境系统中的一切元素都互联互通，任何对环境局部的破坏，都可能引致全局性灾难，危及国家和民族生存③。比如，1876 年在华北发生的特大旱灾，持续时间长、波及范围大、后果特别严重。旱灾从 1876～1879 年持续了整整四年；受灾地区涉及河南、山西、陕西、河北、山东等五省，并波及皖北、苏北、陇东、川北等地区；旱灾导致田园荒芜、农产绝收，饿死人口已超过 1 000 万。1920 年中国北方大旱，山西、山东、陕西、河南、河北等省遭受 40 年未遇的特大旱灾。旱灾产生 2 000 万灾民，50 万人被饿死。④ 1928～1929 年中国山西大旱，导致 940 万人受灾，250 万人饿死，40 余万人逃难。⑤ 可见，中国的特大旱灾主要集中在北方地区，表现为区域性同类灾害，具有系统性。

（4）外部性。

环境经济学认为，不合理的资源开发和严重的环境破坏是导致生态巨灾风险的一个重要原因。而生态环境属于民众共同的生活环境，具有典型的外部性。马歇尔最早提出外部性概念，庇古将外部性进行区分，分为外部经济和外部不经济。外部性的本质在于个体甲为个体乙提供某项支付代价的劳动中，附带地对其他主体提供劳务或损害，却不能从受益者取得收益，亦不能对受害者进行补偿。经济学家们对产生外部性的原因和解决办法形成了不同的认识，最著名的当属庇古税和科斯定理。

庇古认为市场失灵是外部性产生的根本原因，必须要政府干预解决。

---

① 搜狐网. 飓风艾尔玛横扫佛罗里达，部分地面变汪洋 650 多万户断电，2017 - 09 - 12，https. //www. sohu. com.
② 冯文丽. 我国农业保险市场失灵与制度供给 [J]. 金融研究，2004（4）：124 - 129.
③ 曲格平. 关注生态安全之一：生态环境问题已经成为国家安全的热门话题 [J]. 环境保护，2002（5）：3 - 5.
④ 廖建林. 1920 年北方三省大旱灾及赈灾述论 [J]. 咸宁学院学报，2004.
⑤ 郝平. 1928—1929 年山西旱灾与赈济略论 [J]. 历史教学：下半月，2013（11）：6.

政府应予以补贴正的外部性，同时处罚负的外部性，使供给外部性的私人成本等于社会成本，实现社会整体福利水平的提高。至于政府能否有效修正外部性，西方经济学界普遍存在争议，庇古也认为要确定恰当的补助额和课税标准，实际操作中存在非常大的困难。

科斯则认为不能把外部性简单看作市场失灵。因为外部性的实质在于当事双方的产权界定不清，导致双方的权利责任和利益边界不明确。因此，解决外部性的核心在于明确产权。科斯提出定理一：若当事双方的产权明晰、交易费用为零，则不管初始产权怎样界定，都可借助市场交易让资源配置实现帕累托最优，通过明确产权和市场交易来消除外部性。根据市场的交易费用不为零的条件，科斯提出定理二：当交易费用为正数且数额较小时，可以通过最初界定合法权利，实现资源配置效率的提高，以达到外部效应内部化①。

按照科斯定理的解释，当产权交易的成本变得无限小时，如果在明确界定和有效保护产权的基础上，引入市场价格机制可处理好外部性问题，实现资源的优化配置。生态外部性问题的处理可采取将外部性利益相关方合并的方式，把外部性问题转变为内部性问题，通过合并利益相关主体的利益最大化把外部性内部化。如生产者向外排放污水，养鱼者会受损，可通过合并排污和养鱼主体共同解决排污的外部性②。

## 3.3　生态巨灾风险成灾机理与效应

### 3.3.1　生态巨灾风险成灾的模型

生态巨灾的形成是生态致灾因子与生态系统、社会系统等脆弱性互相作

---

① 毛显强，钟瑜，张胜. 生态补偿的理论探讨［J］. 中国人口·资源与环境，2002（4）：40－43.

② 李欣. 环境政策研究［D］. 北京：财政部财政科学研究所，2012.

用的共同结果,课题组从生态致灾因子、孕灾环境和承灾体的社会系统脆弱性成因和演化分析生态巨灾风险成灾机理,并构建生态巨灾风险成灾模型。

(1)生态致灾因子。

自然灾害系统的灾源被界定为致灾因子,自然因素是造成生态巨灾的直接因子,非自然因素正演化为生态巨灾的新源头。自然因素主要包括气候、地质、海洋和物种等因素。气候异常极易引发洪涝、干旱、台风、冰雹、海啸等气象灾害,并直接破坏生态系统。由于生态系统的组织结构复杂,自然灾害对生态系统的破坏具有明显的关联性与扩散性。如全球气候变暖,一方面将导致降水量分布不均,易在局部地区聚集,形成泥石流、洪涝等灾害;另一方面将加速产生亚热带海洋气旋,增加台风和海潮灾害的发生次数。地质的变动通常会带来破坏性的威胁,如地震、火山爆发等。海洋和物种对生态系统的影响具有区域性,且影响效果显著,如海啸、物种灭绝等,这将打破生态系统的平衡,造成不可挽救的后果。

相比自然因素,非自然因素更为复杂。非自然因素主要指人为因素和因人为行为致使的自然因素变化,可分为社会因素和经济因素。全球经济危机是典型的由经济因素引发的灾害,波及范围广,损失惨重,修复极难。近年来,由社会因素导致的生态灾害层出不穷,如曾发生在我国的"苏丹红"鸭蛋事件(2006)、"人造蜂蜜"事件(2010)、海南"毒豇豆"事件(2010)、双汇"瘦肉精"事件(2011)等。2008 年的"三聚氰胺奶粉"事件引发了中国乳业有史以来最严重的危机,并波及同行业的其他企业,造成巨额损失。此外,国家乳制品出口在同年 10 月锐减 9 成多,还对产业链中的养殖业和饲料造成了负面危机。

(2)生态系统脆弱性。

随着全球气候异常变化与人类活动频繁加剧,新的环境问题不断涌现,生态系统自我调节和恢复能力持续变得下降,人类的生存环境变得越发脆弱[①]。评估生态脆弱性的逻辑框架有"压力 - 状态 - 响应""敏感度 -

---

① 朱琪.周旺明,贾翔,等.长白山国家自然保护区及其周边地区生态脆弱性评估 [J].应用生态学报,2019(5):1633 - 1641.

恢复力 - 压力度”和“暴露度 - 敏感度 - 恢复力”等模型。其中，“敏感度 - 恢复力 - 压力度”（SRP）模型是基于生态系统的稳定性内涵构建，其模型结构相对系统全面，涵盖了生态系统脆弱性的基本因素，被广泛应用于生态系统的脆弱性评估。模型主要包括生态敏感度、生态压力度和生态恢复力 3 个要素。生态敏感度指外界干扰时生态系统的响应敏感程度；生态压力度指外界干扰生态系统的强度；生态恢复力则是指生态系统受外界干扰后恢复到原状或接近原状的能力。

基于生态灾害自身的演化而言，生态巨灾风险的形成是生态致灾因子与生态系统脆弱性长期相互作用的共同结果，也是生态破坏与生态修复对立统一的体现。生态致灾因子微妙的变化，经过复杂的愈合后果和长潜伏期，加上生态脆弱性和危险性，将给生态环境带来非常显著的宏观影响[①]。

根据灾害学原理、生态安全和巨灾成灾机制等相关研究，以及借鉴秦志英[②]、张素灵[③]等基于系统论构建的灾害成灾模型相关研究成果，建立如下生态巨灾风险成灾模型（见图 3 - 5）。

生态巨灾风险成灾模型从生态安全的视角，解释了生态巨灾的成灾过程以及造成的影响。广义的生态安全被界定为人类的生活保障、基本权利、必要资源和社会秩序等不受威胁的状态，涵盖自然、经济和社会等方面的生态安全[④]，而这些因素都是生态巨灾风险的致灾因子。具体来讲，自然生态致灾因子包括自然资源、气候变化、地质活动和物种变化等因素；经济生态致灾因子包括经济利益驱动和全球化等因素；社会生态致灾因子包括公共设施、政策制度、工业活动和城市布局等。因此，模型中将生态安全的三种类型作为基础条件，判断生态安全是否遭受破坏，在自然变异或者人为干扰下遭受破坏，引发自然灾害和人为灾害。面对此种情形，由于存在资源开发与管理不当、安全意识淡薄和应急措施不力等各种

① 黄崇福. 自然灾害风险分析与管理 [M]. 北京：科学出版社，2012.

② 秦志英，龙良碧. 旅游灾害事件成灾模型的建立及解析 [J]. 灾害学，2004 (4)：74 - 78.

③ 张素灵. 应用系统论建立石化企业成灾模型初探 [J]. 震灾防御技术，2011，6 (3)：319 - 325.

④ 杨一峰. 国际应用系统分析研究所 [J]. 全球科技经济瞭望，1992 (10)：37 - 39.

诱发巨灾风险的因素，它们不断作用于自然资源、社会资源和政府公众等承灾体，加上生态系统的脆弱性，原本已经破坏的生态损害程度持续加深，直至突破生态承受的阈值，最终将造成巨大损失，当损失达到设定的界限，便形成生态巨灾，各种损失的类型和规模便是生态巨灾影响的风险种类和风险值。

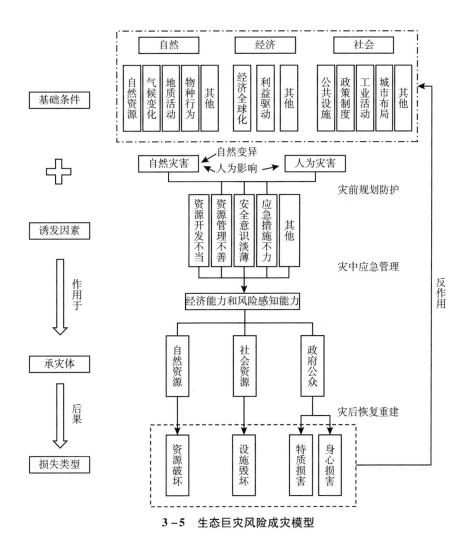

3-5　生态巨灾风险成灾模型

### 3.3.2　生态巨灾风险成灾的逻辑

生态巨灾是整个生态灾害系统中波及范围最广、持续时间最长、造成危害最大的灾害。生态巨灾风险的成灾机理和产生的综合效应，与一般自然灾害风险有相似之处，但更有其自身的特性[①]。最早研究自然灾害风险的成灾模型出现在《减轻自然灾害：现象、效果和选择》（联合国人道主义事务局，1991）出版的著作中，认为自然灾害成灾指一定的时空范围内，灾害冲击与扩散导致的财产损失、人员伤害和社会破坏的预期损失。采用数学模型和公式可将自然灾害风险的成灾 R（risk）表示为：特定区域灾害的危险性 H（hazard）与易损性 V（vulnerability）共同综合作用的产物，即

$$R = H \cdot V \qquad\qquad (3-1)$$

近年来国内以马宗晋、史培军等为代表的学者进行了补充完善，形成基本一致的观点：灾害成灾（D）是致灾因子（H）、承灾体（S）和孕灾环境（E）共同综合作用的产物，即

$$D = H \cap S \cap E \qquad\qquad (3-2)$$

在式（3-2）中，致灾因子（H）是灾害成灾的充分条件；承灾体（S）是灾害效应缩小或放大的必要条件；孕灾环境（E）是影响致灾因子（H）和承灾体（S）的环境条件。任何区域的自然灾害成灾，都是致灾因子（H）、承灾体（S）和孕灾环境（E）三者综合作用的结果。

生态巨灾风险虽然与普通自然灾害不同，但两者的成灾本质属性却相同。因此，生态巨灾的成灾机理表现为基础条件、诱发因素、承灾体和孕灾环境等因素共同作用和相互波及传导的综合结果（见图3-6）。按照灾害发生的时序、风险孕育和暴发过程，可将生态巨灾风险的周期划分为潜伏期、暴发期、持续期和效应期。由于生态系统的特殊性和生态风险的特殊表现形式，生态巨灾风险的成灾结果又暴露出本身的特殊效应。

---

[①]　陈利. 基于经济学视角的农业巨灾效应分析 [J]. 经济与管理, 2012, 26 (2)：80-85.

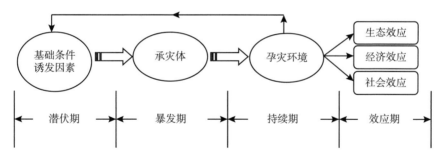

图 3 - 6　生态巨灾风险成灾路线

### 3.3.3　生态巨灾风险的生态效应

生态巨灾一旦暴发必将破坏生态系统平衡，从而给社会和人类带来巨大灾难。生态巨灾极易造成生态灾难（ecological disaster），引发生态巨灾风险的生态效应。生态灾难被大家界定为，由于特殊干扰事件造成的生态性结构损毁与功能丧失，并导致相关生命财产受到伤害、冲击与消亡等。生态巨灾风险导致的生态效应幅度大、涵盖的时空尺度宽、伤害范围广、复原时间长。

生态灾难会造成各种持续影响和生态效应，形成难以恢复的次生灾害，如气候环境恶化、土地荒漠化、森林植被破坏、水土流失、野生动物灭绝等。国家需要生态安全作为保障，而很多生态灾难都是在隐形的过程中渐进形成。因此，生态灾难不仅需要事后恢复，更需要事先预防。目前，生态巨灾风险导致的生态效应表现形式非常多，主要体现如下。

（1）生态巨灾导致气候环境恶化。

人类生活方式的改变和范围的扩大，叠加持续的生态破坏，而打破的生态平衡又会导致极端天气频发和气候环境恶化，形成生态的恶性循环。气候环境恶化主要表现在两类：一类是臭氧层破坏。现代生产生活中大量使用氟利昂等化学物质，污染物流入大气平流层，紫外线作用使氟利昂分解产生原子氯，系列连锁反应造成臭氧层被破坏。臭氧层原本能有效保护地球表面所有生物的正常生长，受到破坏后失去了保护作用。最近有研究

71

报告，南北极的平流层均发生了臭氧高度损耗，南极低平流层的臭氧量已减40%～50%，在某些高度甚至损耗达95%。据有关资料统计表明，臭氧浓度变化与皮肤癌发病率呈显著的反向关系，臭氧浓度每降低1%，皮肤癌发病率则增加4%。另一类是典型的温室效应。一氧化二氮（$N_2O$）、$CH_4$（甲烷）、$CO_2$（二氧化碳）、氟利昂（R22、R32、R134a）等废气大量排入大气层，造成全球气温升高，形成典型的温室效应。据相关统计，目前全球往大气排放 $CO_2$（二氧化碳）年均230亿吨，并以年均0.5%的速度递增。如果不加以控制，照此排放增长速度，必然会致使全球气温变暖、海平面上升，并严重破坏生态系统。据有关统计估测，到2030年全球海平面会上升约20厘米，至21世纪末会上升约65厘米，对低洼岛屿、沿海地带构成严重威胁。

（2）生态巨灾导致土地退化和沙漠化。

由于过度放牧、无序耕作、滥垦滥伐等人为行为与自然因素相互作用，导致土地质量退化，甚至完全沙漠化。无节制开垦和滥伐森林，对土地的破坏力非常大。据有关统计表明，因人类行为导致全球15%土地面积遭受不同程度退化。其中，55.7%为水侵蚀，28%为风侵蚀，12.1%为盐化、液化、污染等化学侵害，4.2%为水涝、沉陷等物理侵害。土壤受到的侵蚀破坏逐年增加，以每公顷0.5～2吨的年均速度递增。土地退化和沙漠化会造成粮食危机，并引发饥饿难民潮。据统计，过去20年全世界因饥饿导致的难民从4.6亿人上升到5.5亿人。

（3）生态巨灾导致严重的固废污染。

人类活动和工业生产产生了严重的固废污染问题，从小到大、量变到质变，长期累积将形成生态巨灾风险。生态巨灾的暴发反过来又加剧了固废污染，对人类健康构成严重威胁。工业生产和居民生活如果无节制地向自然界超量排放"三废"（废气、废液、废物）等污染物，必将严重污染空气、河流、海洋和陆地环境。固废污染可以分为以下几类。

①化工产品的严重污染。据有关数据统计，目前市场上化学产品7万～8万种，其中约3.5万种会人体健康和危害生态系统，500余种会致

癌、致畸和致灾。据有关研究证实，一节1号电池会致使10平方米土地失去使用价值，会污染60升水，污染时间长达20年。自然状态下一个塑料袋可持续存在450年。因此，化工产品不仅危害人体健康，而且长期影响和破坏生态系统。

②酸雨的大肆侵蚀与危害。酸雨是人类社会工业高度发展出现的副产物，对湖泊、土壤等生态系统、人类身体健康和各种建筑物的侵蚀危害已得到公认，被称为当代"空中死神"。酸雨和浮尘是中国大气污染的首要因子。二氧化硫、氮氧化物等污染物的排放量，在最近10年持续增多，导致中国的酸雨问题非常突出，成为世界第三大酸雨区。酸雨不仅造成直接侵蚀，也构成潜在危害，具体表现为：第一，酸雨会直接破坏农业生态系统，导致农作物大量减产。酸雨破坏土壤生态系统表现为抑制土壤中部分微生物的繁殖和酶活性。酸雨会致使小麦等农作物减产13%～34%，大豆、蔬菜的蛋白质含量和产量双双下降。第二，酸雨会危害森林植物。酸雨会致使植物的叶子枯黄、病虫害加剧和大面积死亡。第三，酸雨会危害水生生物。酸雨会致使湖泊河流的水质酸化，进而造成对酸敏感性水生物的种群灭绝。此外，酸雨还会导致水里的浮游生物死亡，破坏水生态系统和机能，使活湖变成死湖。第四，酸雨会危害人类身体健康。酸雨会导致人类免疫力下降，增加慢性咽炎、支气管哮喘等呼吸道发病率。

③垃圾的增量与转移污染。各类垃圾是典型的固体废物，主要包括工业垃圾、农业垃圾和城市垃圾。城市垃圾以市政垃圾、生活垃圾和商业垃圾等为代表，工业垃圾主要包括工厂废物、石化燃料废物和矿物等。据有关资料统计，我国的垃圾排放量每年100亿多吨，其中城市垃圾7亿多吨，其余为工业垃圾和农业垃圾。工业垃圾主要是矿场废渣、电厂灰渣等。农业垃圾主要是农产品秸壳等。据统计，我国存量城市垃圾已达60多亿吨，侵占土地面积高达5亿平方米，而且每年以8%的速率增长，是全球3%～4%速率的2倍。三类污染的垃圾中，城市垃圾的成分最复杂，收集处理最难、耗费最大；工业垃圾的总体数量最大，危害最突出，盘踞的土地面积最广，对水土、大气的污染最严重，以矿山和煤电厂最突出。

有害废物的转移会造成二次污染,过去一段时间发达国家常常非法向发展中国家和海洋倾倒危险废物,导致发展中国家被动遭受巨大的二次生态侵害,不仅侵蚀污染接受地的生态环境,而且将长期威胁居民健康。我国过去工业基础的底子薄弱,不得以选取了以环境换经济的方式,进口部分具有二次利用价值的"洋垃圾"。2018 年生态环境部李干杰部长介绍,20 年前中国固体废物进口量 400 万 ~ 450 万吨,现在固体废物进口量增加到 4 500 万吨,增长速度极快。"洋垃圾"对我国经济结构和生态系统的巨大损害非常突出。一方面,"洋垃圾"的囤积、处理不当导致生态环境被严重破坏。焚烧废物产生的有害气体将污染大气环境,采取酸浸、水洗则会危害土壤和水环境,而采取直接丢弃、填埋则会加重环境负担。另一方面,"洋垃圾"还将危害经济结构,严重阻碍产业结构转型升级。因为低端产品源源不断供给,则不能倒逼"散乱污"的环境污染企业转型升级①。2018 年中国正式禁止洋垃圾进口,全面禁止进口塑料垃圾等 4 类固体废物,同年 4 月又调整为 32 种。2018 年国家下发《关于全面加强生态环境保护坚决打好污染防治攻坚战的意见》,将目标设为 2020 年基本实现零进口固体废物。

(4)过度砍伐森林导致森林面积减少。

森林作为大自然总调度室,对调节生态环境具有特殊功能。过度开荒、砍伐放牧,导致森林大面积减少。据绿色和平组织估算,近 100 年以来全球原始森林遭到 80% 的破坏。森林面积减少会导致相关次生灾害,产生连锁的生态效应和链式危害。森林面积减少必然引发频繁水灾、土壤流失、全球变暖和物种减少等问题。2008 年发生在中国南方的罕见低温冰冻事件,持续 1 个多月极大地破坏了受灾地区的森林生态系统。

(5)生态灾害导致生物多样性减少。

生态环境破坏、森林面积减少、过度开发资源、环境污染和外来物种入侵等原因,导致微生物和动植物的物种不断减少,甚至大量消亡。据有

---

① 林晓丽,钟巧花,兰志飞. 中国为什么要对"洋垃圾"说不? 人民网,2019 – 10 – 06, http://politics.people.com.cn/.

关组织估计，自 1600 年以来，地球已有 724 个物种灭绝、3 956 个物种濒临灭绝。多数专家认为，未来的 20～30 年内地球上大约 1/4 的生物种类可能面临灭绝。生物多样性的减少和濒危物种的灭绝，都与人类活动密切相关，人类负有不可推卸的直接责任。

（6）生态灾害引发水资源短缺枯竭。

乱排乱放工业废水、任意倾倒垃圾、滥垦土地、滥伐森林、滥用化肥等生态系统破坏行为，导致生态灾害持续发生，水资源严重短缺。而全球人口爆炸、人类生活污水的剧增，以及无节制的超量排污，使大量河流、湖泊变成污水地，加剧了水资源短缺威胁。超越生态承载力的灌溉用水、滥垦滥伐造成水分的大量蒸发和流失，使人类加速遭受水荒威胁，面临生存危机。与自然生态灾害相比，人类行为引发的生态灾害更容易造成水资源枯竭，用水短缺向人类敲响了水荒的警钟。根据全球环境水质监测显示，约 10% 的河流遭受了污染，污染水质含磷量均值为正常的 2.5 倍。据联合国水资源统计数据，目前全球 43 个国家严重缺水，20 亿人口面临水资源短缺威胁。

## 3.3.4　生态巨灾风险的经济效应

生态巨灾风险引发的经济效应分为直接经济效应与间接经济效应。直接经济效应指的是巨灾产生的初级损失，通常直接影响自然资源，使依赖自然资源生产的行业损失惨重，包括农业、畜牧业、制造业等行业的固定资产投资、产品存货和其他基础设施的损害，以及因生态巨灾发生后导致经营中断，所形成的高成本和低收益。生态环境在气候、地理条件、经济发展、人文素养、社会体制等方面存在地域差异，因而生态巨灾产生的直接经济效应也存在明显的区域性。我国中部地区主要灾害是干旱、洪涝、风暴、地震等灾害，而东部沿海地区主要是洪涝台风、风暴潮等灾害，西部地区以干旱、雪灾等灾害为主。资本主义国家比社会主义国家更易爆发金融危机，穷困国家比发达国家更易发生饥饿、战乱等灾害。间接经济效应也被称为"扩波效益"或"波及效益"，指生态巨灾引发的次级叠加损失和隐性经济影响，包括对财政、外贸等产生的经济影响等。间接经济效应具有三个明显的特征：时差性、滞后性和叠加性。灾害暴发时难以全面观测到隐性危机，再加上灾害波及范围不确定，叠加层级难以量化，这些都加大了生态巨灾风险管理的难度。生态巨灾对经济领域造成了无法估量的纵深影响，具有典型的经济效应。

## 1. 生态巨灾风险诱发资本市场投资效应

2004 年禽流感暴发造成当年家禽数量大幅减少，蛋禽类存栏大量下降，鸡蛋市场供应急剧下降。据调查评估，2004 年全国总体活禽消费量下降超过 35%，禽肉下降 25%，鸡蛋价格被迫久处高位。2016 年暴发的 H7N9 禽流感，致使扑杀的家禽数量超过 24 万只，2017 年增加到 70 多万只，此后两年内鸡蛋市场成为高盈利投资契机。禽流感也导致猪肉的需求上升，引发生猪价格短时大幅上涨，进而波及生猪饲养、运输和售卖等市场。灾害的频发与损失惨重也带来了风险管理方面的投机效应，如应对巨灾风险的保险和金融工具在市场中逐渐显露，并呈现增长趋势。

生态巨灾风险带来的投资效应具有双重性：（1）生态巨灾的发生给市场主体和受灾主体带来严重的消极后果，打击了人们的投资信心。信心缺失会改变人们的生产决策和投资行为，造成投资减少，阻碍技术进步。反过来会弱化生态巨灾风险管理的资源融获能力，投资进一步减弱，形成风险损失加剧的恶性循环。（2）灾后恢复重建给相关产业和项目带去新的投资机会。相关产业的投资会改变原产业结构，促进产业结构调整。灾后基础设施等项目的恢复重建，会拉动地方经济增长，同时会提供更多就业机会。2008 年汶川地震的灾后恢复重建中，国家投入资金高达 10 000 亿元，重建项目超过 21 000 个，涉及行业包括医疗卫生、建筑施工、交通、通信、水利、能源、种植与畜牧等。灾区灾后重建不仅需要大量的人力与物力资源投入，也会带来了大量投资机会。2018 年 8 月我国辽宁地区出现首例非洲猪瘟事件，随后国内大部分地区相继暴发猪瘟。截至 2019 年 7 月底，我国 31 省（不含港澳台地区）均感染非洲猪瘟疫情，全国累计扑杀

116 万头生猪。受非洲猪瘟疫情影响,我国生猪、能繁母猪存栏量自 2019 年 1 月起陡降,且降幅逐月加大,生猪产能大幅下降,生猪价格从区域分化到全国普涨。非洲猪瘟期间,除了疫情带来的惨痛损失,也给投资者带来了大量投资机遇。一方面,我国猪肉需求价格弹性低,猪企获益于供给短缺造成的猪肉涨价,对于需求价格弹性低的生猪在供给减少时,价格上涨幅度大于需求量的减少幅度,使生猪养殖和加工企业均能获得更高收益;另一方面,瘟疫背景下的全国生猪出栏下降,但上市猪企生猪销量逆市大涨。据相关统计,2019 年上半年非洲猪瘟导致全国生猪出栏同比下降 6.2%,仅出栏 31 346 万头,而国内上市企业的出栏量却逆市高速增长。12 家上市猪企的生猪销量同比增长 13.5%,销售了 3 038 万头。生猪养殖、饲料加工等行业集中度加速提高,CR3(业务规模前 3 名公司)的市场占有率从 2018 年的 5.6% 上升至 2019 年上半年的 6.6%。

### 2. 生态巨灾风险引发连锁经济效应

2010 年中国海南的"毒豇豆"事件造成广大农户和批发商损失惨重。有关统计数据显示,全国累计销毁毒豇豆 2.5 万公斤,其他荷兰豆和豌豆等多豆类产品遭受牵连,价格与销量双双齐跌。据瑞再公司的统计报告,2015～2017 年全球灾害损失分别高达 940 亿美元、1 750 亿美元和 3 770 亿美元,哈维、艾尔玛和玛利亚强飓风是造成巨额损失的主要因素。农业、基建成为重灾区,由于现代农业发展的产销一体化,产业链延伸至二三产业。生态巨灾风险在影响农业、基建的生产建设和经营过程的同时,也影响着相关产业发展,如材料供应、加工、储运等。生态巨灾风险的连锁效应使巨灾的风险承担主体范围不断扩大,从产业供应到产后服务,产业链不断延伸。

### 3. 生态巨灾风险引发外贸经济效应

全球一体化形成开放的市场条件,生态巨灾常常引起市场相关产品供求失衡和价格波动,进而迅速波及进出口。1980 年我国受干旱、洪涝等自然灾害影响，粮食减产 3.48%，当年进口 118.1 亿千克；1991 年和 2003 年我国粮食因灾减产 2.45% 和 5.77%，相应的粮食净进口分别为 25.9 亿千克和 5.3 亿千克。2008 年"三聚氰胺"事件使三鹿破产，相关奶制行业光明和蒙牛等受波及影响严重。根据中国进出口统计，2008 年 10 月乳制品出口下降超过 90%，奶粉量锐减 1 倍多，价格同比下滑 50% 多。与之相反，进口奶粉量却迅速增加，价格也持续攀升。

### 3.3.5 生态巨灾风险的社会效应

借鉴戚玉对区域风险的研究，课题将生态巨灾风险的社会效应划为外化、放大和波及三个方面①。

#### 1. 生态巨灾风险的外化效应

外化效应主要体现在生态灾害导致自然与社会系统的双向脆弱。区域灾害风险所产生的客观影响，既不会受到政治权力的约束，也不会因为行政管辖和地理区划而改变。具体表现在区域生态灾害会造成灾区的环境破坏和生态毁损，还会导致周边地区自然与社会系统的脆弱化，呈现出典型的外化效应。以太湖连续暴发的巨大蓝藻生态灾害为例，其外化效应非常突出。一是导致严重的经济损失。2007 年太湖蓝藻灾害暴发，因蓝藻暴发导致自来水发臭，造成无锡 6 月 5 000 多万元的水费损失。据估算太湖水质污染造成的经济损失年均高达 50 亿元。二是造成严重饮用水危机，降低居民生活质量。太湖蓝藻导致水质污染，造成苏、锡、常地区居民的生产生活遭受严重影响。2014 年太湖蓝藻灾害曾导致晋江多个小区陆续停水，各大超市的矿泉水不仅大幅涨价，而且被抢购一空，严重影响民众正常生活秩序。三是影响社会就业。太湖蓝藻危害一旦暴发，往往会要求沿湖污染企业停工停产，影响太湖流域的生产和就业。随着"最严"环保政策的

---

① 戚玉. 区域环境风险：生成机制、社会效应及其治理［J］. 中国人口·资源与环境，2015，25，183（S2）：284-287.

实施，使部分高污染企业退出，导致此类企业的原劳动力出现暂时失业。四是影响民众的心理健康。太湖水域蓝藻的集中暴发，会直接导致水源地的水体污染，严重影响沿湖居民的生产生活。吃水难、用水难等烦心事必然会影响生活质量和幸福满意度。而中小污染企业的关闭也让现有人员对工作稳定性产生忧虑，降低就业质量和满意度。五是加大了公共服务负担。太湖蓝藻事件后政府部门需要对水进行紧急处理，涉及用水的政府机关、学校、企业、居民等用水的质量问题需及时解决，同时提高环保监测的技术应用和严格管理，无不加重公共服务负担。因此，生态巨灾的外化效应会使更多风险点暴露在风险中，引起自然和社会环境的双向脆弱化。

**2. 生态巨灾风险的放大效应**

生态巨灾风险的放大效应主要体现在地区不公、群体性事件与污名化。自然资源、文化差异、历史状态、经济发展等因素造成了地区特有的生态状况，而人的欲望总是无止境的，人心理变化也难以预测，一旦地区之间关系紧张，极易造成在原先外化效应基础上产生社会放大效应。太湖蓝藻事件是一个典型的例子，上游的工业生产给下游民众的生活健康造成严重威胁，引发系列社会群体事件，最严重的一次是嘉兴 3 000 民众的"零点行动"。嘉兴北部渔民不堪江苏盛泽污水连年侵袭，多次发生大面积死鱼事件。多名嘉兴渔民上访江苏省政府无果，政府不予有效处理反而答复"不能养鱼就不要养鱼"。渔民在 2001 年 11 月 22 日凌晨利用自筹的100 万元资金，开动 8 台推土机、28 条水泥船和数万麻袋，企图截断盛泽去嘉兴的航道，以阻断盛泽上游流下的污水。该事件是典型的生态巨灾风险放大效应事件，政府没有采取有效措施防控生态巨灾风险，民众则采取"零点行动"的极端方式自行防控，维护自己的生存权益。

2012 年宁波 PX 事件是另一类群体性事件，在风险尚未发生时便采取行动，即民众联合抵制某个存在高污染风险的项目。媒体的风险传播、舆论的无序发展导致公众对项目产生一定程度的认知偏差，使得在该事件发生后，全国出现了大量项目建设引发公众、企业和政府间矛盾的事件。

2015 年 8 月 12 日发生的天津爆炸事件，各大媒体争相报道，爆炸信息席卷网络，短时间内被无限放大。与传统媒体相比，新媒体具有信息丰富、传播速度快、互动性强和覆盖人群广等优势。然而，新媒体也是一把"双刃剑"，存在先天的不足：由于信息量巨大，甄别困难，易生谣言；发布速度快，但杂乱而不严谨、不深入、不客观。

### 3. 生态巨灾风险的波及效应

波及效应是指某一行为的发生，将对与其相关的事物产生连带影响。每一种事物都有其相关的一个范围，事件发生后事物之间的影响将被接连传递，不断波及至更宽广的范围。在生态灾害发生后，风险源信号通过传播路径不断扩散，形成次级"涟漪效应"。如果生态巨灾风险防控不力，容易导致社会冲突与公信力缺失。生态巨灾风险特殊的波及效应传导机制可进行如下分解（见图 3－7）。风险社会中的信任机制原本非常脆弱，社会系统的不信任加剧社会大众对风险的惧怕和抵触。社会公众的知情权、参与权没得到保障是造成社会不信任的根源，如果受到侵害的民众没有得到补偿，势必导致不信任连续积累。此外，目前灾害风险的沟通机制多是单向传递模式，公众真正能参与生态风险沟通的渠道、平台和场景非常少，更使社会公众对社会不信任。随着社会大众获取信息途径的多元化和信息需求的高质量，容易怀疑与不信任政府发布的消息。信任危机不仅会损害的经济发展质量，而且会严重威胁社会进步和政治安定。

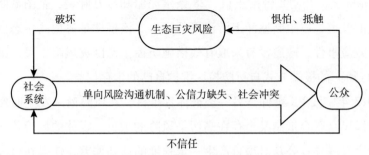

**图 3－7　生态巨灾风险波及效应的传导机制**

# 3.4　本章小结

本章主要通过对中国生态安全和生态巨灾风险现状的梳理，从生态安全视角探索了生态巨灾风险的成灾机理，包括生态巨灾风险的成灾原因、风险特性、成灾逻辑和致灾的生态效应、经济效应、社会效应等，为生态巨灾风险的识别和管理机制设计提供基础。

（1）生态安全视角的风险认知。尽管不同的学科和理论对生态安全有不同的解释，但基于生态安全的巨灾风险不仅具有自然属性，而且也具有社会属性。生态巨灾风险既可能源于自然的客观实体，也可能源于人为的主观行为。风险的认知理论从分裂走向融合，能更全面解释生态风险的本质和来源，如"基于生态安全的巨灾风险是什么""生态巨灾风险的源头来自何方""生态巨灾风险怎样致灾"等问题。

（2）生态巨灾风险的成灾原因。生态系统平衡被打破，必然危及生态系统安全稳定，进而引发生态灾害风险。而致灾因子（引致灾害发生的因子）、孕灾环境（孕育灾害的环境）和受灾体（承受灾害的客体）三个因素共同作用，形成生态巨灾风险。当出现生态灾害，即生态系统平衡被改变，并随着气候等自然条件变化以及人类经济社会活动的新变化，生态巨灾风险呈现扩大趋势。生态巨灾损失不仅取决于灾害因子自身，更取决于人类自身的脆弱性和抗逆力，以及环境系统的恢复力。

（3）生态巨灾风险的特性。巨灾风险具有概率低、损失巨大和影响程度大的三大特征。生态巨灾风险除了具有一般巨灾风险的特性外，还表现出自身的特殊属性，归为自然特性和社会特性。生态巨灾风险的自然特性表现为动态性、滞后性、持续性等；生态巨灾风险的社会特性则表现为难预测性、不可规避、系统性和外部性等属性。

（4）生态巨灾风险的成灾逻辑。气候、地质、海洋和物种等自然因素的异常变化是导致生态巨灾的直接因子，而非自然因素正成为生态巨灾的新源头，人为的经济因素和社会因素导致自然因素变化，也会引致生态破坏并形成生态巨灾。课题根据致灾因子、孕灾环境、受灾体三个条件因素共同作用原理，构建了生态巨灾风险的成灾模型，剖析了生态巨灾风险的成灾逻辑，其成灾机理表现为基础条件、诱发因素、孕灾环境和承灾体等因素共同作用、相互传导的综合结果。

（5）生态巨灾风险的致灾效应。生态巨灾频繁发生会引致生态效应、经济效应和社会效应。生态巨灾风险会导致气候环境恶化、土地荒漠化、森林面积减少、生物多样性减少、水资源枯竭等生态效应，具有影响幅度大、涵盖的时空尺度宽、伤害范围广和复原时间长等特征。生态巨灾风险引发的经济效应分为直接经济效应和间接经济效应。直接经济效应指巨灾导致的初级损失，间接经济效应指巨灾引致的次级叠加损失和隐性影响。同时，生态巨灾还会引发外化效应、放大效应和波及效应等社会效应。生态巨灾风险造成的生态效应、经济效应和社会效应，都将影响中国的持续发展和社会稳定，需要充分利用其积极效应，规避其不利影响。

# 第4章

# 生态安全框架下灾害风险影响
# 因素及评价体系构建

生态灾害风险的影响因素分为自然因素和人为因素，生态风险已逐渐成为人类社会可持续发展的重大障碍和危及国家安全的重要隐患。由于生态风险威胁的严峻性，生态灾害风险管理的理论创新研究和实践探索越来越受重视。由于影响灾害的自然因素和人为因素不断发生新变化，实践中对生态灾害影响因素的探索一直在拓展，理论上研究灾害风险评估的有效方法也不断创新。本章从灾害风险的影响因素出发，尝试构建生态安全框架下的灾害风险评价体系。

## 4.1 生态灾害风险的影响因素

### 4.1.1 地理自然条件

全球气候变暖背景下频繁发生的极端气象事件，对社会经济发展、生命安全和生态系统等诸多领域造成巨大危害，对受灾地区的未来发展造成深远影响，是影响生态灾害与环境风险的重要因素[1]。因气候异常引致的

---

① IPCC AR5. Intergovernmental Panel on Climate Change Climate Change Fifth Assessment Report（AR5）［M］. London Cambridge University Press, Cambridge, UK, 2013.

极端天气不仅危害自然生态系统，还会危及人类健康①。越来越多的研究数据表明，全球气候变化导致环境风险不断攀升，引发气候异常的频率也不断增加，异常气候又加剧了灾害风险，特别是巨灾风险的发生②。

由于中国的气候条件和地理状况复杂，成为全球自然灾害最严重的国家之一③。《中国极端气候事件和灾害风险管理与适应国家评估报告》④，报告指出全球气候变暖升温导致中国 60 年的极端天气事件显著变化⑤，中东部地区下半年重污染明显增加，以华北地区最为严重⑥。

## 4.1.2 区域经济维度

面对生态灾害的复杂多变，生态系统和社会环境也具有较高的脆弱性。特别是贫困地区和弱势群体，其社会经济脆弱性使生态系统的自我调节和服务功能弱化，巨灾风险一旦发生，将面临更大的风险冲击。随着未来中国社会经济行为的扩大和人口密度增加，生态系统承载灾害破坏的压力剧增，生态灾害的脆弱性和破坏效应也将增加。人口压力、经济发展、环境负荷和资源开发等形势，最终依赖于经济负担的改善⑦。

据有关研究表明，中国灾害风险高等级区域主要分布于京津唐、云南高原、汾渭和东北平原，以及长三角、珠三角、淮河流域、河西走廊、四

---

① 孔锋.透视全球气候变化的多样性及其应对机制［A］.中国气象学会.第 35 届中国气象学会年会 S6 应对气候变化低碳发展与生态文明建设［C］.中国气象学会：中国气象学会，2018：11.

② 孔锋.中国综合气候变化风险防范战略思考［A］.中国气象学会.第 35 届中国气象学会年会 S6 应对气候变化、低碳发展与生态文明建设［C］.中国气象学会：中国气象学会，2018：9.

③ 史培军，李宁，叶谦，等.全球环境变化与综合灾害风险防范研究［J］.地球科学进展，2009（4）：428–435.何建坤，刘滨，陈迎，等.气候变化国家评估报告（Ⅲ）：中国应对气候变化对策的综合评价［J］.气候变化研究进展，2007，3（s1）：147–153.

④ 秦大河.中国极端天气气候事件和灾害风险管理与适应国家评估报告–（精华版）［M］.北京：科学出版社，2015（10）.

⑤ 任国玉.气候变化对重污染天气产生哪些影响？［N］.中国环境报，2017–03–01.

⑥ 孔锋，王一飞，吕丽莉，等.全球气候变化多样性及应对措施［J］.安徽生态科学，2018，46（6）：142–148，189.

⑦ 史培军.灾害系统复杂性与综合防灾减灾［J］.中国减灾，2014：20–21.

川盆地及边远山区等①。上述地区综合气候风险等级相对较高，既表明地区自然致灾因子的种类繁多、频次较高、破坏强度大，也表明部分地区因财富和人口密度较高，如果防灾救灾水平不高，也会导致人员因灾遇难或损失更多财产②③。

中国不同地区的自然条件、资源禀赋与地理环境差异较大，导致经济发展水平、生态灾害的敏感性和脆弱性也不同，加上各地防灾救灾能力的差距，使生态灾害风险的破坏程度高低不等。经济越发达的地区遭受重大灾害越大，尽管灾后恢复速度快、能力强，但灾害损失也越大④⑤；贫困地区防御抵抗灾害的能力较弱，灾后恢复的能力和速度也受限。如果生态灾害突发，并与社会、经济、环境等脆弱性叠加，灾害风险程度随之增加⑥。

## 4.1.3　社会管理程度

灾害是自然与社会相互作用的结果。彭少麟（2004）生态安全涉及相互影响的自然与社会，中国的生态环境基础非常脆弱，庞大的人口规模和传统发展模式导致生态风险不断增加。伯顿（1978）首次在其著作《作为灾害之源的环境》中，将防灾减灾的视角从单纯的自然致灾因子与工程防御，拓展到灾害的行为反应研究，指出改变人类行为可减少灾害影响和损失。联合国开发计划署将"灾害"阐释为致灾因子与人类脆弱性共同作用的结果，社会的应对能力影响灾害损失的程度与范围。斯维瑟·瑞（Swiss

---

① 《气候变化国家评估报告》编写委员会编著. 第二次气候变化国家评估报告［M］. 北京：科学出版社，2011.
② 吴绍洪，罗勇，王浩，等. 中国气候变化影响与适应：态势和展望［J］. 科学通报，2016（10）：1042 – 1054.
③ 曾静静，王琳，曲建升，等. 气候变化适应研究国际发展态势分析［J］. 科学观察，2011，6（6）：32 – 37.
④ 葛全胜，曲建升，曾静静，等. 国际气候变化适应战略与态势分析［J］. 气候变化研究进展，2009，5（6）：369 – 375.
⑤ 史培军. 中国综合减灾25年：回顾与展望［J］. 中国减灾，2014（9）：32 – 35.
⑥ 王德宝，胡莹. 生态风险评价程序概述［J］. 中国资源综合利用，2009，27（12）：33 – 35.

Re，2005）认为灾害管理作为综合管理，具有两个重要内涵。一是全面管理，全面管理灾害的自然属性和社会属性；二是全程管理，全过程管理引致灾害的社会环境和社会后果。

全球气候变化和人类行为活动是形成灾害风险的两大原因①。降低社会脆弱性、提高灾区恢复性和改进环境适应性都对承灾体而言，当前政府应对灾害风险管理的机构安排应将社区作为基本元②。提高全社会抵抗防御灾害的水平，特别是提升高风险区的抗灾防控能力，关键是建立完备的灾害监测和风险预警预报系统，采取有效手段防控和降低灾害风险③。

综上所述，生态灾害的社会属性既包含致灾的社会环境，也包含采取的防灾救灾社会行为。致灾的社会环境和抗灾的社会行为相互影响，两者共同决定灾害的社会后果。

## 4.2　生态灾害风险评估方法

生态灾害的风险评估通常是评估不利事件或人类行为对生态环境造成的危害程度，或者评估对生物种群和生态系统形成的不利影响程度④。1992 年美国发布生态风险评价框架，1998 年颁布《生态风险评价指南》阐述生态风险评价的基本原理、方法和程序，以及气候变化、生物多样性消失、危化品影响生物等生态风险评估方向。荷兰 1989 年提出风险管理框架，创造性地用阈值判断特定的风险能否被接受，利用不同类型水平构建风险指标（如死亡率或其他临界阈值），通过数值明确标示可接受或可忽略的最大风险水平。

---

① 秦大河. 气候变化科学与人类可持续发展 [J]. 地理科学进展，2014（7）：874-883.
② 孔锋. 透视全球气候变化的多样性及其应对机制 [A]. 中国气象学会. 第35届中国气象学会年会S6应对气候变化低碳发展与生态文明建设 [C]. 中国气象学会：中国气象学会，2018：11.
③ 孔锋. 中国综合气候变化风险防范战略思考 [A]. 中国气象学会. 第35届中国气象学会年会S6应对气候变化、低碳发展与生态文明建设 [C]. 中国气象学会：中国气象学会，2018：9.
④ 沈洪艳，胡小敏. 不同环境介质中污染物生态风险评价方法的国内研究进展 [J]. 河北科技大学学报，2018，39（2）：176-182.

中国生态风险的研究目前处于探索发展阶段，相关风险管理技术和评估方法仍不够成熟。现有的生态风险评估通常以污染源或区域为研究对象，构建相应风险指标评价生态风险。2003 年国家环保总局发布《新化学物质环境管理办法》和《新化学物质危害评估导则》。评估导则将化学品危害评估分为两块，包括生态环境和人体健康的危害评估。导则对评估提出了具体要求，严格按照程序评估生态环境的化学品危害，根据理化特性、生态毒理、环境暴露和生态环境危害的表征顺序进行。

## 4.2.1　基于风险因子的指标评估法

指标评估法是从风险因子角度出发研究生态灾害风险。基于对生态灾害风险构建指标进行综合评估的方法，其对于评估指标的选取具有相应的理论依据。目前学术界对自然灾害风险形成机制达成了一致的认识：灾害危险性（hazard）、暴露（exposure）、承灾体脆弱性（vulnerability）三个因素相互作用综合形成灾害风险（Phillips，J. D.，1980；Kates，R. W，1995；冈田宪夫，2005）。根据不同视角灾害风险的形成机理可划分为：（1）致灾因子论（Bolt，1977；Busoni；1997）；（2）孕灾环境论（Parsons，1995；Park，C.，1999）；（3）承灾体论（Loveland，1991；TurnerII，B. L.，1998）。因此，基于致灾因子、孕灾环境和承灾体相互作用研究灾害风险是基本思路和主要方向，然而巨灾风险的演进变化却更为复杂。

当前选取生态灾害风险评估指标可参照的理论主要有以下几类：（1）区域灾害系统论。目前国内灾害风险评估参照的理论主要是史培军（1996）提出的区域灾害系统论，指标选取参照致灾因子危险性、孕灾环境稳定性、承灾体脆弱性。（2）灾害风险预防理论。灾害风险预防理论不仅关注致灾因子的危险性、灾害系统的脆弱性，更为关注灾害风险的预防和灾害的抗灾救灾处置，其基本模型为 $Risk = f(Hazard, Vulnerability, Prevention)$，指标的选取参照致灾因子危险性、灾害系统的脆弱性、防灾减灾能力。（3）灾害概率损失论。国际地科联（1997）提出的 $Risk = f(Probability, Conse\text{-}$

quences），其中 *Probability* 指致灾因子的概率密度分布，即致灾因子危险性的描述；*Consequences* 指承灾体的损失程度，通常是承灾体脆弱性和暴露性的共同反映。（4）灾害脆弱性理论。联合国（2004）提出的 *Risk* = *f*(*Hazard*，*Vulnerability*)，模型中的 *Hazard* 为致灾因子危险性，*Vulnerability* 为脆弱性，既指灾害系统的脆弱性，也指承灾体的脆弱性。

采用指标评估法的关键在于选取合适的指标，构建起客观系统的风险评估指标体系。首先，根据相关灾害理论选取风险评估指标，包括致灾因子、孕灾环境、承灾体、防灾减灾能力等，组成生态灾害风险评估体系。再采用数量统计方法进行指标的量纲与归一化处理，然后选择层次分析等数学模型方法确定权重，整合计算风险等级作为评估风险程度的依据。运用基于指数的评估理论评估生态风险，具有易得性和全面性优势，非常利于成因分析，能对生态灾害风险管理提供实际指导。但是缺点在于指标的选取目前尚未形成统一的体系和标准，带有主观随意性，不利于广泛采用并进行横向比较。指数评估计算结果只是生态灾害风险的相对险级，不能回答生态灾害可能造成的损失和分布特征，没有直接体现风险结果的物理内涵（孔锋等，2016）。

## 4.2.2　基于风险损失的数理统计法

数理统计法从风险损失的角度出发研究生态灾害风险。主要运用于对生态灾害风险造成的损失进行计量和评估，聚焦于生态灾害事件给承灾体造成的损失程度。运用基于风险损失的数理统计法有两个关键：一是生态灾害事件造成生态的损失程度；二是生态灾害损失发生的概率分布。

对生态灾害风险损失的定量化估计，是对生态环境中污染物的测量拟和过程，研究生态灾害损失的方法常用的有两种：分别是风险熵和地积累指数法。风险熵（risk quotient，RQ）的衡量采用 MEC（环境中污染物的测量浓度）占 PNEC（预测无效应浓度）比值，用于评估目标种群的生态风险。估算 PNEC 的值则采用毒理学相关浓度（LC50 或 EC50）与安全系数（f）的比值。风险熵的计算公式为：

$$RQ = \frac{MEC}{PNEC} = \frac{MEC}{\dfrac{E(L)C_{50}}{f}} \tag{4-1}$$

按照风险熵值的大小把生态风险水平划为四个险级（见表 4-1）。

**表 4-1**　　　　　　　　　　　生态风险水平的划分

| $RQ$ | 生态风险程度 |
| --- | --- |
| $RQ < 1.00$ | 无显著风险 |
| $1.00 \leqslant RQ < 10.0$ | 较小的潜在负效应 |
| $10.0 \leqslant RQ < 100$ | 显著的潜在负效应 |
| $RQ \geqslant 100$ | 预期的潜在负效应 |

而地积累指数法（index of geoaccumulation，Igeo）由德国学者米勒等（Miller et al.，1969）提出，用于衡量河底沉积物中重金属元素的污染程度。通过计算 *Igeo* 值来衡量某种特定化学污染物危害环境的风险程度。计算公式如下：

$$Igeo = \log_2\left(\frac{C_n}{k \times B_n}\right) \tag{4-2}$$

式（4-2）中，*Igeo* 为地积累指数；$C_n$ 为元素 $n$ 在沉积物中的浓度；$B_n$ 为元素 $n$ 的环境背景值；$k$ 为考虑岩石差异可能引致环境值变动而选取的修正指数，一般用该指数表征岩石的地质沉积特征和其他影响。

在评价方法的选取上，采取风险熵法对水环境低浓度污染物的生态风险评价比较有效，不仅可以明确某类污染物是否存在生态风险，还可以确定生态风险程度的大小，其缺点是无法确定生态灾害发生的概率和具体风险等级。总体而言，风险熵法计算简单、成本较低，适合单个污染物的毒理效应评估。而地积累指数法既考虑人为因素和化学作用对环境值的影响，也考虑自然累积作用引致环境值变化的影响。

基于风险损失的数理统计法的研究，一方面从技术角度为生态灾害的灾情预测预警提供支撑；另一方面从方法角度为生态保费率的厘定和生态巨灾风险分散机制设计提供支撑（徐磊，2012）。目前基于风险损失的自然灾害风险评估的理论和方法已经成为生态保险准备厘定费率和实现"一致性"及"公平性"原则的重要基础（张峭、王克，2011）。但其缺陷在于易受数据质量的约束，因为统计数据常常是对某个区域范围发生的生态灾害汇总，造成数据空间的汇总偏差（Breustedt et al.，2008）。

### 4.2.3　基于风险机理的模型分析法

模型分析法从风险机理的角度出发研究生态灾害风险。模型分析法采用情景模拟的方式动态仿真评估灾害风险，是灾害风险评估的未来发展方向（金菊良等，2014）。模型分析法的实施流程分为：（1）先分析致灾因子与孕灾环境，并将其设置不同的风险情况。（2）紧接着对致灾机制和致灾强度进行仿真，设置模拟致灾过程。估算作物减产的不同情况，计算出对应的致灾损失结果。（3）最后进行灾害风险的量化，并基于"强度—损失"的脆弱性关系表达生态灾害风险。模型分析法的核心是在生态灾害风险评估中，对区域自然灾害的致灾因子和致灾过程进行仿真建模。

模型分析中主要的技术方法为（Q）SAR 技术，该技术是由美国环保局（US EPA）1992 年提出的，是有机物结构—活性关系（SAR）和定量结构—活性关系（QSAR）技术。（Q）SAR 技术在评价毒害有机物生态风险时，可以弥补基础数据缺失、评估数据不确定、减少动物实验以及降低昂贵测试费等作用。发达国家在有机化学品监管等领域逐渐应用该技术，我国还需要进一步加强[①]。（Q）SAR 技术应侧重目标导向，修订细化（Q）SAR 在毒害化学品 ERA 中的应用导则，推进模型表征研究。

我国目前采用模型分析法进行生态灾害风险的研究还比较少，主要原因在于模型所需要的生态灾害和极端天气等大数据条件不够完善，还需要

---

① 陈景文，李雪花，于海瀛，等. 面向毒害有机物生态风险评价的（Q）SAR 技术：进展与展望［J］. 中国科学（B 辑：化学），2008（6）：461 – 474.

进一步对灾害大数据的分析和引入。基于风险机理的模型分析法从理论上更加贴近生态灾害面临的实际风险（付磊，2012）。但由于生态灾害风险影响因素众多，使得模型需要考量的参数较多，计算也较为复杂，模型分析法将难以仿真建模模拟出所有影响因素作用下的真实效果。通过简单的"以点推面"或"空间加总"，将会高估或者低估较大区域内自然灾害对生态生产可能造成的损失程度，扭曲自然灾害风险分布特征（徐磊，2012）。此外，模型分析法也容易受模拟区域扩大而导致数据难以获取的瓶颈限制（Ewert et al.，2011），不利于在较大区域范围之内进行研究。最后，有效校验模型结果比较难（孔锋等，2016），还需验证不同区域和不同灾害条件下的适用性（徐磊，2012）。

## 4.3  生态灾害风险评估体系构建

### 4.3.1  生态灾害风险评估体系构建的方法选取

美国学者扎德（Zadeh，1965）提出"模糊集合"（fuzzy sets）是指边界不清的集合。采用"隶属函数"（menbership function）描述现象差异的中间过渡，突破了德国数学家康托尔（Cantor，1851）古典集合论中属于或不属于的绝对隶属关系，即元素对集合隶属度不限于 0 或者 1，而是从 0 到 1 间任一数值。模糊数学的诞生使模糊现象定量化成为应用数学的分支。模糊评价中使用最多，也最基本的是隶属度和隶属函数。隶属函数用于测度中间过渡事物对差异双方的倾向性；隶属度表示元素 u 归于模糊集合 U 的程度。模糊逻辑系统（以下简称模糊系统）是以模糊规则为基础，并具有模糊信息处理能力的动态模型。

我国学者邓聚龙（1981）首次提出将控制理论应用于灰色系统研究，发展成为灰色系统理论。灰色系统是指"贫信息"不确定性的系统，介于信息完全明确的白色系统和信息完全未知的黑色系统之间的中介系统。灰色系统理论主要利用系统的已知信息确定未知信息，是基于信息的非完备性开始研究处理复杂系统的理论，从而让系统由"灰"向"白"转化。灰色系统理论是数学处理系统某一层次的观测资料，实现更高层次上认清系统内部的变化趋势和相互关系等机制。灰色系统理论的最大优点是样本量要求较低，且不需要样本服从任何分布。目前灰色系统理论主要用于灰色因素的关联分析、灰色建模、灰色预测等研究。灰色关联度分析法是从因素之间发展态势的相异或相似度出发，去分析衡量因素间的关联程度。

本课题将采用灰色模糊综合评判法，将模糊集理论与灰色关联分析法相结合，充分考虑两者互补性基础上建立方案排序模型。灰色模糊综合评判法具有在已知信息不充分的情况下，能较优处理评价系统的模糊性和人脑综合判断中的灰色性，能兼顾评价过程的解析化和定量化。评判法的本质是通过灰色关联分析，用必要处理代替模糊综合评判的因素权重集，使事物内部各种影响因素间的相互关系不再因人脑主观印象白化，而是在事物发展变化的动态趋势中找关联使其白化。采用灰色系统理论分析处理当前模糊综合评判法中的问题，可使该方法完全摆脱人为干预，评判结果不会因人而异。

## 4.3.2　生态灾害风险评估体系的内涵结构

生态灾害风险评估指标体系应该是由生态风险指标按照一定的逻辑结构组合而成，其结构科学且能够系统性描述生态灾害风险的体系。故此先从风险成因视角对生态环境进行网络结构分析，继而在此基础上构建系统全面的生态灾害风险评估指标体系。在充分借鉴灾害系统中的致灾因子、孕灾环境和承灾主体的条件因素，再纳入对防灾减灾主体评估的基础上，将生态灾害风险的成因分为自然因素和社会因素。自然因素主要包含自然环境的禀赋影响，社会因素囊括的方面更广泛，主要受到经济环境、社会文化环境及科学技术环境的影响，而每个方面又涉及若干分组，可具体到若干个风险成因，因此构成了具有分明层次的生态灾害风险因素结构（见图 4 - 1）。

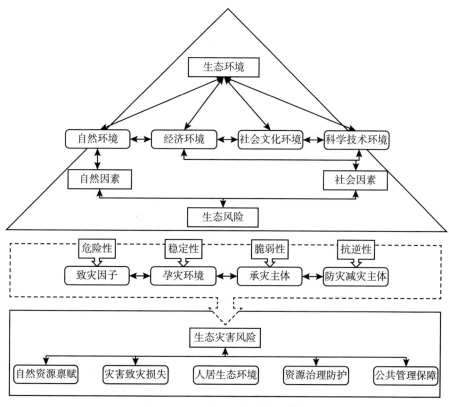

图 4 - 1　生态灾害风险因素结构

### 4.3.3　生态灾害风险评估指标的选取依据

　　风险通常被认为是某种损失发生的可能，具有不确定性。而生态灾害风险则是风险含义的一种外延。根据（史培军，1991）灾害系统论，广义的灾害风险评估指评估灾害系统的总体风险，应先分别评估致灾因子、孕灾环境和承灾体的风险，再综合评估灾害系统的总体风险。其中致灾因子系统包含自然、人为和环境因素；承灾主体涵盖人类自身、生产系统、生命系统及各类建筑物等各类自然资源（史培军，2002）。国外学者道蒂（Doughty，2003）也认为灾害是自然、社会、人口和经济相互作用的负面产物，会破坏个体满意度、社会物质存在和社会秩序等。生态巨灾则必须考虑具体地区的防灾减灾能力及灾区在长短期内从灾害中恢复的程度（孔锋等，2016）。综合以上学者关于生态灾害风险的研究，以及生态灾害风险的特点，总结出生态灾害风险共有五项一级测度指标。

生态灾害风险可以表示为式（4-3），并构建了生态灾害风险总体框架（见图4-2）。

$$Risk = f(自然资源禀赋，灾害致灾损失，人居生态环境，$$
$$资源治理防护，公共管理保障) \qquad (4-3)$$

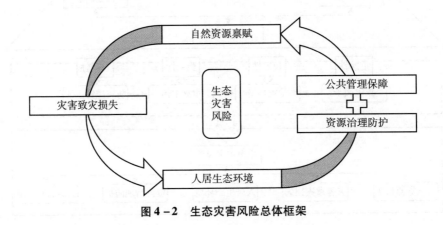

图4-2 生态灾害风险总体框架

## 1. 生态灾害风险与自然资源禀赋密切相关

生态风险的评价和表征一定要以其自身的内在价值为依据，结合生态系统本来的结构和功能（付在毅、许学工，2001）。生态灾害作为生态系统的重要风险源之一，对其评价显然不能脱离各区域原本结构和功能的考量①灾害为自然与社会相互作用的综合产物，致灾因子和承灾主体都离不

---

① 付在毅，许学工. 区域生态风险评价 [J]. 地球科学进展，2001，16（2）：267-271.

开自然和社会因素。只有尊重客观规律,充分考虑自然环境与资源承载能力,统筹社会经济发展与生态保护,才能更为科学地评价生态灾害风险(史培军,2002)。

### 2. 生态灾害风险与所经灾害致灾损失密切相关

王静爱等指明在灾情形成中,承灾体将会起到决定性的作用①。承灾主体是缩小或放大灾害的必要条件(史培军,2002)。不稳定的自然、人文环境是灾害风险形成的催化剂,即诱发条件(史培军,2009)。承灾主体对于生态灾害风险的影响因素不仅在于承灾主体的经济能力,更在于其对于生态灾害风险的风险感知能力。各地区所经灾害致灾损失包含了各地长期因灾受害的被伤害程度,也包含了其应对灾害能力的强弱,并且会受到组织、经济、人文、科技等多维度的影响,在一定客观程度上恰能反映出各地区灾害发生频率及其作为承灾体的相对强弱。

### 3. 生态灾害风险与人居生态环境密切相关

孕灾环境包括生态灾害发生地区的经济发展水平、科技发展水平、人文发展水平以及政府扶持力度。孕灾环境是影响致灾因子和承灾主体的背景条件(史培军,2002)。《全国生态脆弱区保护规划纲要》指出中国的生态脆弱区多数位于植被交错区和生态过渡区,处于农林、农牧和林牧等复合交错带,是当前经济相对落后、生态问题突出的生活贫困区②。同时,生态脆弱区也是灾害风险相对较高地区。只有不断改善人居生态环境,才能更为有效地加强对生态脆弱区的保护,进而反哺地区的经济建设及生态建设,维护当地社会的稳定发展,缩小区域及贫富差距,以至于在一定程度上降低人为因素导致生态灾害的风险。张明和谢家智也指明自然灾害的致灾因素不止停留在"自然",还将深受复杂的社会系统的影响,社会维

---

① 王静爱,史培军. 1949～1990 年中国自然灾害时空分异研究 [J]. 自然灾害学报,1996,5 (1):1-7.

② 全国生态脆弱区保护规划纲要 [J]. 林业工作参考,2009 (2):95-105.

度因素早已成为生态巨灾风险管理的新重点①。所以在自然资源禀赋之外，社会系统也是必须被纳入风险评价体系中的重要维度。

### 4. 生态灾害风险与资源治理防护的投入密切相关

王静爱等提出了与成灾联系紧密的因素除了抗灾能力的强弱外，还有人类活动中对土地利用的方式、规模和程度。而致灾和成灾两者的关系虽然紧密，却并无必然的联系②。故此应该将发展和减灾行动并行考量，在减灾层面出发，关注承灾体，统筹安排将资源开发和抗灾、防灾、救灾多方纳入评价体系。史培军（2002）资源的开发利用是引发灾害的重要驱动因素。可见，在人类经济发展中对资源的开发治理及防护也是评价生态灾害风险体系中必不可少的一环。

### 5. 生态灾害风险与公共管理保障的力度密切相关

巨灾风险的形成与灾害整体的防灾减灾能力密切相关（孔锋等，2016）。防灾减灾能力不仅指国家或地区预防抵御灾害的能力，也指灾区灾后恢复重建的能力（杨丰政，2012）。地区的防灾减灾能力不仅反映出当地在防灾领域的人财物综合投入，也反映出地区的公共管理保障能力和应急管理能力。防灾减灾中的公共管理保障能力与风险程度呈反向变动，表现为某地区防灾减灾能力越大，遭受巨灾风险的威胁度越低，可能造成的巨灾损失就越小。目前我国社会生态灾害防灾减灾方面的公共管理保障存在的问题主要集中于：防灾设施建设缺失，建设规划及其标准化不规范，民众的防灾、自救意识与能力培养被忽视、网络预警网络体系尚未健全等诸多方面，甚至防灾减灾救灾体系本身也蕴含着危险。基于此，着重关注涉及公共管理保障的政府机构、经费投入及公众普及度三个方面。

---

① 张明，谢家智. 巨灾社会脆弱性动态特征及驱动因素考察 [J]. 统计与决策，2017（20）：57－61.

② 王静爱，史培军. 1949～1990 年中国自然灾害时空分异研究 [J]. 自然灾害学报，1996，5（1）：1－7.

## 4.3.4　生态灾害风险评估指标体系的建立

### 1. 生态灾害风险评估指标体系的构建原则

生态灾害风险评估指标体系是开展生态灾害风险评估的框架基础，是在一定的理论和原则指导下筛选确立。构建生态灾害风险评估指标体系时，应遵循三大基本原则。

（1）科学性原则。

生态灾害风险评估指标体系中，指标均须具有一定的敏感性，能够衡量不同区域的生态风险程度差异。同时，每个指标必须简明科学、清晰明确，逻辑结构必须具备最大兼容性，体系结构的表达方式必须专业合理。总之，指标的选取与构建必须满足科学性，有利于体系整体功能的有效发挥和实际应用。

（2）系统性原则。

生态灾害风险评估指标体系的整体与局部、顶层与底层之间应形成一个有机整体。指标分类具有一定的层次结构性，指标层次之间既有一定的联系，又各自保持独立性。既能综合反映生态灾害风险多维特征，又能突出重点和特殊属性。

（3）可得性原则。

生态灾害风险涉及的因素复杂众多，既要保证所选指标的数据能够直接从科研或技术部门获得或者能通过对统计资料的整理得到，又要确保得到的数据真实可靠，具有一定的客观性、代表性和可比性。因此对于部分虽极具代表性但数据不可得的指标只能舍弃或找其他具有相似性的指标替代。

根据前述的生态灾害风险框架分析及以上的指标选取依据，再结合生态灾害风险的影响因素分析，在遵循上述建立指标体系的原则之下选取和构建指标。在具体的指标界定中，本课题参考了生态灾害风险相关研究，经过有效的专家问卷调查，结合生态灾害风险的结构层次分析，将评估问题概念化、具体化和简明化，并注重指标相互之间的逻辑关系。最终确定了5个维度（自然资源禀赋、灾害致灾损失、人居生态环境、资源治理防护、公共管理保障）为一级测度指标，分别包含了生态灾害风险影响因素的五大方面。再根据5个一级指标确定二级基础测度指标（见表4-2），共构成了涵盖5个维度22个基础指标的生态灾害风险评估指标体系。具体而言，自然资源禀赋包含的基础指标有生态用水量、森林覆盖率、湿地面积占辖区面积比重、自然保护区占辖区面积比重、人均公园绿地面积、地区经济发展指数6个指标；灾害致灾损失包含的基础指标有自然灾害及突发事件受灾面积占辖区面积比重、每万人中受灾人口数、灾害造成的直接经济损失占GDP比重3个指标；人居生态环境包括的基础指标有地方财政教育支出占GDP的比重、社会公平与就业指数、每万人拥有公交车辆、城市生活垃圾无害化处理率、万元GDP能耗降低率、社会资源与环境指数6个指标；资源治理防护包括的基础指标有人均造林面积、地质灾害防治投资占GDP比重、环境污染治理投资占GDP比重3个指标；公共管理保障包括的基础指标有每万人中环保机构人数、环境监测经费投入占GDP比重、互联网普及率、公共服务与保障指数4个指标。

表4-2　　　　　　　　　　　生态灾害风险评估指标体系

| 目标层 | 一级测度指标<br>（准则层） | 二级测度指标<br>（指标层） | 符号 |
|---|---|---|---|
| 生态灾害<br>风险评估<br>指标体系<br>A | 自然资源禀赋<br>$B_1$ | 生态用水量（亿立方米） | $C_{11}$ |
| | | 森林覆盖率（%） | $C_{12}$ |
| | | 湿地面积占辖区面积比重（%） | $C_{13}$ |
| | | 自然保护区占辖区面积比重（%） | $C_{14}$ |
| | | 人均公园绿地面积（平方米） | $C_{15}$ |
| | | 地区经济发展指数（分） | $C_{16}$ |

续表

| 目标层 | 一级测度指标<br>（准则层） | 二级测度指标<br>（指标层） | 符号 |
|---|---|---|---|
| 生态灾害<br>风险评估<br>指标体系<br>$A$ | 灾害致灾损失<br>$B_2$ | 自然灾害及突发事件受灾面积占辖区面积比重（%） | $C_{21}$ |
| | | 每万人中受灾人口数（人次） | $C_{22}$ |
| | | 灾害造成的直接经济损失占 GDP 比重（%） | $C_{23}$ |
| | 人居生态环境<br>$B_3$ | 地方财政教育支出占 GDP 比重（%） | $C_{31}$ |
| | | 社会公平与就业指数（分） | $C_{32}$ |
| | | 每万人拥有公交车辆（标台） | $C_{33}$ |
| | | 城市生活垃圾无害化处理率（%） | $C_{34}$ |
| | | 万元 GDP 能耗降低率（%） | $C_{35}$ |
| | | 社会资源与环境指数（分） | $C_{36}$ |
| | 资源治理防护<br>$B_4$ | 人均造林面积（公顷/人） | $C_{41}$ |
| | | 地质灾害防治投资占 GDP 比重（%） | $C_{42}$ |
| | | 环境污染治理投资占 GDP 比重（%） | $C_{43}$ |
| | 公共管理保障<br>$B_5$ | 每万人中环保机构人数（人） | $C_{51}$ |
| | | 环境监测经费投入占 GDP 比重（%） | $C_{52}$ |
| | | 互联网普及率（%） | $C_{53}$ |
| | | 公共服务与保障指数（分） | $C_{54}$ |

## 2. 生态灾害风险评估指标体系的层次

生态灾害风险评估指标体系的层次结构如表 4-2 所示，共分为以下三个层次。

（1）目标层。

目标层是生态灾害风险评估指标体系的最高层，表示生态灾害风险评估所要实现的目标，用"风险程度"衡量，综合反映生态灾害风险的程度大小。

（2）准则层。

准则层是生态灾害风险评估指标体系次高层，是为实现总目标的原则要求。在进行生态灾害风险评估时，要求能够从自然资源禀赋、灾害致灾损失、人居生态环境、资源治理防护和公共管理保障这五个方面反映出各区域的生态灾害风险程度。

（3）指标层。

指标层处于最底层，是实现准则的具体手段。反映某一类型的风险程度总和。

# 4.4　基于灰色系统理论的风险评估指标权重构建

## 4.4.1　灰色关联度分析法

### 1. 确定最优指标集（$F^*$）

首先需要找准数据序列，根据数据序列再确定各单项指标的最优值，最后构建最优指标集 $F^*$。设 $F^* = [j_1^*，j_2^*，\cdots，j_n^*]$，式中 $j_k^*$（$k = 1，2，\cdots，n$）为第 $k$ 个指标的最优值。此处的最优值需考虑指标的正负性。对于正指标取其最大值作为此指标的最优值；对于负指标则取其最小值作为此指标的最优值。选定各指标的最优值后，就可构造矩阵 $D$

$$D = \begin{bmatrix} j_1^* & j_2^* & \cdots & j_n^* \\ j_1^1 & j_2^1 & \cdots & j_n^1 \\ \cdots & \cdots & & \cdots \\ j_1^m & j_2^m & \cdots & j_n^m \end{bmatrix} \qquad (4-4)$$

其中，$j_k^i$ 为第 $i$ 个省份的原始数据。

### 2. 指标值的规范化处理

由于评价体系中的各单项评价指标之间的量纲和数量级不同，因此为保证结果的可信度和可靠性，不能对指标采取简单的直接比较，需要对原始值进行规范化数据处理，以消除因量纲不同导致的干扰。

设第 $k$ 个指标的变化区间为 $[j_{k1}, j_{k2}]$，$j_{k1}$ 为第 $k$ 个指标的最小值，$j_{k2}$ 为第 $k$ 个指标的最大值，可用式（4-6）将式（4-5）中的原始数值变换成无量纲值 $C_k \in (0, 1)$。

$$C_k = \frac{j_k^i - j_{k1}}{j_{k2} - j_k^i}, \ i = 1, 2, \cdots, m; \ k = 1, 2, \cdots, n \qquad (4-5)$$

至此矩阵 $D \rightarrow C$

$$C = \begin{bmatrix} C_1^* & C_2^* & \cdots & C_n^* \\ C_1^1 & C_2^1 & \cdots & C_n^1 \\ \cdots & \cdots & & \cdots \\ C_1^m & C_2^m & \cdots & C_n^m \end{bmatrix} \qquad (4-6)$$

### 3. 灰色关联度

根据灰色系统理论的相关原理，将 $\{C^*\} = [C_1^*, C_2^*, \cdots, C_n^*]$ 作为参考数列，将 $\{C\} = [C_1^i, C_2^i, \cdots, C_n^i]$ 作为被比较数列，用关联分析法分别求得第 $i$ 个方案中第 $k$ 个指标与第 $k$ 个指标的最优值的关联系数 $\xi_i(k)$，即

$$\xi_i(k) = \frac{\min\limits_i \min\limits_k |C_k^* - C_k^i| + \rho \max\limits_i \max\limits_k |C_k^* - C_k^i|}{|C_k^* - C_k^i| + \rho \max\limits_i \max\limits_k |C_k^* - C_k^i|} \qquad (4-7)$$

其中，$\rho \in [0, 1]$，通常取 $\rho = 0.5$。

由 $\xi_i(k)$，即得 $E$，这样综合评价结果为：$R = E \times W$，即

$$r_i = \sum_{k=1}^n W(k) \times \xi_i(k) \qquad (4-8)$$

若关联度 $r_i$ 最大，则说明 $\{C^i\}$ 与最优指标 $\{C^*\}$ 最接近，亦即在此指标上第 $i$ 个方案较其他方案更优。通过指标间的关系分析，便可得到各指标间的关联度。

## 4.4.2 样本选取及数据来源

生态灾害风险系统包含多种因素，不仅具有层次众多、结构复杂的特点，而且还呈现出关系模糊、随机动态变化和指标数据不完全不确定等特点，而灰色关联分析法非常适用于此类研究。根据各因素间发展态势的相似或相异程度衡量因素间的关联程度，再将因素间的关联关系转化为评价体系的权重。囿于我国地域特征的复杂性叠加风险的多样性，本书选取我国 30 个省份（不包含港澳台、西藏地区）于 2012~2017 年的数据，对于出现的个别缺失值采用了移动平均法处理，因为西藏地区数据缺失严重，予以剔除。各指标的相关数据来源于中国国家统计局、《中经网统计数据库》《中国统计年鉴》《中国环境数据库》《中国环境统计年鉴》。

## 4.4.3 灰色模糊评价模型的权重分配计算

### 1. 母序列与子序列的选定

在关联分析中，只有用某种定量的数量指标代表被评价对象的特性，才能剖析得到被评价对象与之影响因素间包含于其数据信息内在结构里的关系。而按照一定顺序排列的数量指标即为关联分析的母序列，记为 $\{x_t^{(0)}(0)\}$，$t=1$，$2$，$\cdots$，$n$；而关联分析的子序列即为决定或影响被评价对象性质的各子因素数据的有序排列，考虑主因素的 $m$ 个子因素（要求相同单位、相同比例或没有单位），则有子序列 $\{x_t^{(0)}(i)\}$，$t=1$，$2$，$\cdots$，$m$；$t=1$，$2$，$\cdots$，$n$。

### 2. 计算子序列与母序列之间的关联度

与前述灰色关联度的数据处理方式一致，需要先对选取的指标值进行规范化数据处理，将原始数据矩阵进行初值化变换或均值化变换。然后再

计算出处于同一观测时刻（点）各子因素与主因素观测值之间的绝对差值（Δ）和极值，见式（4-9）

$$\Delta(i,\ 0) = \left| x_t^{(1)}(i) - x_t^{(1)}(0) \right|$$

$$\Delta_{\max} = \max_t \max_t \left| x_t^{(1)}(i) - x_t^{(1)}(0) \right|$$

$$\Delta_{\min} = \min_t \min_t \left| x_t^{(1)}(i) - x_t^{(1)}(0) \right| \qquad (4-9)$$

其中，$i = 1,\ 2,\ \cdots,\ m$；$k \in (0.1,\ 1)$。因此，可知关联度是一个值域在 0.1 至 1 之间的有界值，如果子因素与主因素之间的关联度越接近于 1，表明两者的关联度越紧密。关联度的紧密程度表明，如果子因素对主因素的影响越大，则关联度值越大；反之如果子因素对主因素的影响越小，则关联度值亦越小。

### 3. 由关联度向权重的转化

再次对上述计算所得的关联度结果进行归一化的数据处理，即可得权重集 $A = \{a_1,\ a_2,\ \cdots,\ a_m\}$，其中

$$a_i = \frac{r(i,\ 0)}{\sum\limits_{i=1}^{m} r(i,\ 0)},\ i = 1,\ 2,\ \cdots,\ m \qquad (4-10)$$

根据上述的计算思路和方法求得了 2012~2017 年各指标的权重，再对其求均值得到生态灾害风险评估体系指标层各指标的权重，结果见表 4-3。

表 4-3　　　　　　　　　　　指标层指标权重

| 指标层 | 2012 年 | 2013 年 | 2014 年 | 2015 年 | 2016 年 | 2017 年 | 均值 |
|---|---|---|---|---|---|---|---|
| $C_{11}$ | 0.0357 | 0.0345 | 0.0335 | 0.0335 | 0.0347 | 0.0355 | 0.0346 |
| $C_{12}$ | 0.0480 | 0.0489 | 0.0477 | 0.0465 | 0.0458 | 0.0451 | 0.0470 |
| $C_{13}$ | 0.0342 | 0.0349 | 0.0340 | 0.0331 | 0.0327 | 0.0321 | 0.0335 |
| $C_{14}$ | 0.0397 | 0.0386 | 0.0377 | 0.0367 | 0.0363 | 0.0357 | 0.0375 |
| $C_{15}$ | 0.0440 | 0.0448 | 0.0452 | 0.0448 | 0.0455 | 0.0462 | 0.0451 |
| $C_{16}$ | 0.0431 | 0.0420 | 0.0396 | 0.0387 | 0.0387 | 0.0398 | 0.0403 |
| $C_{21}$ | 0.0636 | 0.0582 | 0.0608 | 0.0639 | 0.0600 | 0.0664 | 0.0622 |

| 指标层 | 2012 年 | 2013 年 | 2014 年 | 2015 年 | 2016 年 | 2017 年 | 均值 |
|---|---|---|---|---|---|---|---|
| $C_{22}$ | 0.0610 | 0.0556 | 0.0605 | 0.0636 | 0.0626 | 0.0655 | 0.0614 |
| $C_{23}$ | 0.0822 | 0.0764 | 0.0782 | 0.0799 | 0.0812 | 0.0775 | 0.0792 |
| $C_{31}$ | 0.0420 | 0.0380 | 0.0367 | 0.0376 | 0.0369 | 0.0361 | 0.0379 |
| $C_{32}$ | 0.0386 | 0.0449 | 0.0460 | 0.0452 | 0.0446 | 0.0447 | 0.0440 |
| $C_{33}$ | 0.0390 | 0.0390 | 0.0383 | 0.0375 | 0.0377 | 0.0389 | 0.0384 |
| $C_{34}$ | 0.0686 | 0.0715 | 0.0735 | 0.0737 | 0.0769 | 0.0783 | 0.0738 |
| $C_{35}$ | 0.0567 | 0.0538 | 0.0550 | 0.0572 | 0.0549 | 0.0502 | 0.0546 |
| $C_{36}$ | 0.0392 | 0.0533 | 0.0520 | 0.0490 | 0.0485 | 0.0450 | 0.0478 |
| $C_{41}$ | 0.0417 | 0.0427 | 0.0416 | 0.0403 | 0.0396 | 0.0388 | 0.0408 |
| $C_{42}$ | 0.0338 | 0.0333 | 0.0331 | 0.0339 | 0.0308 | 0.0301 | 0.0325 |
| $C_{43}$ | 0.0415 | 0.0414 | 0.0400 | 0.0366 | 0.0375 | 0.0351 | 0.0387 |
| $C_{51}$ | 0.0379 | 0.0373 | 0.0365 | 0.0366 | 0.0375 | 0.0388 | 0.0374 |
| $C_{52}$ | 0.0338 | 0.0323 | 0.0310 | 0.0303 | 0.0332 | 0.0347 | 0.0325 |
| $C_{53}$ | 0.0416 | 0.0432 | 0.0436 | 0.0451 | 0.0464 | 0.0461 | 0.0443 |
| $C_{54}$ | 0.0341 | 0.0354 | 0.0354 | 0.0363 | 0.0378 | 0.0394 | 0.0364 |

### 4.4.4 生态灾害风险评估体系指标权重

本课题在构建生态灾害风险的评价指标体系的研究中，共架设了 5 个准则层，每个准则层又包含多个基础指标。现以全国各地区的 2012～2017 年数据为样本区间，采取前文介绍的实施步骤对各指标数据进行计算，求取了各年二级测度指标层的权重，然后通过对各年的权重求均值，得到了指标层各指标的权重，以期在一定程度上克服极端值的影响。现对二级测度指标层各组的指标权重进行求和，由此得到准则层中各组的权重（见表 4-4）。

表 4 - 4　　　　　　　　　　　评估指标层次总排序

| 目标层 | 一级测度指标（准则层） | 二级测度指标（指标层） | 符号 | 指标性质 | 评估指标权重 |
|---|---|---|---|---|---|
| 生态巨灾害风险评估指标体系 A | 自然资源禀赋 $B_1$ （0.2379） | 生态用水量（亿立方米） | $C_{11}$ | 正指标 | 0.0346 |
| | | 森林覆盖率（%） | $C_{12}$ | 正指标 | 0.0470 |
| | | 湿地面积占辖区面积比重（%） | $C_{13}$ | 正指标 | 0.0335 |
| | | 自然保护区占辖区面积比重（%） | $C_{14}$ | 正指标 | 0.0374 |
| | | 人均公园绿地面积（平方米） | $C_{15}$ | 正指标 | 0.0451 |
| | | 地区经济发展指数（分） | $C_{16}$ | 正指标 | 0.0403 |
| | 灾害致灾损失 $B_2$ （0.2029） | 自然灾害及突发事件受灾面积占辖区面积比重（%） | $C_{21}$ | 负指标 | 0.0622 |
| | | 每万人中受灾人口数（人次） | $C_{22}$ | 负指标 | 0.0615 |
| | | 灾害造成的直接经济损失占 GDP 比重（%） | $C_{23}$ | 负指标 | 0.0792 |
| | 人居生态环境 $B_3$ （0.2966） | 地方财政教育支出占 GDP 的比重（%） | $C_{31}$ | 正指标 | 0.0378 |
| | | 社会公平与就业指数（分） | $C_{32}$ | 正指标 | 0.044 |
| | | 每万人拥有公交车辆（标台） | $C_{33}$ | 正指标 | 0.0384 |
| | | 城市生活垃圾无害化处理率（%） | $C_{34}$ | 正指标 | 0.0739 |
| | | 万元 GDP 能耗降低率（%） | $C_{35}$ | 负指标 | 0.0546 |
| | | 社会资源与环境指数（分） | $C_{36}$ | 正指标 | 0.0479 |
| | 资源治理防护 $B_4$ （0.1118） | 人均造林面积（公顷/人） | $C_{41}$ | 正指标 | 0.0407 |
| | | 地质灾害防治投资占 GDP 比重（%） | $C_{42}$ | 正指标 | 0.0325 |
| | | 环境污染治理投资占 GDP 比重（%） | $C_{43}$ | 正指标 | 0.0386 |
| | 公共管理保障 $B_5$ （0.1508） | 每万人中环保机构人数（人） | $C_{51}$ | 正指标 | 0.0374 |
| | | 环境监测经费投入占 GDP 比重（%） | $C_{52}$ | 正指标 | 0.0325 |
| | | 互联网普及率（%） | $C_{53}$ | 正指标 | 0.0444 |
| | | 公共服务与保障指数（分） | $C_{54}$ | 正指标 | 0.0365 |

# 4.5 基于模糊综合评价法的
# 生态灾害风险综合评价

在上节计算确定的各指标权重基础上，再根据模糊综合评价法的相应步骤对中国各地区的生态灾害风险进行评估，以期得到各准则层的风险度及最终各地区的生态灾害风险度。

## 1. 构建因素集 $U$

首先需要确定评估对象集 $P$，这里 $P$ = 地区生态灾害风险。在此基础上再建立评估因子集 $U$，即设 $U = \{U_1, U_2, U_3, \cdots, U_k\}$ 为各评价指标的集合。对于生态灾害风险，其由几个单一的风险评估指标构成总的评估因子论域集 $U$，它们满足 $\bigcup_{i=1}^{k} U_i = U$，$U_i \cap U_j = \varnothing (i \neq j)$。则本节的因素集 $U$ 可分为三层：

第一层为：

$$U = \{u_1, u_2, u_3, u_4, u_5\}$$
$$= \{自然资源禀赋，灾害致灾损失，人居生态环境，$$
$$资源治理防护，公共管理保障\} \qquad (4-11)$$

每个单一的因素 $U_i(k=1, 2, \cdots, k)$ 又由 $k_n$ 个低一层次的评价因子构成。由此，按照准则层的有关原则进行层级式指标构建，最终建成一个富有层次结构的因素模型，其中 $U_k = \{u_{k1}, u_{k2}, u_{k3}, \cdots, u_{kn}\}$。

第二层为：

$u_1 = \{u_{11}, u_{12}, u_{13}, u_{14}, u_{15}, u_{16}\}$；

$u_2 = \{u_{21}, u_{22}, u_{23}\}$；

$u_3 = \{u_{31}, u_{32}, u_{33}, u_{34}, u_{35}, u_{36}\}$；

$u_4 = \{u_{41}, u_{42}, u_{43}\}$；

$u_5 = \{u_{51}, u_{52}, u_{53}, u_{54}\}$

### 2. 确定决断集 $V$

其次需要确定决断集 $V$。本课题的研究是针对中国 30 个省级行政区展开，共包括 4 个直辖市、不包括台湾及香港特别行政区、澳门特别行政区在内的 22 个省和剔除掉西藏自治区的 4 个自治区。因此，相应的本研究的决断集 $V$ 由 30 个地区组成。

### 3. 确立权系数矩阵 $A$

在模糊综合评价中，还需要确定评价因素的权向量：$A = (a_1, a_2, a_3, \cdots, a_n)$。权系数矩阵 $A$ 中的元素 $a_i$ 本质是因素 $u_i$ 对模糊子 $\{$ 对被评事务重要的因素 $\}$ 的隶属度。本研究借用灰色关联度法确定了评价指标间的相对重要性，进而通过归一化转化为了权系数，即 $\sum\limits_{i=1}^{p} a_i = 1$ （$a_i \geqslant 0$，$i = 1, 2, \cdots, n$），见表 4 - 4。

### 4. 构造评判矩阵 $R$

首先要对因素集中的单因素 $u_i$（$i = 1, 2, 3, \cdots, m$）进行单因素评判，从因素 $u_i$ 考虑确立抉择等级的隶属度为 $r_{ij}$，得到第 $i$ 个因素 $u_i$ 的单因素评判集：$r_i = (r_{i1}, r_{i2}, \cdots, r_{in})$。$m$ 个单因素的评价集构成了一个总的评判矩阵 $R$。即每个被评价对象确定了从 $U$ 到 $V$ 的模糊关系 $R$，此矩阵为：

$$R = (r_{ij})_{m \times n} = \begin{bmatrix} r_{11} & r_{12} & r_{13} & r_{14} \\ r_{21} & r_{22} & r_{23} & r_{24} \\ r_{31} & r_{32} & r_{33} & r_{34} \\ r_{41} & r_{42} & r_{43} & r_{44} \end{bmatrix}, (i = 1, 2, \cdots, m; j = 1, 2, \cdots, n)$$

其中，$r_{ij}$ 表示从因素 $u_i$ 考虑，该评判对象能被评为 $v_j$ 的隶属度。本研究以国内 30 个省份为评判对象，模糊关系用 $R$ 表示，$u$ 与 $v$ 所具有的模糊关系程度即记为 $u_R(\tilde{u}_i, v_j) = r_{ij} \in [0, 1]$。

## 5. 分层进行综合评判

对上述模糊模型的权系数矩阵 A 与评判矩阵 R 进行模糊乘积运算，如式 (4 – 12) 所示

$$B = A \circ R \qquad\qquad (4 – 12)$$

式 (4 – 12) 中，$B$ 为模糊评判集，"$\circ$" 为合成算子，本文所采用的合成算子为 $M(\cdot, +)$。随后采用自上而下的方法展开计算，首先从指标层开始计算，进而求得准则层的风险度，最终即可得各地区的生态灾害风险度，各地的生态灾害风险度得分及其下各准则层的得分如表 4 – 5 所示。

表 4 – 5　　　　　　中国各省区市生态灾害风险评价结果

| 省区市 | 自然资源禀赋 | 灾害致灾损失 | 人居生态环境 | 资源治理防护 | 公共管理保障 | 生态灾害风险 |
|---|---|---|---|---|---|---|
| 北京 | 0.1837 | 0.1922 | 0.5480 | 0.5261 | 0.7483 | 0.1859 |
| 浙江 | 0.1777 | 0.1883 | 0.5310 | 0.5203 | 0.7190 | 0.1807 |
| 广东 | 0.1878 | 0.1835 | 0.5313 | 0.5021 | 0.7131 | 0.1793 |
| 福建 | 0.1766 | 0.1905 | 0.5225 | 0.5136 | 0.7105 | 0.1780 |
| 海南 | 0.1667 | 0.1856 | 0.5209 | 0.5242 | 0.7104 | 0.1775 |
| 广西 | 0.1671 | 0.1809 | 0.5151 | 0.5163 | 0.6991 | 0.1756 |
| 江苏 | 0.1727 | 0.1902 | 0.5289 | 0.5043 | 0.7046 | 0.1755 |
| 上海 | 0.1719 | 0.1896 | 0.5159 | 0.4943 | 0.7015 | 0.1750 |
| 重庆 | 0.1736 | 0.1826 | 0.5164 | 0.4970 | 0.7060 | 0.1748 |
| 天津 | 0.1680 | 0.1877 | 0.5187 | 0.4948 | 0.6941 | 0.1729 |
| 江西 | 0.1736 | 0.1707 | 0.5046 | 0.4969 | 0.6812 | 0.1723 |
| 安徽 | 0.1657 | 0.1809 | 0.5116 | 0.5027 | 0.6861 | 0.1718 |
| 四川 | 0.1715 | 0.1846 | 0.5099 | 0.4980 | 0.6899 | 0.1718 |
| 山东 | 0.1770 | 0.1713 | 0.5051 | 0.4816 | 0.6829 | 0.1711 |
| 云南 | 0.1656 | 0.1773 | 0.5005 | 0.5062 | 0.6856 | 0.1711 |

续表

| 省区市 | 自然资源禀赋 | 灾害致灾损失 | 人居生态环境 | 资源治理防护 | 公共管理保障 | 生态灾害风险 |
|---|---|---|---|---|---|---|
| 贵州 | 0.1652 | 0.1754 | 0.5036 | 0.5016 | 0.6884 | 0.1709 |
| 新疆 | 0.1606 | 0.1806 | 0.4964 | 0.4965 | 0.6966 | 0.1697 |
| 河北 | 0.1661 | 0.1750 | 0.4951 | 0.4832 | 0.6791 | 0.1689 |
| 河南 | 0.1699 | 0.1605 | 0.4871 | 0.4754 | 0.6663 | 0.1686 |
| 青海 | 0.1633 | 0.1637 | 0.4971 | 0.4822 | 0.6814 | 0.1684 |
| 内蒙古 | 0.1827 | 0.1578 | 0.4778 | 0.4706 | 0.6766 | 0.1683 |
| 陕西 | 0.1667 | 0.1653 | 0.4833 | 0.4766 | 0.6653 | 0.1663 |
| 湖北 | 0.1639 | 0.1534 | 0.4813 | 0.4720 | 0.6570 | 0.1659 |
| 辽宁 | 0.1700 | 0.1613 | 0.4750 | 0.4634 | 0.6622 | 0.1654 |
| 甘肃 | 0.1651 | 0.1579 | 0.4796 | 0.4669 | 0.6687 | 0.1650 |
| 黑龙江 | 0.1692 | 0.1764 | 0.4842 | 0.4715 | 0.6592 | 0.1648 |
| 湖南 | 0.1649 | 0.1430 | 0.4663 | 0.4605 | 0.6436 | 0.1634 |
| 山西 | 0.1580 | 0.1634 | 0.4682 | 0.4638 | 0.6601 | 0.1620 |
| 宁夏 | 0.1661 | 0.1614 | 0.4710 | 0.4553 | 0.6556 | 0.1611 |
| 吉林 | 0.1676 | 0.1422 | 0.4384 | 0.4259 | 0.6199 | 0.1555 |

## 4.6　全国地区生态灾害风险的差异性分析

据表 4-5 可见，北京的综合得分位居第一，吉林位于末位。位居前列的区域分别为北京、浙江、广东、福建和海南，而吉林、宁夏、山西、湖南和黑龙江则相对较差，其他地区处于中游水平。现选出我国生态灾害风险综合表现最好的北京市、处于中位的贵州省及位列末位的宁夏回族自治区、吉林省进行对比。为了便于直观了解这四个省区市在自然资源禀赋、灾害致灾损失、人居生态环境、资源治理防护及公共管理保障方面各自的表现，将相关数据整合于图 4 – 3。

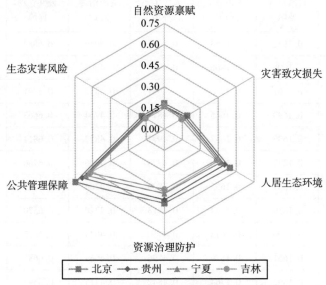

图 4 – 3　中国各省区市生态灾害风险差异性雷达

# 4.7　本　章　小　结

　　本章主要研究灾害风险影响因素及评价体系构建。研究表明，中国生态灾害风险主要受地理自然条件、区域经济维度、社会管理程度等方面的影响。不同地区的自然资源与地理环境、经济发展水平都存在较大的差异，自然灾害的敏感性和脆弱性亦不同。如果突发的自然灾害与社会、经济和环境的脆弱性相叠加，灾害风险随之增加。因此，影响生态灾害的因素归根结底为自然因素和社会因素，两者相互影响共同决定了灾害的后果。目前，生态灾害风险的评价研究一般以污染物和区域为研究对象构建客观系统的评估指标体系，主要方法包括基于风险损失的数理统计法、基于风险因子的指标评估法和基于风险机理模型分析法。本章将模糊集理论与灰色关联分析相结合建立方案排序模型，用灰色模糊综合评判法对我国的生态灾害风险进行定性和定量分析，结果发现部分地区在单项指标上表现相对优异，但综合得分却差强人意。我国生态灾害的高风险区域主要位于北部和中部地区；中风险区域分布在南部地区，集中于西南和东南沿海地区；轻风险区域为北京和浙江地区。我国的生态灾害风险总体处于中风险，各省市风险程度存在较大差异。由于南部区域在自然资源禀赋、人居生态环境、资源治理防护水平较高，导致北部及中部区域生态灾害风险程度普遍高于南部区域。

第5章

# 生态巨灾风险主体风险
# 感知与行为特征分析

行为经济学研究表明，行为主体的有限理性和认知能力将导致主体形成系列特殊的认知偏差，进而影响主体的行为决策[①]。生态巨灾风险情境下，风险主体的风险感知与行为选择倾向具有怎样的显著特征？传统预期效用理论和决策理论难以作出科学解释。生态巨灾风险管理机制的科学设计和制度建设，要依赖于微观行为主体风险偏好与行为选择的有效分析。本章基于风险主体的风险感知与行为认知理论，运用调查研究和案例方法设计巨灾场景，验证生态巨灾风险下风险主体采取的风险偏好和行为选择倾向。

## 5.1 生态风险感知指标体系的构建

### 5.1.1 指标体系的构成

#### 1. 指标选取依据

通过前面文献综述梳理我们得知，目前针对巨灾风险感知的量化研究

① Battaglio R., Belardine P., Bellé D. & Cantarelli P. Behavioral Public Administration ad fontes: A Synthesis of Research on Bounded Rationality, Cognitive Biases, and Nudging in Public Organizations. Public Administration Review, 2019, 79 (3): 304-320. DOI: 10.1111/puar.12994.

尚存不足，为后续研究提供了研究空间。借鉴李华强等①、孟博等②、王书霞③、周志刚等④对于巨灾风险感知的分析，特别是关于风险感知的指标选取以及风险感知指标体系的构建，从巨灾知识、风险态度、风险行为以及所处环境四个维度对巨灾风险感知进行分析。由于风险感知研究更多考量的是风险主体的主观心理特征，在指标构建与选取时需要依赖于数据的可获得性。因此，依据风险感知相关的理论基础和课题组有关生态巨灾风险感知的调研数据。基于生态巨灾风险感知的综合分析，本课题在前述基础上构建了生态巨灾风险感知的维度框架，具体见图 5 - 1。

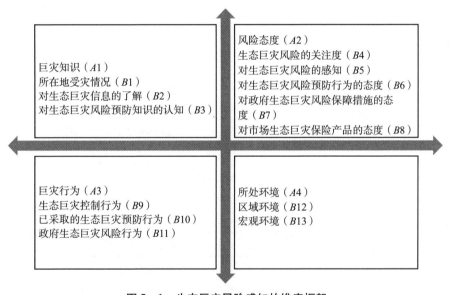

**图 5 - 1　生态巨灾风险感知的维度框架**

　　① 李华强，范春梅，贾建民，等. 突发性灾害中的公众风险感知与应急管理——以"5·12"汶川地震为例 [J]. 管理世界，2009（6）：52 - 60.

　　② 孟博，刘茂，李清水，等. 风险感知理论模型及影响因子分析 [J]. 中国安全科学学报，2010（10）：61 - 68.

　　③ 王书霞. 秦岭暴雨灾害游客风险感知能力评价指标体系研究 [D]. 西安：陕西师范大学，2014.

　　④ 周志刚. 地震保险购买意愿研究 [D]. 成都：西南财经大学，2014.

## 2. 指标具体构成

本课题组构建的生态巨灾风险感知指标体系共分为三级指标，其中的一级指标是巨灾知识、风险态度、风险行为和所处环境四个维度。二级指标是巨灾知识、风险态度、风险行为分别构建了 3 项相关的二级指标，对所处环境分解为区域环境和总体宏观环境 2 项二级指标。三级指标则是依据二级指标细化分解为 35 项。具体见表 5 - 1。

表 5 - 1  生态巨灾风险感知指标体系

| 一级指标 | 二级指标 | 三级指标 |
|---|---|---|
| 巨灾知识（$A1$） | 所在地受灾情况（$B1$） | 所在地区发生重大灾害的频率（$C1$） |
| | | 所在地影响最严重的灾害（$C2$） |
| | 生态巨灾信息的了解（$B2$） | 对生态巨灾的关注度（$C3$） |
| | | 获取生态巨灾信息的渠道（$C4$） |
| | | 对生态巨灾损失程度影响因素的认识（$C5$） |
| | 生态巨灾风险的预防认知（$B3$） | 生态巨灾损失的经济损失责任人（$C6$） |
| | | 对生态巨灾政策的了解（$C7$） |
| | | 是否了解"巨灾保险"产品（$C8$） |
| 风险态度（$A2$） | 生态巨灾风险的关注度（$B4$） | 对生态巨灾风险信息的敏感度（$C9$） |
| | | 对生态巨灾安全环境的关注度（$C10$） |
| | | 对生态巨灾安全环境的态度（$C11$） |
| | 对生态巨灾风险管理的感知（$B5$） | 对生态巨灾风险管理紧迫性的认识（$C12$） |
| | | 对不同成因生态巨灾的感知（$C13$） |
| | | 对生态巨灾风险管理和建设责任者的理解（$C14$） |
| | | 生态巨灾风险管理的影响因素认知（$C15$） |
| | 对生态巨灾风险预防行为的态度（$B6$） | 是否愿意参与生态环保活动（$C16$） |
| | | 对可能产生巨灾风险行为的态度（$C17$） |
| | 对政府生态巨灾风险保障措施的态度（$B7$） | 对政府生态巨灾风险管理的需求（$C18$） |
| | | 最需要的政府巨灾风险管理政策（$C19$） |

续表

| 一级指标 | 二级指标 | 三级指标 |
|---|---|---|
| 风险态度 (A2) | 对政府生态巨灾风险保障措施的态度 (B7) | 对当前政府的生态风险安全管理的满意度 (C20) |
| | | 政府生态巨灾风险保障措施的需求 (C21) |
| | 对市场生态巨灾保险产品的态度 (B8) | 对当前市场上的保险产品的满意度 (C22) |
| | | 巨灾保险种类的需求 (C23) |
| 风险行为 (A3) | 生态巨灾预期行为 (B9) | 面对生态巨灾风险采取的措施 (C24) |
| | | 预期的生态巨灾的预防方式 (C25) |
| | 已采取的生态巨灾预防行为 (B10) | 是否采取了生态巨灾风险预防工作 (C26) |
| | | 是否购买过巨灾保险类产品 (C27) |
| | 政府生态巨灾风险行为 (B11) | 所在地政府部门是否有过巨灾预报 (C28) |
| | | 所在地政府部门的救灾效率 (C29) |
| 所处环境 (A4) | 区域环境 (B12) | 对所在地生态环境的满意度 (C30) |
| | | 所在地生态环境的破坏程度 (C31) |
| | | 所在地生态环境的变化趋势 (C32) |
| | | 周边人群对生态巨灾安全的态度 (C33) |
| | 宏观环境 (B13) | 地政府当前生态风险管理现状 (C34) |
| | | 当前的巨灾保险等产品是否能满足市场需求 (C35) |

## 5.1.2　指标的详细解读

本节将详细解读生态巨灾风险感知指标体系中的一级指标，同时详细阐释构成二级指标的设定依据和具体内容。

### 1. 生态巨灾知识指标解读

生态巨灾知识指标的细化依据主要是所在地的受灾情况以及对生态巨灾信息，生态巨灾风险预防的了解。生态巨灾知识一级指标下分为所在地受灾情况、生态巨灾信息的了解和生态巨灾的预防认知三个二级指标。

（1）所在地受灾情况。

所在地受灾情况会影响当地居民对于生态巨灾知识的获取需求以及了解学习生态巨灾知识的外部环境。对于频繁发生灾害的地区或者曾经发生过较为严重巨灾的地区，当地的政府以及社会机构将会发布更多的生态巨灾知识以及建立更加全面的生态巨灾知识普及体系，这将更加利于生态巨灾知识在当地的传播。同时，因为频繁发生生态巨灾或者遭受严重灾害后，人们将会更加主动地去获取生态巨灾知识。

（2）生态巨灾信息的了解。

生态巨灾信息的了解主要是反映对生态巨灾信息相关知识的了解情况。生态巨灾信息的了解由三个三级指标构成，分别是对生态巨灾的关注度、获取生态巨灾信息的渠道以及对生态巨灾损失程度的影响因素的认识。生态巨灾的关注度会反映调查对象对于生态巨灾信息的了解意愿，获取巨灾信息的渠道会影响到调查对象了解学习生态巨灾知识的能力。对生态巨灾损失程度的影响因素的认识反映调查对象对巨灾破坏力的了解情况。

（3）生态巨灾风险的预防认知。

生态巨灾风险的预防认知指标反映调查对象对生态巨灾风险的预防信息、生态巨灾风险管控措施、生态巨灾风险补偿渠道的了解度。包括三个三级指标，分别为生态巨灾经济损失责任人的认识、对生态巨灾政策的了解以及是否了解"巨灾保险"产品。

**2. 风险态度指标解读**

风险态度维度指调查对象对生态巨灾风险预防和控制的态度，由生态巨灾风险的关注度、生态巨灾风险的感知、生态巨灾风险预防行为的态度、对政府生态巨灾风险保障措施的态度和对市场生态巨灾保险产品的态度五个二级指标构成。

（1）生态巨灾风险的关注度。

生态巨灾风险的关注度指标由对生态巨灾风险信息的敏感度、生态巨灾安全环境的关注度及对生态巨灾安全环境的态度 3 项三级指标构成，反映调查对象对于生态巨灾风险的关注程度。对生态风险关注度越高，往往其对生态巨灾的关注度也越高。

（2）生态巨灾风险的感知度。

对生态巨灾风险的感知反映了调查对象对可能发生的生态巨灾风险的感知度，具体又分为生态巨灾风险管理紧迫性的认识、对不同成因生态巨灾的感知、对生态巨灾风险管理和假设责任者的理解、生态巨灾风险管理的影响因素的认知四个三级指标。对生态巨灾风险的感知度将会影响到对生态巨灾风险的态度，感知越强烈，对生态巨灾风险的态度也更加积极。

（3）对生态巨灾风险预防行为的态度。

对生态巨灾风险预防行为的态度，这一指标反映对于生态巨灾风险预防行为的态度。由参与生态安全保护活动和对可能产生巨灾风险行为的态度构成。前者是指对于政府或社会组织的生态安全保护活动的态度和参与意愿，后者是反映对他人做出的可能会导致发生生态巨灾行为的态度。

（4）对政府生态巨灾风险保障措施的态度。

这一指标由四个三级指标构成，分别为对政府生态巨灾风险管理的需求、最需要的政府巨灾风险管理政策、对当前政府生态巨灾风险管理的满意度和政府生态巨灾风险保障措施的需求。该指标反映的是调查对象对于政府采取的生态巨灾风险管理措施的态度以及对于政府生态巨灾风险管理措施的预期和期望。

（5）对市场生态巨灾保险产品的态度。

该二级指标是反映调查对象对目前资本市场上针对生态巨灾的保险产品的态度，包括对目前市场上保险产品的满意度和对生态巨灾保险产品的需求。

### 3. 风险行为指标解读

风险行为维度指标是针对生态巨灾风险采取的风险行为，包括反映调查对象个人的生态巨灾风险控制的预期行为、已采取的生态巨灾预防行为和所在地政府采取的生态巨灾预防行为。

（1）生态巨灾的预期行为。

生态巨灾风险预期行为指标是反映调查对象对未来可能发生的生态巨灾预期会采取的风险控制行为。包括对生态巨灾风险的控制措施和预期的生态巨灾预防方式。

（2）已采取的生态巨灾预防行为。

该指标用于衡量调查者个人对于生态巨灾风险已经采取的措施，由是否采取了生态巨灾风险预防工作、是否购买了保险类产品两个维度分别反映调查者个人对于可能发生的巨灾风险已经采取的预防措施。

（3）政府生态巨灾风险管理行为。

政府生态巨灾风险管理行为指调查者所在地政府的行政管理部门对当地生态巨灾风险采取的生态巨灾风险管理行为。政府生态巨灾风险管理行为由两个环节构成，分别是生态巨灾风险的预防行为和灾后的救援救助处置。

### 4. 所处环境指标解读

所处环境维度指标反映调查对象所处的宏观环境和区域环境。所处环境的情况会在很大程度上影响调查对象对生态巨灾的风险感知程度。处于整体风险控制较好环境下的调查对象，其风险感知也会更加强烈。

（1）宏观环境。

宏观环境主要从两个方面进行分析，分别为政府当前生态风险管理的情况和目前资本市场生态巨灾保险等风险相关产品与调查对象需求的契合度以及是否能满足需求。

（2）区域环境。

区域环境主要是指与调查对象直接相关的周边生活环境，分为对所在地生态环境的满意度、所在地生态环境的破坏程度、所在地生态环境的变化趋势和周边人群对生态巨灾风险管理的态度。反映调查对象对所处环境的态度以及所在区域的巨灾风险管理环境。

## 5.1.3　指标权重的确定

### 1. 指标权重的确定方法

为了保证所构建的指标的科学性和理性，同时保持各个指标重要性程度的客观性，本节选用熵值法确认各个指标的权重。

（1）熵值法的基本原理。

熵值法在计算指标权重的过程中是基于现有数据通过数学运算实现的，而不掺杂主观成分。因此，与其他计算权重的方法相比，采用熵值法计算的权重不仅更为客观，也更加贴合实际的数据情况。

熵值法最早来源于信息论，信息论首次提出信息熵概念。信息论认为，熵是对不确定性的度量，是信息源中平均信息量的反映，用于衡量信息系统的无序程度。因此，信息量越大，不确定性就越小，熵也就越小；反之，信息量越小，不确定性越大，熵也越大。其计算公式如下

$$H(p) = -\sum_{i=1}^{n} p_i \ln p_i \tag{5-1}$$

（2）熵值法计算步骤。

步骤一：数据标准化。

因为问卷调查的结果数据之中，不同指标表示的含义、属性和计量的量纲不一样，因而不能直接使用原始数据进行计算，否则会导致算法错误，无法反映数据之间的重要性程度。因此，课题组在使用数据计算前，先按照通常的数据处理方法，对数据进行标准化处理，以消除数据量纲不同导致的计算误差。课题借鉴了初颖等[①]、高畅[②]的处理方式，使用对指标数量和分布限制较为宽松的极值法对问卷调查数据进行标准化处理。

具体的处理方法为：假设本次问卷调查共计收集了 $j$ 个（本书实际为

---

① 初颖，吕堂红. 基于极值法和聚类分析法的测井曲线自动分层模型——以山东省胜利油井为例［J］. 长春理工大学学报（自然科学版），2017，40（6）：105–110.

② 高畅，刘涛，李群. 科普发展综合评价方法研究［J］. 数学的实践与认识，2019（18）.

7 个，分别为东北地区、华北地区、华东地区、华南地区、华中地区、西北地区、西南地区）区域的原始数据，每个区域共计 $i$ 个三级指标（本书共计 35 个），$X$ 表示所有收集到的各个区域各指标的实际值的集合，用 $x_{ij}$ 表示第 $j$ 个区域的第 $i$ 个指标的实际值，据此构建了原始数据矩阵

$$X = \begin{bmatrix} x_{11} & \cdots & x_{1j} \\ \vdots & \ddots & \vdots \\ x_{i1} & \cdots & x_{ij} \end{bmatrix}$$

数据标准化方式为

$$C_{ij} = (x_{ij} - \min x_{ij}) / (\max x_{ij} - \min x_{ij}), \ (i = 1, \ 2, \ \cdots, \ i; \ j = 1, \ 2, \ \cdots, \ j)$$

$$(5-2)$$

式（5-2）中，$\max x_{ij}$ 表示为第 $j$ 项指标中的不同地区数据中的最大值，$\min x_{ij}$ 表示为第 $j$ 项指标中的不同地区数据中的最小值。$C_{ij}$ 表示第 $x_{ij}$ 项指标标准化后的数据。

步骤二：数据归一化。

在对原始数据进行标准化之后，因为在进行信息熵的计算过程中，要求计算的数据服从概率分布及对于每个指标在不同的城市群中所占比重之和为 1，因此，要对标准化处理后的数据进行归一化处理，处理方式如下

$$P_{ij} = \frac{C_{ij}}{\sum_1^j C_{ij}}, \ (i = 1, \ 2, \ 3, \ \cdots)$$

$$(5-3)$$

步骤三：确定信息熵。

在完成数据的归一化处理后，根据新的指标矩阵 $P$，进一步通过信息熵的计算公式确定每个指标的信息熵，以下一步的计算。信息熵的计算公式为

$$e_i = -k \sum_1^j p_i \ln p_i, \ (i = 1, \ 2, \ \cdots)$$

$$(5-4)$$

为了使得 $e_i \in [0, \ 1]$，且因为信息熵在 $P_i$ 属于均匀分布，因此 $k = 1/\ln j$。同时，因为 $\ln 0$ 无法计算，因此根据以往文献中熵值法的处理方式，当 $P_i = 0$ 时，$p_i \ln p_i = 0$。

步骤四：确定信息系数。

根据熵值法的应用原理，信息熵越大则可用的信息越少，因此需要通过计算信息熵来确定各个指标的信息系数，通过信息系数来对各个指标的重要程度进行度量。信息系数的计算方式为

$$d_i = 1 - e_i, \ (i = 1, \ 2, \ \cdots) \qquad (5-5)$$

式（5-5）中，$d_i$ 表示第 $i$ 个指标的信息系数，该值越大则表示这一指标在风险感知评价指标体系中的作用越大，熵值越小。

步骤五：确定指标权重。

在计算获得各个指标的信息系数之后，根据熵值法权重计算的方式，来计算各个指标的权重，计算方式如下

$$W_i = \frac{d_{ij}}{\sum_1^j d_{ij}}, \ (i = 1, \ 2, \ 3, \ \cdots) \qquad (5-6)$$

式（5-6）中，$W_i$ 表示第 $i$ 个指标在所有指标中的权重。

## 2. 各维度指标权重计算

（1）一级指标权重（见表 5-2）。

表 5-2　　　　　　　　　　　　　一级指标权重

| 一级指标 | 一级指标权重 | 二级指标 | 二级指标权重 |
|---|---|---|---|
| 巨灾知识 | 0.2255 | 所在地受灾情况 | 0.0561 |
| | | 生态巨灾信息的了解 | 0.0853 |
| | | 生态巨灾风险的预防认知 | 0.0842 |
| 风险态度 | 0.4321 | 生态巨灾风险的关注度 | 0.0883 |
| | | 对生态巨灾风险的感知 | 0.1172 |
| | | 对生态巨灾风险预防行为的态度 | 0.0565 |
| | | 对政府生态巨灾风险保障措施的态度 | 0.1136 |
| | | 对市场生态巨灾保险产品的态度 | 0.0565 |

| 一级指标 | 一级指标权重 | 二级指标 | 二级指标权重 |
|---|---|---|---|
| 风险行为 | 0.1710 | 生态巨灾风险预期行为 | 0.0567 |
| | | 已采取的生态巨灾预防方式 | 0.0568 |
| | | 政府生态巨灾风险行为 | 0.0575 |
| 所处环境 | 0.1714 | 区域环境 | 0.1139 |
| | | 宏观环境 | 0.0575 |

在五项一级指标中，风险态度在风险感知指标中所占权重最高，为43.21%，即调查者的风险态度最大限度上决定了调查者的风险感知程度，其后分别为巨灾知识22.55%，所处环境17.14%，风险行为17.10%。在十三项二级指标中，调查者对生态巨灾风险的感知在生态巨灾风险感知指标中占比为11.72%，权重最大，原因主要是对生态巨灾风险的感知意愿越强烈，其风险感知度也就越明显。其次为对政府生态巨灾保障措施的态度，这一结果说明在政府对生态巨灾风险的保障措施的完善程度在很大程度上决定了调查者对生态巨灾风险的感知。

（2）巨灾知识维度（见表5-3）。

表5-3　　　　　　　　　　巨灾知识维度指标权重

| 一级指标 | 二级指标 | 二级指标权重 | 三级指标 | 三级指标权重 |
|---|---|---|---|---|
| 巨灾知识 | 所在地受灾情况 | 0.0561 | 所在地区发生重大灾害的频率 | 0.0272 |
| | | | 所在地影响最严重的灾害 | 0.0289 |
| | 生态巨灾信息的了解 | 0.0853 | 对生态巨灾的关注度 | 0.0281 |
| | | | 获取生态巨灾信息的渠道 | 0.0291 |
| | | | 对生态巨灾风险损失程度的影响因素的认识 | 0.0281 |

续表

| 一级指标 | 二级指标 | 二级指标权重 | 三级指标 | 三级指标权重 |
|---|---|---|---|---|
| 巨灾知识 | 生态巨灾风险的预防认知 | 0.0842 | 生态巨灾损失的经济损失责任人 | 0.0279 |
| | | | 对生态巨灾政策的了解 | 0.0275 |
| | | | 是否了解"巨灾保险"产品 | 0.0287 |

从以上巨灾知识维度权重表我们可以发现，巨灾知识维度下的三级指标中，权重最高，最为重要的指标为获取巨灾信息的渠道，占总风险感知能力的权重为 2.91%，主要当获取巨灾信息的渠道越多，越容易获取到巨灾知识。其次为所在地受到过的最严重的灾害，占总风险感知能力的比重为 2.89%。三项二级指标中，对生态巨灾信息的了解维度所占权重最高，占比为 8.53%。

### 3. 风险态度维度

通过表 5 - 4 可知，在风险态度维度下的三级指标中，占比最高的为生态巨灾风险管理紧迫性的认识，占所有风险感知指标的 3.13%，当对生态巨灾风险管理的紧迫性的认识越充分，越能反映出对巨灾风险的态度。其次为对生态巨灾风险信息的敏感性，占比为 3.02%。在二级指标中，占比最高的为对生态巨灾风险的感知，原因为对生态巨灾风险的感知越强烈，对生态巨灾风险的态度也就越积极。

**表 5 - 4　　　　　　　　风险态度维度指标权重**

| 一级指标 | 二级指标 | 二级指标权重 | 三级指标 | 三级指标权重 |
|---|---|---|---|---|
| 风险态度 | 生态巨灾风险的关注度 | 0.0883 | 对生态巨灾风险信息的敏感度 | 0.0302 |
| | | | 对生态巨灾安全环境的关注度 | 0.0291 |
| | | | 对生态巨灾安全环境的态度 | 0.0290 |
| | 对生态巨灾风险的感知 | 0.1172 | 生态巨灾风险管理紧迫性的认识 | 0.0313 |
| | | | 对不同成因生态巨灾成因的感知 | 0.0290 |

续表

| 一级指标 | 二级指标 | 二级指标权重 | 三级指标 | 三级指标权重 |
|---|---|---|---|---|
| 风险态度 | 对生态巨灾风险的感知 | 0.1172 | 对生态巨灾风险管理和建设责任者的理解 | 0.0287 |
| | | | 生态巨灾风险管理的影响因素认知 | 0.0283 |
| | 对生态巨灾风险预防行为的态度 | 0.0565 | 是否愿意参与生态巨灾环保态度 | 0.0279 |
| | | | 对可能产生巨灾风险行为的态度 | 0.0287 |
| | 对政府生态巨灾风险保障措施的态度 | 0.1136 | 对政府生态巨灾风险管理的需求 | 0.0287 |
| | | | 最需要的政府巨灾风险管理政策 | 0.0283 |
| | | | 对当前政府的生态风险安全管理的满意度 | 0.0282 |
| | | | 政府生态巨灾风险保障措施的需求 | 0.0283 |
| | 对市场生态巨灾保险产品的态度 | 0.0565 | 对当前市场上保险产品的满意度 | 0.0281 |
| | | | 巨灾保险种类的需求 | 0.0284 |

## 4. 风险行为维度

从表5-5可以看出，在风险行为维度指标下的三级指标中，面对生态巨灾风险采取的措施以及是否购买过巨灾保险类产品所占比重最大，两者均占所有风险感知指标的2.88%，原因是从调查对象在面对巨灾风险时采取的措施以及购买巨灾保险产品的意愿最能反映其风险行为。在风险行为下的三项二级指标中，生态巨灾风险预期行为以及已采取的生态巨灾预防方式占比均为5.68%，是调查对象风险行为的集中体现。

表 5 - 5　　　　　　　　　　风险行为维度指标权重

| 一级指标 | 二级指标 | 二级指标权重 | 三级指标 | 三级指标权重 |
|---|---|---|---|---|
| 风险行为 | 生态巨灾风险预期行为 | 0.0567 | 面对生态巨灾风险采取的措施 | 0.0288 |
| | | | 预期生态巨灾的预防方式 | 0.0279 |
| | 已采取的生态巨灾预防方式 | 0.0568 | 是否采取了生态巨灾风险预防工作 | 0.0280 |
| | | | 是否购买过巨灾保险类产品 | 0.0288 |
| | 政府生态巨灾风险行为 | 0.0574 | 所在地政府部门是否有过巨灾预报 | 0.0287 |
| | | | 所在地政府部门的救灾效率 | 0.0287 |

### 5. 所处环境维度

根据表 5 - 6 的信息，调查对象所处环境维度下的六项三级指标中，调查对象周边人群对生态巨灾安全的态度的权重最大，在所有风险感知类指标中的占比为 2.93%，其次为所在地生态环境的变化趋势，占比为 2.91%。在区域环境以及宏观环境两项二级指标中，区域环境占比最大，在所有风险感知指标中所占权重为 11.39%。

表 5 - 6　　　　　　　　　　所处环境维度指标权重

| 一级指标 | 二级指标 | 二级指标权重 | 三级指标 | 三级指标权重 |
|---|---|---|---|---|
| 所处环境 | 区域环境 | 0.1139 | 对所在地生态环境的满意度 | 0.0281 |
| | | | 所在地生态环境的破坏程度 | 0.0274 |
| | | | 所在地生态环境的变化趋势 | 0.0291 |
| | | | 周边人群对生态巨灾安全的态度 | 0.0293 |
| | 宏观环境 | 0.0575 | 地政府当前生态风险管理现状 | 0.0288 |
| | | | 当前的巨灾保险等产品是否能满足市场需求 | 0.0287 |

## 5.1.4　主体风险感知差异

由于风险感知属于心理研究范畴，课题组通过调查问卷的方式获取了关于生态巨灾风险感知的第一手数据。我国领土广袤，多种地形并存，不同区域的生态巨灾种类、影响程度以及人文传统均有较大差异。为了确保研究的科学性、全面性，尽可能全面地获取不同地区的数据，数据来源涵盖了中国的绝大部分区域，在东北地区、华北地区、华东地区、华南地区、华中地区、西北地区、西南地区共七个区域开展了问卷调查。

### 1. 调查对象基本情况

课题组通过上述途径共计收集了 877 条数据，剔除了部分问题数据以及区分度不强的数据后，共计 835 份有效问卷数据（回收率 96.30%）。下面为调查对象的基本情况，主要包括调查对象的年龄、性别、受教育程度、居住地类型以及遭受巨灾情况（见表 5-7）。

表 5-7　　　　　　　　　　调查对象基本情况

| 特征 | 分类 | 人数 | 百分比（100%） | 特征 | 分类 | 人数 | 百分比（100%） |
|---|---|---|---|---|---|---|---|
| 年龄 | 30 岁及以下 | 625 | 74.9 | 性别 | 男 | 307 | 36.8 |
| | 31~40 岁 | 114 | 13.7 | | 女 | 528 | 63.2 |
| | 41~50 岁 | 77 | 9.2 | 居住地址类型 | 城市 | 305 | 36.5 |
| | 51~60 岁 | 15 | 1.8 | | 小城镇 | 254 | 30.4 |
| | 60 岁及以上 | 4 | 0.5 | | 农村 | 276 | 33.1 |
| 受教育程度 | 小学 | 14 | 1.7 | 遭受巨灾情况 | 是 | 201 | 24.1 |
| | 初中 | 31 | 3.7 | | 否 | 634 | 75.9 |
| | 大学 | 651 | 78.0 | | | | |
| | 大专 | 63 | 7.5 | | | | |
| | 高中 | 76 | 9.1 | | | | |

### 2. 风险感知能力计算

调查对象的风险感知能力测量主要是通过计算风险感知能力的综合得分来体现。根据各题目的得分并结合指标评价体系确定的权重进行加权，

从而计算得出调查对象的生态巨灾风险感知综合得分，从而评价其风险感知能力，计算方式如下

$$S_j = \sum_1^i w_i \times P_{ij} \qquad (5-7)$$

式（5-7）中，$S_j$ 为生态巨灾风险感知综合得分，$P_{ij}$ 为各题目权重，$w_i$ 为各题目得分。

（1）性别差异与风险感知能力。

根据生态巨灾风险感知能力计算公式，结合调查问卷的统计计算结果，将风险主体按照性别进行分组。分别求得调查对象中男性与女性的平均得分，从而得到男性与女性的生态巨灾风险感知能力情况，见图 5-2。

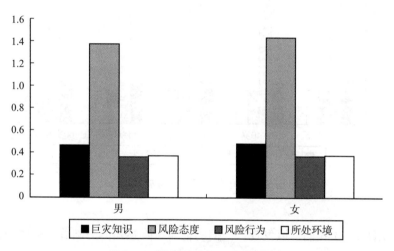

图 5-2  性别差异与风险感知能力

从图 5-2 可知，女性的总体风险感知能力较男性更强，男性调查对象的平均风险感知能力得分为 2.62，略低于女性调查对象的平均分 2.70。在巨灾知识方面，男性得分为 0.48，女性得分为 0.49。出现这一现象的原因在于女性对于可能发生的生态巨灾风险更加敏感，因此会更加主动地去了解更多的巨灾知识。风险态度方面，女性调查对象的平均得分为 1.46，而男性调查对象这一得分为 1.39，这说明女性对巨灾风险的态度更加积极。

风险行为得分上，女性为 0.37，男性为 0.36，因为女性对于巨灾风险的态度更加积极，并且掌握了更多的生态巨灾风险知识，因此其会更加积极地采取应对巨灾风险的行为。女性所处环境得分为 0.38；男性所处环境得分为 0.37，这主要是因为女性较男性更加感性，也更容易受到周边环境的影响。

（2）年龄差异与风险感知能力。

根据生态巨灾风险感知能力计算公式，计算得出不同年龄段风险主体的生态巨灾风险感知能力平均得分，具体情况见图 5-3。

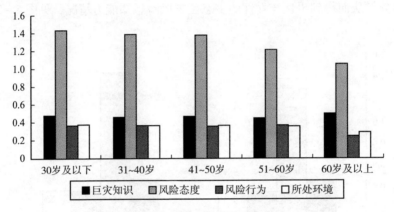

图 5-3 年龄差异与风险感知能力

由图 5-3 我们可以发现，人们的整体风险感知能力随着年龄的变化而逐渐变弱，30 岁及以下人群该值为 2.6944，而 60 岁及以上人群这一指标下降至 2.1213。此外，随着年龄的逐渐增加，风险感知变弱的变化趋势越加明显。

上升到一级指标，风险知识得分在 60 岁及以上人群中得分更高，这是因为随着年龄的增加，知识的积累也会逐渐增加。而相比之下，30 岁及以下人群在风险态度方面得分为 1.4046，远高于 60 岁及以上人群的 1.0634。这一得分表明，年龄的增加会改变对巨灾风险的态度，从而对巨灾的态度变得更加消极。同时，风险行为的变化呈现出了与风险态度相同的变化趋

势，这表明风险态度的变化，直接影响了其所采取的风险行为。而在所处
环境方面，在 30～60 岁基本保持稳定，而在 60 岁之后有比较明显的下降。

（3）受教育程度与风险感知能力。

根据生态巨灾风险感知能力计算公式，计算得出不同受教育程度人群
的生态巨灾风险感知能力平均得分，具体情况见图 5 - 4。

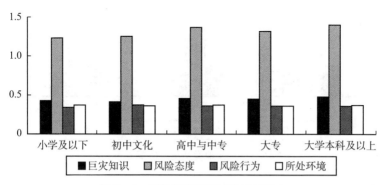

**图 5 - 4　受教育程度与风险感知能力**

从总体上看，教育程度的不同对风险主体的生态巨灾风险感知能力存
在较为显著的影响。风险主体不同受教育程度的风险感知能力，按由强到
弱进行排序为：小学及以下、大学本科及以上人群、高中与中专、初中文
化、大专人群。

上升到一级指标，巨灾知识的得分随着学历的增加而不断增加，这表
明巨灾知识的掌握与受教育程度有直接的正相关关系。而风险态度方面，
受教育程度的增加，对于风险巨灾的态度也愈加积极。伴随着受教育程度
的提升，巨灾知识的储备增加，对于生态巨灾风险产生更加明确的认识，
其风险态度也更加积极。小学及以下人群在所处环境维度得分最高，这是
导致其总得分高的主要原因。这主要是小学及以下人群受教育程度较低，
对于巨灾的认识程度不够清晰，很难形成一个清晰准确的判断，容易受到
所处环境的影响。

（4）居住地类型与风险感知能力。

根据生态巨灾风险感知能力计算公式，计算得出不同居住地类型人群的生态巨灾风险感知能力平均得分，具体情况见图5-5。

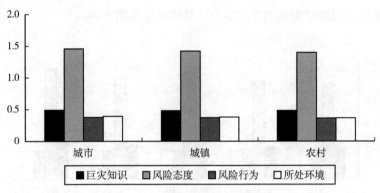

图5-5　居住地类型与风险感知能力

从总体得分看，城市、城镇以及农村的风险感知总得分依次为2.7199、2.6539和2.6118。这表明，居住条件越好的人群对于生态巨灾风险的感知会越强烈。

同样上升到一级指标上来看，城市人口在巨灾知识、风险态度、风险行为以及所处环境方面得分均高于城镇与农村人口。这是因为城市居住人口相较于其他两类人群有更多的渠道了解到巨灾知识，同时城市的巨灾风险防控体系也远远优于其他两类地区，致使城市人口对生态巨灾风险的感知更为强烈。而在城镇和农村人口的对比上，城镇居住人群在风险态度、风险行为以及所处环境方面得分均高于农村，但在巨灾知识上却落后于农村居住人群。这可能与我国近年大力推进的扶贫政策，特别是文化扶贫密切相关。在国家的大力支持下，使得居住在农村的人群相较于城市居住人群接触到了更多巨灾风险的相关知识。

（5）遭受巨灾情况与风险感知能力。

根据生态巨灾风险感知能力计算公式，计算得出是否曾经遭受过巨灾对生态风险感知能力的影响，具体情况见图5-6。

从图 5 - 6 我们可以发现，有巨灾经历的人群无论是在总体得分还是四个一级指标维度的得分上均高于无巨灾经历的人群，表明已有的巨灾经历会强化人们对巨灾风险的感知能力。造成这一现象的原因在于在遭受巨灾之后，受灾人群对巨灾风险会有一个更加直观的感知，同时其风险态度及风险知识也会相应的提升。为了应对可能会发生的生态巨灾风险，也会更加积极地去采取具有针对性的风险行为。

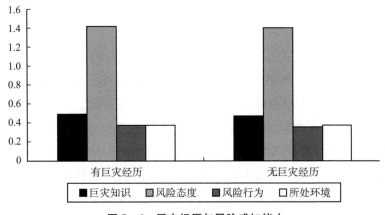

**图 5 - 6　巨灾经历与风险感知能力**

# 5.2　巨灾风险主体的风险偏好选择

生态巨灾风险具有发生概率小、产生结果高度不确定性的特点，风险感知的不同会形成不同的风险态度，进而产生不同的风险动机和行为。由于风险态度和动机不同，导致风险主体的应对行为充满主观性。人们对风险的感知会显著影响其决策过程和行为选择，现实结果表明诸多因素共同左右了人们的风险管理决策。由于风险主体的风险感知与行为决策是人们心理主观反应，难以找到合适的数据进行测量，为更真实地反映生态巨灾风险主体的行为选择，课题组采用了调查研究的方法获取数据，并进行分类统计分析。由于每个人都有可能是生态巨灾的风险主体，因此本节继续采用课题组获得的调查数据进行巨灾风险主体行为倾向的研究。调查问卷主要包含调查者基本情况、所处环境、风险态度、风险行为四个板块，共计 45 个问题。本章借鉴前景理论和行为经济学的研究框架，着重对生态巨灾风险影响下风险主体的态度和行为进行分析判定。

## 5.2.1 理论分析与模型构建

### 1. 理论分析

根据泰勒等的研究，作为单个社会个体的行为决策一般是理性的决策，即利用已有信息在多种可能方案中进行最佳选择。而决策指为实现一定目标，基于一定的信息和经验，采用科学的方法手段，通过比较分析多种可选方案，最终选定最优方案并适时修正的过程。完全理性决策论的假设前提是"理性人"，认为人不仅完全理性，还能根据掌握的信息作出价值最大化的决策。而在现实中人不可能做到完全理性，因此理性程度是决策的重要影响因素。以马奇为代表的学者认为个人存在理性，同时认为个人的能力和智慧影响理性，能借助外部组织力量提高决策理性。进而认为组织也是影响决策的重要因素，将决策行为研究从个人拓展到组织。现实渐进决策论认为，决策者面临智慧和决策信息有限的现实，以及决策的时间与成本不完全充分，因此决策仅是为应付当前，而并非改善现实。总体而言，个人的决策行为不仅受决策者自身能力的影响，同时还受决策的组织、时间和成本等外部条件制约。以弗洛伊德和帕累托为代表的非理性决策理论，立足于人的情欲分析认为，人在决策时往往受情感影响而感情用事。综合上述决策理论的观点表明，人的决策行为不仅受决策者自身的智慧和能力等主观因素限制，而且时间成本和外部环境等客观条件也影响决策行为，只是外部条件通过个人客体发挥作用。

### 2. 研究假设

基于上述理论分析，针对风险主体在面临生态巨灾时的风险偏好，本节做了四个假设。

假设（1）：风险主体存在有限理性；

假设（2）：风险主体有限理性的实现程度本质是理性与非理性选择博弈的结果，该结果会主导风险主体的风险态度；

假设（3）：风险主体积极增强对生态巨灾风险的认知和获得相关信息视为理性行为；消极应对生态巨灾风险的偏差性行为视为非理性行为；

假设（4）：风险主体的理性和非理性决策取决于个体基于大数定律的概率性选择行为。

### 3. 模型构建

借鉴卡尼曼（Kahneman）在 1979 年提出的展望理论模型，该模型反映如图 5 - 7 所示。

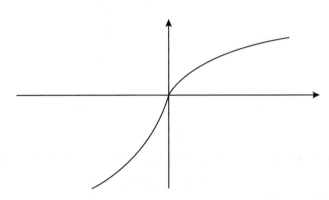

**图 5 - 7　卡尼曼和特沃斯基（Kahneman & Tverskv）的展望理论与模型**

按照展望理论的观点，风险主体评价某个事物时，总会选取一定参照物作为心理评价标准。选取的参照物假设为一个点 $Z$（设 $Z = 0$），如果未来事件产生的预期效用 $Z_0$ 大于 $Z$，则位于曲线 $S$ 的凹区域；如果 $Z_0$ 小于 $Z$，则位于曲线 $S$ 的凸区域。参照点 $Z$ 是风险主体行为选择转化的关键点。如果 $Z_0$ 大于 $Z$ 是赢项，表明风险主体行为选择时风险厌恶发挥主导。然而当未来事件的预期不确定时，风险主体就会转为风险偏好，此时为输项。不仅如此,展望理论还认为等量损失给风险主体造成的伤害,要大过等量收益给风险主体带来的愉悦,即风险主体对损失和收益的主观感受不对称。卡尼曼和特沃斯基(Kahneman & Tverskv,1992)采用幂函数描述风险决策者基于主观感受的效用函数,见式(5-8)。式(5-8)中的 $U$ 代表效用价值,$Z$ 表示相对参照点,$0 < \alpha$,$\beta < 1$ 表示敏感性递减,$\lambda > 1$ 则表示效用函数在损失区间比收益区间变化更快。

$$U(Z) = \begin{cases} (Z_0 - Z)^\alpha, & Z_0 \geqslant Z \\ -\lambda U(Z - Z_0)^\beta, & Z_0 \leqslant Z \end{cases} \tag{5-8}$$

式(5-8)显示,判定行为主体风险态度的关键是 $Z_0$ 与 $Z$ 的关系,即行为主体选择立足于赢项还是输项。根据研究假设,$Z_0$ 和 $Z$ 对比实质是行为主体理性与非理性选择相互博弈的结果。然而精确区别行为主体现实的理性与非理性相当困难,因为两者具有相容性(Becker,GS,1962),其度量也难以找到有效的计量方法。因此课题组借鉴(何大安,2005)的研究范式,构建相对抽象的数理模型,拟剖析风险主体理性与非理性行为选择的博弈过程。根据行为经济学的有关解释,风险主体的理性选择($W$)常常会受主体的认知水平、信息不确定、环境不确定(分别用 $W_1$、$W_2$、$W_3$ 表示)等因素影响;而主体的非理性选择($V$)则受非贝叶斯法则、代表性法则、从众行为、锚定效应和框架效应(分别用 $V_1$、$V_2$、$V_3$、$V_4$、$V_5$)等偏差行为影响。用公式分别表示为式(5-9)和式(5-10)。

$$W = A_1 W_1 + A_2 W_2 + A_3 W_3 + e_1 \tag{5-9}$$

$$Y = B_1 Z_1 + B_2 Z_2 + B_3 Z_3 + B_4 Z_4 + B_5 Z_5 + e_2 \tag{5-10}$$

式(5-9)和式(5-10)为抽象刻画并测度风险主体理性和非理性选择的效应函数。因为变量 $W_1$、$W_2$、$W_3$ 和 $V_1$、$V_2$、$V_3$、$V_4$、$V_5$ 均难以用具体数据计量,因此系数 $A_1$、$A_2$、$A_3$ 和 $B_1$、$B_2$、$B_3$、$B_4$、$B_5$ 也无法采用线性回归而得。其中相关变量系数一般会随着行为主体的知识信息、外部环境的变化而调整。公式中的随机变量 $e_1$ 和 $e_2$,则指影响风险主体理性与非理性选择的不确定性变量,像体制政策、社会风俗、媒体报道等。用复合函数表示就是

$$F(W, V) = V - W \qquad\qquad (5-11)$$

当 $F(W, V) > 0$ 时，则表明风险主体的选择行为从理性判断转向非理性选择。图形表现为 $Z_0 < Z$ 时，曲线 $S$ 呈现凸状，表明行为主体的风险偏好倾向占据主导；而当 $F(W, V) < 0$ 时，表明由于行为主体的心理偏差干扰，导致主体的选择行为从非理性转向理性。图形表现为 $Z_0 > Z$ 时，曲线 $S$ 呈现凹状，表明风险主体的风险厌恶倾向占据主导。

## 5.2.2　逻辑推理与调查佐证

行为经济学的预期理论将决策分析划为两个阶段。第一阶段为编辑阶段，指风险主体收集整理相关信息的阶段；第二阶段为评价或译码阶段，指风险主体解析信息和行为决策阶段。根据预期理论的两阶段分析框架，课题组对风险主体受生态巨灾风险影响下的风险态度与行为选择过程进行分析，并根据上文的调查结果进行诠释。

### 1. 生态巨灾认知和信息获取能力较低

（1）人们对生态巨灾风险的关注度较弱。

在调查对象中，虽然各个等级层次主体对环境关注度占 60% 以上，但仅 30.5% 的调查对象对居住环境变化趋势呈现积极态度；调查对象普遍对生态巨灾安全环境的关注较弱。根据调查对象对生态巨灾信息敏感程度来看，只有 29.3% 的比例较为敏感，反映出人们对生态巨灾信息的关注较为薄弱。该现象反映出风险主体对生态巨灾风险认知和信息获取的动力不足。

（2）人们采取的风险防控举措有效性较低。

本次调查发现，有 34.7% 的调查对象从来没有做过生态巨灾预防工作，仅 4.6% 的风险主体做过全面系统的巨灾预防工作；当问及遭受生态巨灾风险冲击时，有 53.6% 的人倾向于自救；在面对生态巨灾风险时人们采取听天由命、没想过等消极态度的占比 23.9%。风险主体风险态度的固化现象将加深生态巨灾"听天由命"的思想束缚，进而导致风险主体主动避灾、减灾的意愿降低。

（3）生态巨灾信息获取产生政府"强依赖"。

在调查统计的结果表明，风险主体获取生态巨灾风险信息的渠道主要包括报纸、政府宣传等，占调查总频数的66%，而这两种渠道受政府主导的影响程度较大；在影响生态巨灾风险管理的重要因素中，选择政府政策扶持、经济支持和先进科技的占比分别为29.7%、22.6%和21%；在主要应该由谁赔付生态巨灾损失中，认为政府部门应该负责的占37.4%，保险公司和公益组织占比为49.1%。政府在灾前、灾中和灾后的灾害风险管理中，不断树立的"全能"形象，极易形成风险主体对政府救灾的框架效应，强化了人们面对生态巨灾时"无作为"的思维惯性，并由此对政府的全能行为产生强依赖。框架效应和强依赖惯性极易导致社会公众的认知偏差，致使行为主体的理性选择和风险决策难以实现最优化。即使有些行为是信息不对称、认识不足等客观因素导致，但可以肯定的是风险主体缺乏动力去进行生态巨灾信息的获取和有效的风险应对管理。深层次的原因是外部环境的不确定性、生态巨灾的难预测性和暴发的低概率性，导致风险主体既没有能力也缺乏动力，去充分获取生态巨灾风险的防控信息。

### 2. 从众心理导致的行为偏差

从众心理是指风险主体面临不确定情景决策时，极易受周围其他主体的决策干扰。当个体的观点与群体冲突时，常常抛弃个体观点，将群体主流观点判别为正确而去追随。据课题组的调查统计发现，生态巨灾信息获取的渠道中亲朋好友告知被列为第二途径。现实中受各类主客观条件制约，风险主体单独依靠自身能力难以有效防控生态巨灾风险。风险主体"无作为"的风险应对行为极易引发从众效应，并在更广的群体内迅速传导扩散。当然，不可否认在生态巨灾的认知和风险应对中，行为主体的从众行为具有一定合理性，因为从众行为的确可部分弥补主体自身信息的劣势和判断的偏差。而风险决策的理论和实践表明，群体的主流观点未必都正确合理，而且个体的从众行为不一定符合效用最大化原则。从众行为导致的偏差可能使个体丧失独立判断能力，没有考虑自身需求而做出非理性选择。

### 3. 非贝叶斯法则导致的偏差

非贝叶斯法则指行为主体面对不确定性进行预期决策判断时，会产生以偏概全（Kahneman & Tverskv，1992）。具体指统计样本足够大并接近总体时，样本概率会与总体概率接近。与之相反，非贝叶斯法则指行为主体在某些场景下会将小样本概率等同于总体概率，导致以偏概全的行为偏差。灾害风险管理的现实中不排除存在非贝叶斯法则现象，如部分受教育程度较高的风险主体，不仅比较关注生态巨灾风险，也会主动采取一定的风险防范措施，如购买生态巨灾保险产品。但由于各种原因和条件限制，尽管风险主体付出了高额成本，但实际的防控效果并不理想。这种现象会扩散蔓延，导致其他风险主体产生采取风险防范措施不仅浪费金钱，也无关紧要的错觉，对生态巨灾风险采取无作为态度。其次，近年来尽管巨灾保险、巨灾债券等巨灾风险管理产品得到一定程度的应用推广，但保险中仍然存在理赔难的现象，尽管仅是极个别现象，但保险投保人非正式的信息扩散往往会击败正式媒介传播，把极少数不规范行为的典型性扩大到整个行业。现实表明，风险主体受自身能力、文化程度和外部环境等约束，极易产生以点带面的思维和行为，构成非贝叶斯法则的行为偏差。

### 4. 锚定效应和代表性法则引起的行为偏差

锚定效应偏差指风险主体对特定对象判断决策时，倾向选取一个参照点或起始点作为判断依据或参照坐标，如果选择的参照点不合理，势必导致风险主体的行为决策产生锚定效应。锚定效应导致风险主体在面临不确定性进行决策判断时，往往依据历史经验或典型特例形成某锚定值，进而参照锚定值做出行为选择。尽管决策者会根据现实情况实时做些修正，但调整范围依然局限于锚定值附近，致使决策判断时倾向于高估连续事件的概率，而低估独立事件的概率。

代表性法则指风险主体在不确定性下，更加关注事件之间的相似性，进而判断后续事件与初始事件的相似可能。锚定效应和代表性法则都会致使行为主体在风险决策时，易受历史经验和特定信息左右，导致行为偏差出现。虽然生态巨灾具有低概率性，但风险主体会通过网络、新闻等媒体获知其他地区或时期，在生态巨灾暴发时各主体的风险应对行为。我国政府主导的生态巨灾风险模式，导致社会民众在潜意识中产生政府依赖，即在生态巨灾发生后，风险主体最关心的不是受灾损失，而是灾后收益状况。栾存存（2003）研究指出，巨灾风险的发生在一定程度上对低收入群体而言可能未必是一件坏事，政府依赖的锚定效应和代表性法则致使低收入群体有巨灾风险偏好，政府依赖与损失补偿态度与赌博相似，低收入者微薄的财产类似于赌资，政府补助和灾后重建投资则是收益。由此可见，政府和社会的灾后行为会影响风险主体应对生态巨灾风险的行为决策，目前政府主导的风险管理模式在一定程度上会刺激风险主体对生态巨灾风险采取非理性选择。

用本节构建的模型来解析上述经济行为，式（5-9）中有关风险的认知、信息、环境等不确定性因素影响行为主体理性选择过程，是行为主体在风险厌恶心理状态下去展望生态巨灾风险，发挥自身能力对不确定的巨灾风险进行理性思考并选择的过程。由于信息不对称和外界环境的不确定等影响，以及行为主体对生态巨灾风险的认知能力不足，导致风险主体在决策行为选择时有限理性的实现程度偏低。风险主体决策时虽然充分发挥了有限的认知能力，但仍然可能会在后期的预期决策中受到编辑、评价阶段的外部偏差干扰，致使风险主体放弃初始认知和判断，而在最终的评价中作出非理性选择去选取捷径。

考虑外部因素分析式（5-10），考虑变量 $Y_1$、$Y_2$、$Y_3$、$Y_4$、$Y_5$ 等外部因素影响风险主体的非理性选择，否定原有的理性思考而产生行为偏差。上述例证表明风险主体面对生态巨灾风险时的行为选择，是行为经济学提出的非贝叶斯法则、代表性法则、框架效应、锚定效应和从众行为等偏差行为的一定体现。前景理论对风险主体行为选择的刻画，是采用效用价值函数 S 形曲线中的凸状区域进行说明。上述研究表明，风险主体受外界偏差性因素显著干扰而自身有限理性又较低的情况下，面对生态巨灾风险时非理性思维会主导个体的行为选择［即 $f(X, Y) > 0$］，极易出现风险偏好倾向。

## 5.2.3　风险偏好与行为选择

本节借鉴前景理论和行为经济学的分析框架，尝试分析判定行为主体在生态巨灾风险影响下的态度和行为选择，并通过实际调查予以佐证。分析结果表明，生态巨灾风险主体的风险偏好与行为选择存在以下特征。

（1）女性风险感知与行为比男性更敏感积极。风险主体的女性较男性更加感性，更容易受周边环境的影响。女性对生态巨灾风险的态度更加积极，更愿意掌握更多的生态巨灾风险知识，采取更积极的巨灾风险应对行为。

（2）随着年龄增加对巨灾态度变得更为消极。调查结果显示，随着年龄的增加会改变对风险主体对巨灾风险的态度，表现为对生态巨灾的态度变得更加消极。同时，风险行为的变化呈现出与风险态度相同的变化趋势。在青壮年时期，风险主体的风险态度与行为基本保持稳定，而在进入老年之后对巨灾风险管理的意愿明显下降。表明对低概率的生态巨灾风险事件，老年人更相信宿命。

（3）教育能提高风险主体的风险行为积极程度。随着学历和巨灾知识教育的增加，风险主体的风险感知能力不断增加，对于风险巨灾的态度和风险管理行为也愈加积极。显然，伴随着受教育程度的提升，巨灾风险主体的巨灾知识储备增加，对生态巨灾风险的个体特性、成灾原因、长期影响和损失结果等都有更加清晰明确的认识，其风险态度也更加积极。

（4）城市人口比农村的风险态度与行为更积极。尽管农村人口居住相对偏远，其居住条件和生活环境更容易遭受巨灾的实质冲击。但由于城市人口居住在基础设施相对完善的城镇，信息传播和知识获取更容易。因此，城市人口的巨灾知识储备与积累更丰富，对生态巨灾风险感知更敏感，其风险态度和风险行为均高于农村人口。

（5）遭受巨灾经历的主体风险感知与行为更主动。遭受过巨灾经历的人群比没有巨灾经历的人群风险感知能力更突出。由于风险主体在遭受生态巨灾之后，对巨灾风险有更加直观的感知，其风险知识和风险态度相应提升。为了应对可能发生的巨灾风险，也会更愿意积极去采取具有针对性的风险行为。

（6）面临巨灾风险冲击时有限理性实现程度较低。当风险主体面临生态巨灾风险突发时，行为选择中有限理性的实现程度偏低。其原因表现为受非贝叶斯法则、代表性法则、框架效应、锚定效应和从众行为等外界偏差性行为的干扰比较显著，风险主体的非理性思维很大程度上会主导个体的行为选择，易出现风险偏好倾向。

（7）政府救助与社会捐赠影响风险主体非理性行为。生态巨灾发生后，政府的全能救助和社会的无偿捐赠，作为对生态巨灾损失的常见补偿形式，不仅影响甚至一定程度替代低收入风险主体的原本收入。在补偿超预期和超原收入的情况下，低收入群体会产生巨灾风险应对的非理性行为，在一定程度上削弱了政府政策的原有初衷，导致生态巨灾管理的低效率。

# 5.3　风险主体有限理性行为分析
## ——天津大爆炸的案例研究

2015 年天津重大火灾爆炸事件的事故原因是天津滨海区天津港的瑞海国际物流公司危险品仓库违规经营，致使危险品存放过量而安全管理工作缺失，引发的特大爆炸安全事故。2015 年 8 月 12 日天津发生的重大火灾爆炸事件给当地居民生活和生态环境带来了严重破坏，成为中国历史上典型的生态巨灾事件。事故造成严重破坏区 54 万平方米，其中两次爆炸分别造成直径 15 米、深 1.1 米的和直径 97 米、深 2.7 米的爆坑，共造成 129 种化学物质发生爆炸燃烧和泄露扩散，导致 304 幢建筑物、12 428 辆商品汽车、7 533 个集装箱受损，还造成 165 人死亡、8 人失踪和 798 人受伤，以及 68.66 亿元的直接经济损失。此次事故造成大规模的基础设施、交通道路和生态环境的破坏，还造成了当地受灾群众心理层面和社会关系的破坏。

## 5.3.1　灾前安全管理缺失，责任公司反射效应明显

灾前安全管理工作的缺失不仅仅体现在外部监管部门，而企业自身的安全意识才是此次生态巨灾的真正源头。

### 1. 责任公司存在反射效应

瑞海公司经营过程中存在反射效应。当风险主体面对两种损失方案和收益方案时风险态度不同，如果是面对损失则风险主体会表现出一定的冒险精神。在面临确定的损失和“赌一下”之间选择时，风险主体往往会选择冒险“赌一下”，称为反射效应。资本市场上常常存在反射效应现象，投资者处于亏损状态，更愿意将亏损的资产持有更长时间，冒险地认为未来行情如果好转，会获得更多收益或失去最少损失。然而现实却是风险主体不甘心的冒险心理常常使其亏损越发严重，甚至深陷其中无法自拔，被严重套牢。风险主体两害相权取其重的行为选择与传统经济学中的理性人决策背道而驰。瑞海公司在经营过程中，违背理性人决策，风险管理存在典型的反射效应。

（1）冒险选址，违规建厂。

国家相关文件确规定：大中型危险化学品仓库应与周围居民建筑等保持 1 000 米以上距离。瑞海物流公司在选址上的冒险精神凸显，通过搞假的调查问卷、假的环评报告等方式隐瞒公司违规选址建厂，致使在爆炸点 1 000 米内的 5 600 多住户遭受严重损失。

（2）无视手续，违规经营。

瑞海物流公司在建厂过程中未按相关手续进行修建和违规经营。于

2013 年 3 月 16 日开始进行危险货场改造，而向有关部门申请立项规划许可却在 8 月中旬，且在同年 5 月就开展了危险货物作业和经营。

（3）管理混乱，严重违规。

瑞海公司在日常经营管理中存在严重违规。获批危化品仓库经营的正规行政许可程序耗时较长，为使企业尽快运营盈利，瑞海公司实控人于学伟利用所谓的人脉、物质等资源获取非法行政审批。瑞海物流自开始经营起，在无任何行政许可下违法违规运营近 1 年，日常操作中安全管理薄弱，存在严重的违规混存、超负荷存储、超高堆码、未进行员工安全培训以做好危险品的备案登记等前期工作情况。

## 2. 政府及中介监管机构存在确定效应

政府及中介存在确定效应，而确定效应是指面对相同的固定收益和风险条件下相同的期望收益时，风险主体往往都偏向于选择固定收益。面对两个方案：一个是"一定能 100% 获得 5 万元"，另一个是"50% 的可能获得 10 万元，50% 的可能则一无所获"，大部分人会倾向于选择前一方案——100% 获得 5 万元。两个方案的期望收益完全相同，而风险主体却倾向于选择固定收益，而不愿选择有风险但可能更多获益的方案。本次爆炸事故中，政府部门和中介机构均存在确定效应，分别表现如下。

（1）政府部门监管缺失。

在瑞海爆炸事件中天津市交委、安全监管部、市场和质量监督部、海关和天津港集团均存在着监管缺失行为。天津港集团在明知瑞海物流不具备港口危险货物作业条件，没有通过安评环评、安设验收的情况下，包庇其下属公司。在初审规划许可时天津市交通运输委员会没有严格履行监管职责，疏于对违规经营进行安全监督检查，没有发现瑞海公司违规储存和违法经营，在试运营到期后"偷天换日"，采取换证方式代替新证审批，且未公开危险品资质批复信息；天津海关、公安局和消防支队在日常检查监督中失职，未履行规定管理义务，危险品仓库的监管失察，未发现、未纠正消防安全隐患，致使事故损失和影响进一步扩大。

（2）中介机构违规欺瞒。

中介技术服务机构存在不遵守避嫌原则，违规进行安全预评价和验收评价，过程审核不严且干预专家审查的顺利开展。天津市化工设计院错误设计露天堆放危险品，违规提供设计图。火灾爆炸事故暴发后，为逃脱罪罚还组织有关人员违规修改初始设计图纸。"8·12"爆炸事故造成巨大的人员伤亡和财产损失最直接的祸根源于危化品仓库的选址错误。瑞海公司的危化品仓库作为典型的高风险集聚设施，其选址设计按照相关的审批规定，为保障选址的安全性和科学性，应有多层审批和多部门严格把关。然而政府官员的渎职致使层层把关形同虚设，民众的意见也无法向上传达直接参与决策。危化品仓库的选址按照要求至少远离居民区 1 千米，而瑞海的危化品仓库距离最近居民小区万科海港城仅 600 米。纵观国内发生的黄岛爆炸等重大化工事故，政府没有重视、中介违规设计、无视民众沟通等都成为事故诱发的重要因素。同时，由于社会民众的参与度低，降低了社会的监督程度，在一定程度上助长了中介机构的违规欺瞒。

## 5.3.2　灾中救灾工作不力，风险主体存在过度自信

过度自信是风险主体认知偏差中最突出的代表。反应不足与反应过度是过度自信的典型后果。当风险主体对某些事项形成固定思维，以及对自身获得知识信息、预测能力等充满足够信心时，新事物、新消息等外界变化也很难改变风险主体已有的决策或模式。风险主体常常高估自身经验、已获知识信息和预测能力，外部环境变化后依然固执地坚持自我、盲目决策。表现出反应不足，采取以不变应万变的被动行为。如果风险主体对新事物或外部变化极为敏感时，又对新的变化表现为过度反应。由于行为主体在决策中的过度自信，充分相信自己所获私人信息，不再注重事物的本质特征。

在瑞海公司危险品仓库起火后，天津港消防支队最先到达现场，接到

的报警电话也是说的普通火警或集装箱起火，特别是现场瑞海公司协助救援的负责人对于起火事件并未据实相告，同时并未交代清楚仓库中存放的危险品种类。在救援过程中救援队伍一开始由于大量使用水进行灭火救援，导致与水不相容的危险化学品如碱金属与水放出可燃气体，同时可燃液未得到有效控制，在水的流动下，可燃液瞬间沸腾，燃烧更剧烈，生成了沸腾液体蒸汽后爆炸，同时引发压缩气体爆炸，硝酸铵和其他硝酸盐也接着发生爆炸。风险主体的过度自信和刻意隐瞒，造成此次火灾事故不断引发次生灾害，连续剧烈爆炸加剧了灾害损失和生态危害。

### 5.3.3 参照依赖效应发酵，灾后引发公共舆情危机

#### 1. 风险主体的损失规避效应

前景理论认为，风险主体面对同等数额的损失和收益，损失敏感性要远大于收益敏感性，损失 100 元造成的伤害要远大于得到 100 元的效用，表现为损失规避的行为选择。损失规避效应表明，要用远大于损失的收益才能弥补因损失带来的伤害，所以风险主体对获得增加的效用与失去减少的效用感受不对等。因此，风险主体进行风险决策时更期望规避损失，以避免损失带来的伤害，这样的决策有可能使其错失更有利的方案。

根据事件的调查结果和博弈论视角的研究发现，天津大爆炸的直接原因源于瑞海公司自身存在有限理性，没有实施最优的风险管理。危险品仓库管理不善，集装箱内的硝化棉因湿润剂散失，出现局部干燥和积热自燃，引起公司仓库辖区内不合规的集装箱内硝化棉和其他危化品长时间、大面积燃烧，以及堆放在运抵区的硝酸铵等危化品同时爆炸。相关政府监管机构也存在的有限理性成为爆炸的间接原因，在依法审核中收受贿赂，监管不力，成为了此次化工爆炸的重要原因。调查结束后，严肃处理了事故相关责任人，24 名相关企业人员被依法立案侦查和刑事强制（瑞海 13

人，中介、技术服务机构 11 人），25 名行政监察对象被依法立案侦查和刑事强制〔正厅级 2 人、副厅级 7 人、处级 16 人；包括交运部门 9 人、海关系统 5 人、天津港（集团）5 人、安全监管 4 人和规划部门 2 人〕。此外，天津市委和市政府被通报批评，被责成同交通运输部一道向党中央、国务院作出深刻检查。

### 2. 风险主体存在参照依赖效应

风险主体在判断得失时常常会选择参照点作为对比，行为经济学家卡尼曼称为参照依赖。风险主体的偏好选择会受到参照依赖的影响，决策后不去评价决策结果本身，却看重参照点与决策结果间的差距。犹如幸福感一样，幸福感常常是比较的结果，风险主体其实不是在追求幸福，而是追求得比较幸福。得与失其实都是比较而言，人们的得与失都取决于参照点的选取不同。风险主体的决策会受自身因参照依赖效应导致的非理性主观感受影响。

天津大爆炸虽然事发深夜，当首条微博消息出现后就被短时间发酵引爆，加上多家官方媒体的报道，"8·12"大爆炸随后成为头版头条热搜。人际传播、大众传播和组织传播贯穿事件始末，多种形式的传播形成共振，推动事件舆情的深化发展。但在此次灾情中，天津市政府在处理过程中存在参照依赖的特征，官方发言人未及时与公众沟通，事故处理过程不够清晰透明，导致网络放大爆炸灾情，流言四起又加重了民众的不安情绪。政府在天津爆炸灾害的风险管理行为，暴露出政府的公信力不佳和公共危机处理能力不强等问题。在天津市政府举办的爆炸事故新闻发布会上，记者提问的问题用模糊性回答以及现场直播部分公布，谣言四起加剧，引发次生舆情危机，扰乱事故处理进程。

随后的 8 月 19 日新闻发布会中，天津市市长和天津港高层首次以积极态度出席，对问题进行深入调查并及时信息公开，再加上习近平主席对此次灾情的强烈重视，一系列正确的应对措施才使得民众情绪得以安慰，突发公共事件的危机趋向得以缓解，并呈逐渐消散态势。

# 5.4　本章小结

本章利用风险感知、行为认知相关的理论基础和获取的调研数据，进行风险感知与行为选择的指标设计和体系构建，分析了巨灾情景下风险主体的风险感知与行为倾向。在指标选取和体系构建中，共选取 35 项指标，构建 3 层指标体系，采用调查问卷的方式获取了风险主体的生态巨灾风险感知数据，然后再用熵值法计算确认各个指标的权重。本章主要的研究结论如下。

（1）公众生态巨灾的风险感知与敏感程度总体较弱。

课题研究了风险主体对生态巨灾的风险感知和敏感程度，调查统计结果显示：①人们对生态巨灾的风险感知度较弱。由于人们对生态巨灾风险的关注度普遍较弱，特别是对生态巨灾安全环境的关注最弱。表明基于生态安全的巨灾危害和安全环境还没有引起公众足够的重视。②人们对生态巨灾信息敏感程度较低。调查统计中仅 29.3% 的比例较为敏感，反映了风险主体对生态巨灾风险认知和信息获取的动力不足。

（2）不同风险个体的风险感知与行为选择差异明显。

课题进一步从个体的性别、年龄、居住类型和教育程度等方面研究风险主体的风险感知差异与行为选择倾向。通过问卷调查统计发现，不同个体之间的文化、教育程度及认知程度等差异，致使不同的个体对生态巨灾风险有着不同的感知度和敏感度。风险主体的风险感知与行为倾向主要呈现以下特征：①女性的风险感知与行为比男性更敏感积极，更愿意采取积极的巨灾风险应对行为；②随着年龄的增加，人们对生态巨灾的态度变得更加消极；③教育能提高风险主体的风险行为积极程度。随着学历和教育的增加，风险主体的风险感知能力不断增加，防控巨灾的态度和行为更积极；④城市人口比农村人口的风险态度与行为更积极；⑤遭受过巨灾经历的主体比没有受灾经历的主体，其风险感知与行为更加主动。

（3）有限理性和政府救助会影响风险主体的非理性行为。

风险主体面临生态巨灾风险冲击时有限理性实现程度较低。原因在于受非贝叶斯法则、代表性法则、框架效应、锚定效应和从众行为等外界偏差性行为的显著干扰，风险主体的有限理性很大程度上会主导个体的非理性行为，易出现风险偏好的倾向选择。同时，政府救助与社会捐赠也一定程度影响风险主体的非理性行为。政府的全能救助和社会的无偿捐赠，一旦超越受灾民众的补偿预期，容易使风险主体产生巨灾风险应对的非理性行为，导致生态巨灾管理的低效率。

第6章

# 生态巨灾风险管理模式的
# 国际比较与借鉴

在生态安全和巨灾风险管理领域，欧美、日本等发达国家起步较早，大多建立了较为完备的巨灾防灾救灾制度和体系。与之相比，尽管我国的生态巨灾风险管理具有社会主义的制度优势，但由于起步较晚，加上我国过去的经济发展水平和防灾减灾的科学技术不发达等条件的制约，相较于发达国家仍然存在许多不足。本章主要以美国、日本、英国、澳大利亚、加拿大、西班牙等不同国家和不同灾种的生态巨灾风险管理为例，分别剖析比较不同国家和灾种的生态巨灾风险管理模式，总结其成功经验与教训，为我国生态巨灾风险管理提供启示。

## 6.1　国外生态巨灾风险管理制度介绍

### 6.1.1　不同国家生态巨灾风险管理借鉴

#### 1. 美国

美国作为一个幅员辽阔且地质情况复杂的国家，其建国以来灾难也频发。美国在多年的灾害风险管理中，探索建立了较为完备的生态巨灾风险管理体系。

（1）生态巨灾管理体系发展历史。

美国虽然历史发展情况相对比较特殊，欧洲巨灾风险管理模式在一定程度上影响了美国的生态巨灾风险管理。美国同世界上的大多数国家一样，随着管理应对建国后发生的数次严重灾害，在连续的灾害管理中不断总结经验教训，最终形成了特有的巨灾风险管理体系。

从图 6-1 中我们可以发现，美国的巨灾风险管理体系是伴随着巨灾的发生，使管理不断完善、综合性不断加强的过程①。

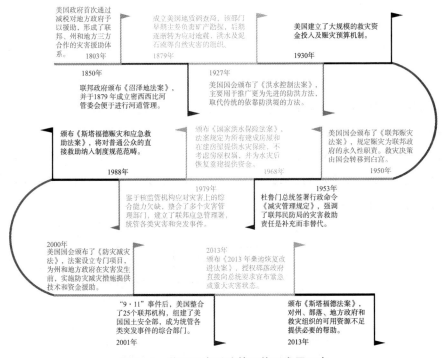

**图 6-1　美国巨灾风险管理体系发展示意**

资料来源：李明．美国灾害治理体制与灾害事件的互动变迁历程——汶川地震十周年的思考 [J]．城市与减灾，2018（3）：46-50．

---

① 李明国，孟春．美国综合防灾减灾救灾体制变迁的启示 [J]．政策瞭望，2017（7）：48-50．

①巨灾风险管理主体综合化。随着巨灾造成的影响不断扩大，美国的巨灾风险管理逐渐由原来单纯的地方事务转变为以地方政府为主，多层级政府相互配合，同时广泛调动了社会各方力量的综合性事务。

②巨灾风险管理对象综合化。美国独立建国初期的巨灾风险管理主要是灾害救助。随着美国灾害的不断发生，总结并提升了灾害应对管理的技术、方法和经验。目前已发展为集灾前预防、灾中救助、灾后恢复等多项事务于一体的综合性巨灾风险管理体系。

③巨灾风险管理人员综合化。美国的巨灾风险管理发展中，灾难救助团队由专业单一团队向专业综合发展。目前已转为专业性救助团队为主、各方力量密切配合的综合性巨灾风险管理团队。

（2）巨灾风险管理框架。

美国巨灾风险管理体系的发展，是伴随着总结若干巨灾事件的经验而逐步完善。此外，与讲究权力分散的政治特征不同，在美国巨灾风险管理体系的发展历程中，逐渐呈现出与政治结构相反的态势，即灾害管理体系的建构是逐渐向上整合。最终发展形成以美国联邦应急管理局为主导，事故现场指挥系统（National Incident Command System，ICS）与国家应急管理系统（National Incident Management System，NIMS）为主体的巨灾风险管理体系（见图 6 - 2）[①]。

图 6 - 2　美国巨灾风险管理体系解构

---

① 卢为民，马祖琦. 国外灾害治理的体制与机制初探——经验借鉴与思考 [J]. 浙江学刊，2013（5）：129 - 134.

①国家应急管理体系（National Incident Management System，NIMS）。

NIMS 为联邦、州、地方和部落政府提供统一的巨灾风险管理方法，以便它们可以有效地合作，在发生灾害时可以充分调动各方资源。同时 NIMS 通过建立简单全面的事件管理系统来加强对国内事件的管理，这将有助于在各级政府中实现更广泛的机构间合作。NIMS 的实施加强了每个机构在紧急情况下履行其对美国人民责任的能力。

NIMS 的组成部分主要有五项要素，分别是：

a. 事前准备：NIMS 的主要日常工作之一，为了能在巨灾发生时第一时间响应且保证巨灾风险管理的有效性，NIMS 要充分做好各项准备工作。主要包括巨灾管理计划准备、救灾人员日常训练、救灾装备准备及维修、资金准备等。

b. 巨灾信息管理：NIMS 不仅承担了巨灾救助的责任，还需要实时关注、收集及发布各项巨灾信息。

c. 指挥与管理：在巨灾发生时，NIMS 将在第一时间进行受灾评估，负责整体的指挥与管理，包括协调各方关系、协调救灾人员及资金、救灾设备及物料准备等工作。

d. 灾后恢复：在巨灾发生后，NIMS 需要及时为受灾地区调拨资金、物资，同时统筹巨灾恢复工作，协助各地方开展灾后重建。

e. 持续管理与维护：一是作为国家整合中心。为美国的国家事故管理提供战略性方针，以及相关的协调和监督；二是 NIMS 与美国国土安全部科技中心合作，共同开发管理巨灾风险管理技术。

②事故现场指挥系统（National Incident Command System，ICS）。

事故指挥系统（ICS）是标准化的现场管理系统，旨在通过共同的组织结构，整合设备设施、人员通信等各种资源，实现高效的事故管理。与 NIMS 相对应的，ICS 主要负责在巨灾发生时救灾现场的具体管理，ICS 主要有以下几个特点。

a. 标准化：为了保证救灾工作的可靠性以及适用性，ICS 的组织架构通用化，各项权责及功能标准化。

b. 异质性：在标准化的基础上，针对各次巨灾的实际情况，制订符合当前巨灾实际情况的救灾方案。

c. 限制管理幅度：为了保证资源的充分利用以及救灾工作的顺利开展，ICS 的人员及管理权限均有一定的限制，避免资源以及权力的滥用及浪费。

d. 人员组成的完整性：尽管 ICS 的人员总数被限制在一定的范围内，但其所辖人员都具有相应的工作能力，保证团队的救灾能力。

e. 统一指挥：因为救灾现场环境的复杂性，ICS 均采用统一管理措施，保证管理的权威性。

f. 目标管理：在进行救灾管理时，指定明确的目标，指明救灾活动的方向性和目的性。

g. 统一资源管理：救灾资源统一管理、统一调配。

通过国家应急管理系统及事故现场指挥系统的配合，充分调动了国内的各方资源为国家巨灾风险管理体系服务。

## 2. 日本

日本位于亚欧板块与太平洋板块的相交地带，以及地理特征为四面环海的岛国，导致日本的地震、海啸、台风等自然灾害频繁暴发。由于日本特殊的自然环境和频发的灾害境况，使日本较早建立起非常完善的巨灾风险管理体系。

（1）巨灾管理体系发展历史[①]。

日本巨灾风险管理体系的发展史其实是一部灾害发生史。1868 年日本政府就发布指令，对国内各地区发生的灾害进行政府救济。其后于1878 年，日本颁布了《备荒储蓄法》，这是日本第一次以法律形式阐述关于灾害管理的问题。日本于二战后的 1961 年颁布巨灾风险管理的关键法案——《灾害对策基本法》。在这一法案的基础上，后来又相继制订了针对各种不同灾害的衍生制度（见图 6-3）。

---

① 李慧婷. 日本近现代灾害应对管理体系变迁研究［D］. 河南：河南理工大学，2018.

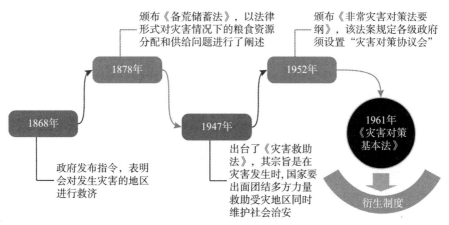

**图 6 - 3　日本巨灾风险管理体系发展史**

（2）巨灾风险管理框架①。

日本特殊的地理环境使其国内灾难频发，日本也深刻认识到灾难是不可避免的。因此，日本建设的巨灾风险管理体系主要以防为主，即加强国民教育，做好巨灾防范，防患于未然，最大限度地减少巨灾损失。

如图 6 - 4 所示，日本的巨灾风险管理体系涵盖从中央政府到都道府县，再到市町村，都建立专门的巨灾风险管理机构。在都道府县受灾后，第一时间向国家机关及相应的国家灾害救助部门申请支援，在收到支援请求后，国家机关、自卫队及消防救助队等部门立即对相关受灾区域实施支援。此外，除了向国家级机关申请援助外，受灾都道府县还可以向全国市长会，全国知事会以及其他市町村请求帮助。其他机构收到灾区请求后，都会对受灾的都道府县提供救灾帮助。

①　吴丽慧，包萨日娜．日本地震灾害应急管理体系构建［J］．防灾科技学院学报，2017（4）：54 - 63.

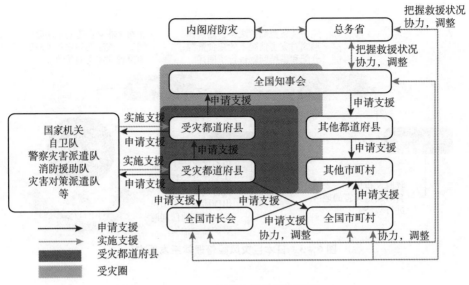

**图 6 - 4    日本巨灾风险管理框架**

资料来源：日本内阁府。

### 3. 澳 大 利 亚

澳大利亚所处的印度洋板块地质结构稳固，且所处地理位置优越，因此澳大利亚的巨灾较少发生。再加上澳大利亚地广人稀，因此极少发生造成大量伤亡的灾害。此外，卓越的巨灾风险管理体系建设也成为澳大利亚的巨灾较少发生的主要因素之一。澳大利亚因为其特殊的政治地缘环境，使其有大量的精力致力于开展巨灾风险管理。同美国一样，澳大利亚的宪法规定，各个州对区域内的人民财产安全负主要责任，在巨灾发生时由所在州政府起主导作用。联邦政府主要制订帮助和支持各州应急管理政策，提供技术支持和救灾指导，强化各州巨灾风险管理能力，提升灾害抵御水平。

为进行有效的巨灾风险管理，澳大利亚应急管理中心提出巨灾风险管理的六大原则①。

---

① 郭跃. 澳大利亚的灾害管理［N］. 中国社会报，2017，8（14）：2.

（1）合适的组织机构（委派机构管理灾害，建立要素、责任明确的机制）。

（2）指挥和控制（以法律或应急规划形式明确灾害控制权和指挥权）。

（3）支援协调（防灾规划中确立支援抗灾资源的调配机构和职责）。

（4）信息管理（发达的通信网络）。

（5）及时启动（灾害应急方案由上级任命的灾害应急官员启动，方案启动不受政府是否宣告灾害应急状态影响）。

（6）有效的灾害应急方案。

相较于美国与日本以政府为主导的巨灾风险管理体系不同的是，澳大利亚拥有庞大的民间团体。澳大利亚参与灾害应急救援的志愿者非常之多，全国共有 50 多万灾害救援志愿者。而澳大利亚的警察和消防团队等政府专业救灾人员仅 6.4 万人，志愿者数量远远比政府组织的专业救灾人员多，而且志愿者们多数训练有素。志愿者们参与了国内的大量灾害救援，不仅在很大程度上协助了政府开展巨灾风险管理，还进一步强化了国内的防灾救灾队伍。

## 6.1.2　不同灾种生态巨灾风险管理借鉴

### 1. 气象灾害

气象灾害一般是指气候、天气灾害和因气象次生或衍生的灾害。由于气象灾害具有难以预测、波及面广等特征，一旦发生常常导致严重的人员伤亡和巨大的经济损失。据《2019 联合国减少灾害风险全球评估报告》资料显示，随着近年来全球环境的逐渐恶化，气象灾害发生愈加频繁，灾害破坏力大大增加。为最大限度降低气象灾害带来的损失，世界各国都在努力完善气象灾害防治体系，其中相对较为成功的有美国、日本和印度。

（1）美国。

美国气象灾害风险管理的特征概括为三大特点：软件重于硬件、平时重于灾时、州府重于联邦。

①软件重于硬件。

美国的灾害管理技术是世界上最发达的国家之一，强大的科学技术能力使得美国建立了现代化的气象灾害预警体系，有着完备的气象灾害风险管理技术。美国将大量的资金投入气象卫星、资源卫星等遥感技术，积极优化灾害预测算法，大力发展超级计算机等前沿技术，提升气象灾害预测预报的精准率，为气象灾害预防提供技术支撑[①]。

一类：飓风防治。

美国是世界上飓风频繁发生的国家之一，因飓风造成的经济损失每年高达数百亿美元。近几年，美国不断增加飓风防治资金预算，大力发展飓风预防技术。通过气象遥感卫星掌握飓风形成情况以及走势，利用超级计算机实现对飓风运动方向、风力大小以及破坏力等数据的预测。在飓风接近美国本土时，便通过气象飞机与陆地监测设备的配合实施跟踪监测。在飓风尚未登录之前做到准确预测，将灾害降到最小。

二类：龙卷风防治。

美国也是世界上龙卷风最多的国家之一，其龙卷风预警技术属于世界上最发达水平。美国气象部门通过卫星，天气雷达以及地面气象监测站三位一体的龙卷风监测体系，对龙卷风从产生到变化最后到运动进行全方位监测，实现了龙卷风的最早提前 30 分钟预警。

三类：旱灾防治。

美国因为旱灾造成的经济损失每年多达 60 亿 ~ 80 亿美元。美国旱灾技术的发展主要体现在对水资源的开发利用。首先是大力建设水利基础设施，在干旱地区建立蓄水库，开发地下水，同时修建水渠等实现跨区域调水，以"富"济"贫"。此外，创新滴灌和喷灌等节水灌溉技术，提升灌溉效率。除了增加水资源的利用上，美国还利用生物技术大力发展抗旱作物，从而降低旱灾影响。

---

① 秦莲霞，张庆阳，郭家康. 国外气象灾害防灾减灾及其借鉴 [J]. 中国人口·资源与环境，2014（S1）：349 – 354.

四类：洪灾防治。

洪水预警是美国洪灾防治的主要着手点。美国将水域划为十三个流域，在每个流域分别构建洪水预警系统，根据收集到的信息生成预测数据，实现对洪水灾害的动态预报，再由美国国家海洋和大气管理局（NOAA）向联邦政府或社会发布。美国的洪水频发区域共有 2 万多个，有 3 000 多个属于 NOAA 的预报范围，其中 1/3 由当地洪水预警系统自行预报，余下通过县级系统预报。此外，美国还充分利用科技优势，建立了"3S"预警系统，包括遥感系统（RS）、地理信息系统（GIS）和卫星定位系统（GPS）。

②平时重于灾时[①]。

美国建立"防灾型社区"作为基础防灾工作。美国"防灾型社区"的建设通常分为四个阶段：一是建立以政府、学校、社区和民间团体等各类力量为基础的伙伴合作，为后期落实社区防灾计划建设人力基础；二是确认社区管辖范围内潜在致灾地点和防灾范围，绘制社区防灾地图。利用社区拥有的公共资源，咨询防灾专家查找防范易致灾隐患；三是根据社区灾害的评估结果，科学制订社区灾害风险的防灾减灾计划，结合社区实际情况提出防灾减灾策略；四是充分利用政府资源，参考联邦应急署提供的相关资源，推进社区防灾计划的落实。

除了建立"防灾社区"之外，美国政府每年划拨大量资金用于对市民开展防灾培训工作，以使灾害发生时能迅速做出反应。美国互联网的广泛使用使其居民防灾教育具有两个显著的特点：一是防灾救灾知识网络化。美国有关灾害防治类的网站接近 700 多个，这些网站的内容丰富，覆盖灾害预防、救灾措施以及灾害保险宣传等内容，这使得居民可以很容易地从网上了解各类防灾知识。同时美国政府也制作了各类科普视频和学习课件，便于民众了解应急救援计划和流程。二是公众参与的普遍性。美国联邦应急管理署（FEMA）在美国境内各个地区都拥有市民服务队，这些服务队的作用之一便是对当地的市民进行防灾知识培训，培训内容主要有急救药物、饮水和食品等救灾物资的准备，防火、防震等技能的培训，以使

---

① 辛吉武，等 . 气象灾害防御体系构建［M］. 北京：科学出版社，2014.

居民具备自救、互救能力。

③州府重于联邦①。

美国的气象灾害预防管理组织部门的特点在于以地方州政府为主，联邦政府为辅，实行国家、州、县（市）三级管理。

国家级：联邦紧急管理署（FEMA）全权负责国内的各类灾害应急管理。联邦政府海洋与大气管理局负责气象和海洋应急管理。FEMA下设五个减灾服务组织，具体负责减灾训练、应急管理、演习支持、灾后复原和信息技术服务，拥有直接向总统汇报的权利。防灾机构负责制定灾害应急的法律法规，在灾害发生时负责救援工作的组织协调。除此之外，还负有提供资金和信息技术服务，组织开展应急救援活动以及对国际救援机构援助进行协调的责任。

州一级：除了FEMA制订的国家层面的灾害管理方案，美国各州还会根据当地的实际情况制定符合自身实际情况的本地法案，这一事务主要由州级紧急服务办公室负责。此外，紧急服务办公室还负责监督指导应急工作、组织国民警卫队、重灾发生时申请联邦政府援助等。

县市一级：在州一级紧急服务办公室下，各县市单独设立应急管理机构，由各县市的法官担任防灾指挥官，县市级应急管理局可通过聘请专家拟订本地的灾害紧急管理计划并需要送至州一级应急管理处审批。一旦发生灾害，县市级应急管理局将负责灾害一线的应急救援工作，平时则承担开展灾害预警、灾害信息发布以及对辖区内的市民开展灾害防灾救灾教育等工作。

（2）日本。

日本因其四面环海的特殊地质条件，使得其饱受气象灾害之苦，台风、暴雪等气象灾害频发。日本也不断地在防灾救灾经历中总结经验教训，形成了较为完善的气象灾害防灾救灾体系。主要体现在以下两个方面。

①完善的法律体系。

日本是一个非常重视法制的国家，在气象灾害管理方面拥有一套完整的防灾救灾法律体系。1959年日本伊势湾特大台风后，于1961年颁布防

---

① 辛吉武，等. 气象灾害防御体系构建［M］. 北京：科学出版社，2014.

灾救灾的基本法——《灾害对策基本法》。基本法对各类气象灾害预警、应急救援和灾后重建等都进行了较为详细的规定。在基本法基础上，日本政府针对气象灾害专门制定了《气象业务法》等227部与防灾相关的法规。《灾害对策基本法》为日本的气象灾害管理奠定了法律体系基础。首先，明确灾害管理中的防灾责任，规定中央、都道府、市町村和个人的防灾责任。其次，建立综合性的防灾行政体制，政府把防灾减灾计划纳入行政规划。最后，建立灾害财政救援体系①。

②合理的组织架构。

日本首相负责全国的自然灾害管理，采取垂直型管理模式，设置中央、都道府、市三级管理。

中央级：日本成立了"中央防灾会议"，由首相直接担任主席，相关防灾省的国务大臣、内阁秘书长和专家学者等担任委员。"中央防灾会议"的职责为：a. 制订防灾计划；b. 制定灾害应急措施；c. 审议首相的防灾提议；d. 审定其他与防灾救灾相关事项。"中央防灾会议"成立专门委员，负责调查防灾事项。成立事务局，负责具体防灾事务。

都道府：中央下设"都道府县防灾会议"，都道府知事担任主席，中央派遣代表驻地方机关，警察部长、教育委员会和其他机构担任委员。都道府县防灾会议每年召开，会议的主要任务有：a. 制订都道府的地区防灾计划；b. 收集灾害发生的灾情情报；c. 灾害发生时与救灾部门协同救灾，以及负责灾害救援的善后工作。

市町村：都道府下设立"市町村防灾会议"，负责制订本地区的防灾计划，并在辖区内实施防灾救灾工作②。

## 2. 海洋灾害

2019年联合国亚洲及太平洋经济社会委员会发布《2019年亚太灾害

---

① 秦莲霞，张庆阳，郭家康. 国外气象灾害防灾减灾及其借鉴 [J]. 中国人口·资源与环境，2014（S1）：349－354.

② 辛吉武，许向春，陈明. 国外发达国家气象灾害防御机制现状及启示 [J]. 中国软科学，2010（S1）：162－171.

报告》。报告显示，气候变化和环境退化造成的海洋灾害对亚太地区造成了巨大的经济损失，灾害防治形势日趋严峻。全球气候变化导致极端天气事件频发，海洋灾害也变得愈加复杂，大大加剧了不确定性。虽然随着科学技术的不断进步，使得数据的收集效率提升，但是由于气候变化引发的海洋灾害事件，如2017年赤道附近的"奥克希"热带气旋事件、2018年横扫8个亚太岛国的"吉塔"热带气旋事件、2018年印度尼西亚海啸灾难均表明，海洋灾害已偏离传统演变路径，变得更加不可测，加大了防灾减灾难度。因此，建立更完善的海洋防灾救灾体系愈加重要。美国和日本等国的海洋灾害应急管理已经发展得比较完善，各个环节积累的宝贵经验，可为我国完善海洋防灾救灾体系建设提供借鉴[①]。

（1）完善的海洋灾害应急法律体系。

美国和日本等海洋灾害防治的最突出表现是，建立起比较完备的法律法规体系，规定了海洋防灾救灾的管理机构，同时也规定了海洋生态灾害的灾害预警、灾害防治以及灾害救援等的启动程序。

美国制定的《全国紧急状态法》是海洋生态灾害防灾救灾法律体系的基础，以立法形式确立美国联邦紧急事务管理署为紧急事务的专管机构，负责全国紧急事件的应急管理，包括紧急清理、隔离措施、救援指挥和信息公开等。

与美国类似，日本针对海洋生态灾害的预警、防治以及灾后恢复等方面出台了一系列法律，其中《公害对策基本法》《海洋污染和海上灾害防治法》是系列灾害法案的根本大法。日本通过各种法案将各类海洋灾害防治机构连接为一个整体。日本于1961年设立了"中央救灾委员会"，负责全国应急管理机构的协调，灾害发生时拟订和监督救灾计划。日本还通过立法方式倡导国民形成"自救、共救、公救"的灾害应急理念，建立了以企业、市民为主导的非政府生态灾害防灾救灾体系。此外，日本还将普通民众的参与权进行法律化、制度化，将公众参与纳入政策

---

① 〈2019年亚太灾害报告〉发布亚太海洋灾害防治形势严峻. 中国海洋信息网，http：//www. nmdis. org. cn.

制定程序①。

（2）完备的海洋应急管理预警体系。

美国以全球领先的科学技术为支撑，建立了以国家海洋和大气管理局（NOAA）为中心的海洋灾害预警管理体系。国家海洋和大气管理局主要负责预报海冰、海啸、风暴潮等海洋灾害。

海啸预报中心负责海啸预警，由下属西海岸—阿拉斯加海啸预报中心（WC‐ATWC）、太平洋海啸预警中心（PTWC）组成。美国的海啸预警系统包括海啸预警中心、海啸监测系统和信息发布系统。美国拥有先进的海浪、风暴潮监测预报系统，由国际飓风中心（NHC）和地方天气预报机构（WFO）及时准确地进行预报，其中 NHC 负责预报，WFO 负责校准。美国的海冰预报由国家冰中心（NIC）负责。美国的赤潮监测预报系统也是全球最为先进，赤潮预报由 NOAA 下设的海洋产品与服务操作系统（NOS）负责。

（3）不断完善的海洋监测信息系统。

目前沿海发达国家开始在海洋灾害管理中广泛应用全球海洋监测信息系统，系统在海洋污染、赤潮和绿藻等环境灾害监测中取得了卓越成效。美国已开始运用海洋监测卫星获取海浪、海流、海冰、海水污染和海水水温等信息。目前已建成全球海洋观测系统（GOOS），海洋监测以地理信息系统技术为核心，组建以海洋站、海上浮标为数据源的综合海洋环境监测网。依托全球海洋观测系统（GOOS），海洋环境监测进入观测自动化、数据传输卫星化和数据处理自动化时代。

（4）形式多样的海洋生态灾害应急宣传。

美国和日本等国际发达国家非常重视海洋灾害的防灾救灾宣传，开展了形式多样的应急宣传教育。采取现场的防灾减灾演习、角色模拟等，不仅丰富了宣传教育内容和形式，还实现了防灾减灾知识的转化。同时，利用互联网、电视等大众媒介和展览馆等方式普及防灾减灾的知识和技能。

---

① 刘明. 海洋灾害应急管理的国际经验及对我国的启示 [J]. 生态经济，2013（9）：172 -175.

日本还注重专业救灾救援人员培训，重视培养中小学的抗灾意识，编制针对中小学生防灾减灾知识教材。发达国家通过完善的海洋生态灾害防灾减灾教育，提升了民众避灾救灾意识，大为降低生态灾害致使经济损失与人员伤亡的威胁。

### 3. 地质灾害

地质灾害是指因自然地质变化或人为导致的地质环境恶化，造成威胁人类及财产损失的自然灾害。地质灾害的形成原因主要分为人为诱发和自然暴发。地质灾害既属于人为灾害，也属于自然灾害，对人类造成十分恶劣的影响，严重制约社会的经济发展，威胁人类的生命财产安全，已成为亟须解决的问题，目前常发生的地质灾害主要有：泥石流、地面塌陷、崩塌等。

（1）美国。

美国早已建立起地质灾害减灾系统，其主要的特点有：一是国家非常重视地质灾害研究，特别是地质灾害发生的动力学机制；二是对地质灾害导致的自然环境影响高度重视，将环境保护和减灾防治结合；三是把地质灾害与人之间的关系摆在首位，高度重视人的价值。

①地质灾害防治管理模式。

美国对地质灾害的防治采取政府统一、属地防治为主的管理模式。防治工作由联邦政府统一安排，地质灾害管理的各级部门具体负责日常防治，包括地质灾害防治宣讲、技术物资保障、灾害风险评估和应急演练培训。联邦下属各级政府负责一般的地质灾害防治管理，通常由联邦政府统一组织协调，紧急事务局具体负责应急管理。全国应急管理分局共有 10 个，制订地质灾害防治管理的政策，帮助地方提高灾害防控能力，包括灾害救援和灾后恢复重建。

②重视地质灾害的预防。

美国 1950 年前地质灾害管理的任务为地质灾害的预警预报、灾害防治和应急处置，以及恢复重建等。美国地质灾害的防治模式取得一定效果，但陷入"灾害—应对灾害—灾害"的恶性循环。为改变被动应灾的现状，美国开始转向主动预防，从规划开始规避地质灾害。美国制订《减灾法案》（2000）把规划减少地质灾害发生纳入法律保障，要求政府编制综合防灾减灾规划。加强规划人员的地质灾害防治知识培训，规定编制规划要充分兼顾地质灾害因素，把土地规划与减灾规划衔接。

③重视应灾的社会参与。

美国的历史文化对社会力量参与防灾救灾影响非常大，特别是 NGO 等非政府组织发展迅猛，应对地质等灾害管理作用明显。美国规划设计的灾害应灾架构中，广大社会力量成为重要环节。每年美国有广大社会力量积极参加到应灾救援培训，只有培训合格后才可以进入社会力量资源库。在遇到紧急灾害时根据需要来进行调动，社会力量范围非常广泛，包括保险、医护等各行各业的专业人员，运用专业技能展开灾害救援。紧急事务管理局把心理医生对受灾群众的心理疏导也纳入灾害管理框架，因为心理医生的专业技能所起到的重要作用，政府和有关救援人员无法替代。

（2）日本。

①日本制定了健全的法律体系。

日本由于是灾害频发的岛国，较早通过立法为地质灾害提供法律保障，其建设的灾害防治法律体系也较完备。1947 年日本颁布《灾害救助法》成为第一部防治灾害法律，后来日本又陆续颁布《灾害对策基本法》《陡坡崩塌防治法》《滑坡防治法》等法律，逐步完善了地质灾害防治法律体系，围绕灾害管理的全过程前后发布 52 部法律，健全的法律法规为地质灾害管理奠定法理基础。

②建立完整统一的防治组织体系。

地质灾害的应急处理需要有效的灾害指挥系统，系统具有决策指挥权，反映灾害管理能力。部分国家地质灾害应急管理的经验表明，成功的地质灾害管理取决于灾害指挥管理系统是否高效协调，而系统发挥作用的关键是建立起防灾指挥组织体系。日本组建了内阁府及指定的行政机关综合防灾指挥系统，而且内阁府成立中央防灾会议为国家灾害应急处置最高权力机关，首相担任防灾会议主席；具体由 29 个中央行政机关、37 个公共机构和24 个地方行政机关组成。日本地方防灾会议的主要任务是编制地方地质灾害防治计划和规划。

③确立完备的灾害应急机制和救援体系。

日本具有完备的地质灾害应急管理机制和救援体系，帮助日本地质灾害发生时及时展开应急救援。日本政府各级成立地质灾害对策本部作为灾害应急指挥部，行政首长担任负责人，机构任务是收集灾害范围、损害程度和受灾人口等信息，并将信息传给负责部门和群众。灾害救援机构主要包括：自卫队、消防机构、交通部门和医疗机构。根据地质灾害防治的职责分工，要求实现交通顺畅保障、食品和水等生活品的及时供给、受灾群众临时安置。

（3）英国。

与滑坡灾害暴发最严重的国家相比，英国的滑坡地质灾害危险度一般。黏土的不均匀缩膨、地下物质溶解等引起地质变形和地面下沉，为此英国年均预算数亿英镑，修复因地质灾害破坏的建筑物。英格兰的中部和东南部是英国建筑物下沉的易发地区，黏土沉积成为最重要的因素，不合理的土地利用与违规建设也是主因之一。

## 4. 森林灾害

"森林是 21 世纪人类自身最后的生命线"成为人类共识，森林还是世界上最大的陆地生态系统。长期的生物进化演变，使森林生态系统的生物因子早已形成相对稳定的关系，表现生物之间互相依存、相互制约。然而，由于长期的人为破坏，造成森林退化和森林灾害日趋严重。

据 2007 年联合国全球森林状况报告，每年全球有占总面积的 65.3%的 1.04 亿公顷森林遭受各种森林有害生物侵害。世界自然保护联盟公布了全球 100 种最危险外来入侵物种，有 10 种与森林相关。根据森林灾害的一般分布，北半球比南半球严重、人工林比自然林严重。全球的热带雨林中，亚洲、非洲、南美洲和中美洲的热带雨林较少暴发森林生物灾害。

（1）德国。

德国的森林覆盖率高达 30%，将 50% 的森林划为国家森林公园或自然防灾减灾区。工业革命后期开始，德国不断建设森林防灾减灾的法律体系，强化灾害防治和森林保护。

首先，德国于 1975 年制订了纲领性的联邦森林法《德意志联邦共和国保持森林和发展林业法》，在 1984 年又大幅补充完善。在中央颁布的森林法下，各联邦进行地区森林立法，要求符合本地森林资源的发展。此外，德国的森林资源保护还要遵守欧盟成员国共同制订的《自然灾害防灾减灾》；其次，德国政府设置了比较齐全的执行部门。20 世纪 90 年代，联邦政府对农业部林业司进行了全新调整和制度规范。强化了林业司森林灾害防治和资源保护的行政职权。林业司下设置了森林防灾减灾处、林业持续发展处和林业基本事务处等机构。森林防灾减灾处负责在海关口设置流动监测站，防止外来物种或病菌流入本国。林业持续发展处负责拟订林业发展计划，制定具体的管理流程和考核指标。

（2）日本。

日本也有比较完善的森林灾害防治法律体系，既有森林资源基本法，也有各专项灾害防治法。包括《森林法》《森林灾害防治法》《森林防火动员法》等 40 部森林发展和灾害防治的法律，成为世界上颁布森林方面法律最多的国家。日本的《森林法》内容丰富、可操作性。规定树木种植和苗圃培育都可申请专项补助金，并给予贷款、税收等诸多优惠。此外，还规定合法生产的林农，都可按国家标准申请获得资金补助。日本的"战略规划—法律固定—预算补助"的森林资源发展模式，不仅提高了森林资源的发展能力，也有利于森林灾害防治。

（3）俄罗斯。

俄罗斯非常重视生态价值理念，并将其贯穿森林法律。《森林法典》规定在可持续发展基础上，科学利用森林资源，保护生态系统多样性。通过提高森林生态潜能满足社会需求，同时保证森林的持续利用。森林立法不仅重视经济价值，更注重生态价值，并将可持续发展原则贯穿始终。

《森林法典》规定了社会民众参与程序。为了给民众参与机会，监督司法工作者和法律活动，为民众参与提供了强有力保障。《森林法典》还规定森林防火中政府要组织民众和个体户参与。

### 5. 农作物灾害

农作物从播种、生长至收获一般要经历比较长的周期，而在生长周期中经常容易遭受各种有害生物的危害，导致其产量、质量均会受到影响。有害生物的种类繁多，灾害的发生规律和致灾机理也非常不同。

（1）美国。

美国建立了农业巨灾风险管理体系，由美国农业部负责，分为两大分支：一支是由农业风险管理局负责的农业保险制度体系，另一支是由农场服务局负责的农业自然灾害援助制度体系。其农业巨灾风险管理组织框架见图 6-5。

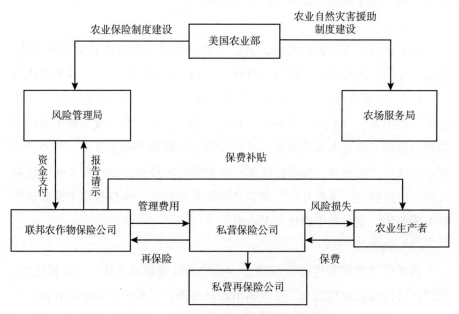

图 6-5　美国农业巨灾风险管理组织框架

美国的农业巨灾风险管理由农业部风险管理局牵头负责，联邦农作物保险公司、私营保险公司、农户等一起参与。风险管理局负责经营管理联邦农作物保险公司，目标是向农户提供高效的市场风险管理工具和方案，保证农业和农村的经济稳定。具体为农户提供农作物保险保障的主要职责有：①授权私营保险公司销售农作物保险；②实施多项行动提升高风险农作物保险的精确度，力争全体投保农户享有公平的保险保障；③为私营保险公司提供再保险。私营保险公司作为农作物保险销售的主力军，负责销售联邦农作物保险公司授权的保险产品，为广大农户提供保险保障。

（2）加拿大。

加拿大农业生态巨灾风险管理体系的构成由联邦政府、省政府、农户三者组建，目标在于最大限度降低巨灾风险等对农业构成的影响，以实现农业生产的稳定。加拿大的农业生态巨灾风险管理体系见图 6 - 6。

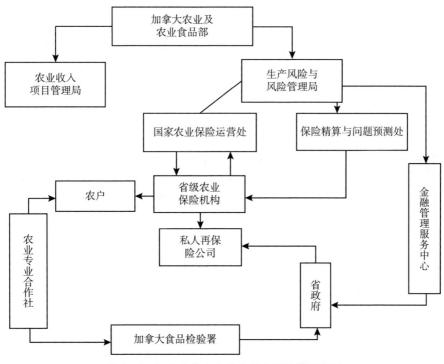

**图 6 - 6　加拿大的农业生态巨灾风险管理体系**

在加拿大的巨灾风险管理体系中，各方职责分工为：①联邦政府：为农业保险分担保费和提供再保险，保证农业风险管理项目符合法规，开展农业巨灾风险预警和灾害援助等；②省政府：开发农业保险计划，根据精算为保费定价，促进管理和保险费用分担；保险赔付处理；财政为商业再保险提供保障；实施省级临时性的灾害援助，管理相关行政事务；③农户：作为最终受益者，根据省政府的农业保险计划，结合自己的需求和风险承受水平，选取农作物、保险类型参保。

（3）西班牙。

西班牙建立的是临时农业生态巨灾救助体系，由2个部委和4个机构组成，包括农业、食品与环境部和经济财政部2个部委，以及西班牙官方信贷基金会、国营农业合资公司、国家农业保险局和农业保险公司4个机构。农业、食品及环境部拟订临时财政救助计划，为国家农业保险局拨付预算和临时巨灾损失补偿款，牵头实施动物疫病防控、干旱和灌溉等生态灾害风险管理措施。经济与财政部拟定农业税收等灾害政策，国营农业合资公司和官方信贷基金会落实具体工作。国家农业保险局负责管理政府临时巨灾损失补偿金。农业保险公司协助政府评估巨灾损失和发放相关资金。自治区政府则基于农业巨灾的严重程度，相应采取临时性救援举措。西班牙临时农业生态巨灾救助体系见图6-7。

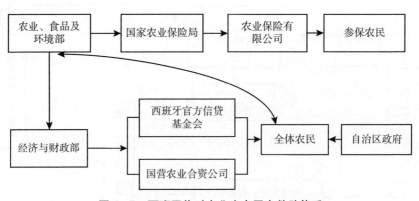

图6-7 西班牙临时农业生态巨灾救助体系

（4）日本。

日本的农业生态巨灾风险管理体系比较完善，主要分为国家级、都道府县级和市町村级 3 个层级。日本农林水产省的大臣官房统计部和保险课管理国家级的农业巨灾风险管理工作。具体而言，大臣官房统计部负责农业生态巨灾风险的财政预算、法律制定、国际交流和统计研究，以及农业保险基准费率的制定。大臣官房统计部设定农业保险基准费率时，每年抽样调查可保农作物的产量。先是依据不同地区可保农作物的产量均值设定保额；再是依据各地区过去 20 年的灾损历史数据测算基准费率。保险课管理农业共济再保险账户，接受县级农业共济会缴纳再保费，以分担农业生态巨灾风险损失。此外，还负责发放保险补贴；收集、整理和分析农业保险数据，适时向上级提出巨灾风险管理预算和保险政策。

## 6. 地震灾害

（1）日本。

日本是个地震灾害频发的国家。1923 年关东地震和 1995 年阪神地震造成日本生命财产的巨大损失和难以平复的伤痛。日本认为灾害是循环的，制定了灾害法，既注重灾后重建，更重视灾害预防。面对地震灾害，日本建立了中央、都道府县和市町村 3 级应急组织机制，进行系统组织的防灾减灾。市町村作为最前线的防灾基层自治体，村长拥有向政府机关和民众发出灾害信息，提出避难建议和指示等权利。为了防止灾害扩大，甚至可提出拆毁部分设备物品等要求。作为后方支援的都道府县，负责各方任务的调节，以及派遣邀请自卫队，执行灾害救助法中规定的防灾救灾事务。中央各省厅为县级和村级实施应急措施提供各种必要的政策，支持各地方自治体的应急救援。在日本地震灾害的 3 级应急机制管理中，要求其他职能部门鼎力协作。如要求气象厅地震后的 2 分钟内报告出地震强度，消防厅要立即投入紧急救援活动，防卫厅要形成通信、电力和自来水等联合防灾机制等。

（2）新西兰。

新西兰由南北两座大岛组成，地处地质活动非常活跃的环太平洋地震带。特殊的地理环境使新西兰很早就建立了政府地震保险机制，拥有世界上最早的政府巨灾保险项目。新西兰于1944年颁布《地震与战争法案》，紧接着设立地震与战争委员会（EWDC），为普通民众提供强制性住宅地震保险。

新西兰地震保险属于国家法定项目，规定私营保险公司承保的每个住宅火灾险必须涵盖地震。海啸、火山爆发等灾害也被自动纳入住宅火灾险。个人支付保费涵盖附加的地震、海啸等自然灾害保费，私营保险公司负责转交地震委员会（EWDC）。综上所述，新西兰地震保险体系完全由政府出资、管理和承担损失，仅由私营保险公司以财产附加险销售的模式。

（3）墨西哥。

墨西哥是地震灾害比较频繁的发展中国家。由于北美地质板块、韦拉板块和科科斯板块的碰撞挤压，导致墨西哥西海沿岸地震比较活跃，而且每次地震的强度也比较大。近40年墨西哥发生了几次巨大地震，如1973年7.8级地震、1985年8.1级地震和2003年7.5级地震等灾害。墨西哥为应对地震灾害，成立了国家灾害防御中心，负责制定国家防灾减灾的方针和政策。同时，墨西哥也建立了国家自然灾害监测预警系统，负责协调联合各级民防局和各类社会力量共同防灾减灾，为增强全民的防灾意识，开展全国性的防灾减灾宣传、教育和培训。在地震灾害保险中，采取将地震险以附加费的方式纳入火灾保险。规定地震保险的保障仅限于固定资产，采用以下四种方式投保：①全额投保；②按25%共保比例分摊；③按火灾险标的75%作为保额投保；④按2%地震险为绝对免赔，上不封顶。

墨西哥作为发展中国家，在保险费率设定方面也积累了一定经验。根据土壤条件致损概率和建筑的标准和设计等危险相关指标，把全国划为七个保险费率区域。依据七个区域和六类建筑结构，设定出42个保险费率基本值，范围为0.2‰~5.33‰。同时，根据影响因素进行修正，确定各因素的修正范围为0.75~1.30。具体费率见表6-1。

表 6 - 1　　　　　　　　　　　　墨西哥地震保险费率

| 地区费率<br>（每千元计费） | 建筑等级 | | |
|---|---|---|---|
| | A | B | C |
| 第一区 | 0.77 | 1.28 | 2.05 |
| 第二区 | 1.13 | 1.887 | 3.01 |
| 第三区 | 1.67 | 2.69 | 4.10 |
| 第四区 | 2.98 | 5.38 | 8.07 |

注：A 级：（1）钢架，外墙为金属板或石棉板；墙角若为钢筋混凝土或砖，应自地面起以下不超过 1 厘米为限。（2）钢筋混凝土结构，外墙为玻璃幕墙，无砖或石块。
　　B 级：混凝土钢筋结构，外墙全部或部分为砖、空心砖或石块。
　　C 级：除 A 级、B 级以外的其他建筑。

由此可见，墨西哥地震灾害管理中，划分地震保险责任的风险分担时，由保险公司和再保险公司负担绝大部分。墨西哥完全依赖私营保险和再保险管理地震灾害风险的机制，在一般的轻度地震前尚能应对，但一旦出现强震，不仅容易造成巨大的财产和人员损失，而且会对保险业造成毁灭性的打击。目前，墨西哥国内对国家的地震灾害管理和地震保险体系存有广泛争议。

# 6.2　国外生态巨灾风险管理经验总结

## 6.2.1　强调以政府为主导，多部门协调管理

从美国、日本、澳大利亚等国家的巨灾风险管理体系建设中，我们可以发现政府始终是巨灾风险管理的主导力量[①]。政府主导巨灾风险管理成

---

　　①　卢为民，马祖琦.国外灾害治理的体制与机制初探——经验借鉴与思考 [J].浙江学刊，2013（5）：129 - 134.

为世界现象的原因是政府在巨灾风险管理中具有得天独厚的优势。相较于民间团体，政府具有强有力的行政力量用于统筹安排，能够充分调动全国优势资源，同时，政府主导更有利于调动全国各个部门的积极性，引导各个部门在巨灾风险管理中将力量向同一方向集中。越是严重的灾害，越需要强有力的政府力量来对救灾活动进行统筹安排。然而，政府力量虽然强大，却很难协调。因为行政区域划分，各个行政区域内的政府只对自身所在的行政区域负责，在进行巨灾风险管理体系的构建时，如果缺乏统一的统筹协调，很可能导致各个行政区域之间的巨灾风险管理体系相差甚远甚至完全冲突。不仅如此，同一个行政区域内，因为部门不同以及其负责内容不同，也可能导致同一区域不同部门之间产生冲突。一旦发生这一情况，不但无法充分发挥政府在巨灾风险管理的主导性，反而有可能造成大量的资源浪费甚至造成更为严重的后果。

基于巨灾风险管理不仅需要发挥政府的主导作用，而且更需要调动多部门的积极性，因此政府及各个部门之间的协同管理便显得尤为重要。美国的多部门协调系统（MACS）作为国家突发事件管理系统（NIMS）的重要构成，较好地实现了多部门协同，优先动用救灾资源在事故现场外进行协调，促进事故现场活动顺利开展。协调系统主要包括市政厅、危机中心、交流中心等相关设施、计算机等设备、政府与非政府人员以及必要的流程等。当事故规模较小时现场指挥，一旦事故规模扩大且复杂化，则需要联合指挥和场外协调。

### 6.2.2　充分调动民间力量，让公众参与防灾

国外发达国家生态巨灾风险管理制度建设的经验表明，不管拥有多么先进的科技、多么完善的法律体系或者多么强大政府力量，民间力量的调动及发展都不可或缺。民间力量在巨灾风险管理体系中，扮演的角色不只是政府力量的重要补充，更是顺利开展巨灾风险管理工作的有生力量。以澳大利亚为例，灾害发生时有许多民众和组织共同参与抗灾。每个州参与抗灾的有消防队、急救队和警察，也有其他志愿救灾组织，如森林防火

队、圣约翰急救队、州应急服务中心等。许多民众虽然不是救灾组织的成员，也会积极参与救灾。民间力量的加入，大大加强了巨灾风险管理及灾害救援的有效性。

随着在巨灾管理领域的不断深入，人们越来越认识到相较于在灾难发生后进行救援，在巨灾发生之前做好充分的防御准备，普及灾害知识做好灾前预防，能更加有效地控制巨灾带来的危害。如果社会民众普遍缺乏防灾知识，即使预料到灾害何时来临，也容易因缺乏防灾逃生知识致灾。因此，普及灾害知识，增强民众的风险意识和灾害敏感性非常重要。日本的经验值得借鉴推广。一是日本在各地建设特色鲜明的防灾中心，让公众认清自然灾害，中心作为当地的防灾教育和救灾物资储备基地。二是编制多语种的公众防灾手册，向本地和外国居民宣传防灾自救方法和常见灾害。三是大量印制手册、报纸、杂志等防灾宣传品。四是定期举行形式多样的防灾培训，防灾训练从幼儿开始，以场景模拟强化避难体验。

日本经常性的灾害演练使防灾救灾的理念、方法等早已被民众熟知。日本民众在灾害来临时，都能时刻保持冷静，并很快进入防灾救援状态。日本民众在重大灾害来临时，沉稳处理、有序疏散。2011 年日本海啸并引发核电站放射性物质泄漏，面临如此重大危机，日本民众也临阵不乱，做到有序疏散和有效救援。

## 6.2.3　发展巨灾预防救援科学技术

巨灾风险管理体系建设中，除了建设及时的灾害救援体系，加强灾前巨灾风险的动态跟踪、预测预报非常有必要。随着科学技术的发展，巨灾风险管理也逐渐从以前单纯的被动防范及灾后救援逐渐转换为灾前预防为主，灾后及时救援为辅的风险管理体系。巨灾风险管理的演变离不开地理信息系统等先进技术的支撑，该系统不仅可以充分实现信息的搜集、整合和集成，还可利用数据挖掘、空间分析等手段实现可视化操作，形象直观地描绘出灾害范围、移动方向，有助于制订相应避险方案。

印度利用科学技术发展灾害预测预警系统比较有效。印度建立了一个集预警、监控、预报于一体的预测预警系统，主要由遥感、气象、洪涝、干旱、地震和飓风等观测警报系统组成。以飓风预警系统为例，印度专设国家飓风灾害控制中心，沿印度海岸线装备能观测 400 千米内风暴的高能量飓风观测雷达（CDRS），能及时预警飓风暴发。同时配合气象卫星提供的图像信息，在更广范围内观测风暴的变化情况和移动趋势。

由此可以看出，做好充分的灾前预防，发展普及灾害预防救助知识和技术，可以有效地降低灾害损失，提升巨灾风险管理系统的有效性。

## 6.2.4　完善巨灾风险管理法律体系

完善的法律法规是灾害风险管理的基石，为巨灾管理提供制度化、权威化的制度安排，能够为有效的巨灾风险管理提供支撑。

日本构建比较完备的灾害风险管理法律制度，使灾害管理有法可依，为实施灾害风险管理提供基石和保障。（1）建立《灾害基本对策法》为灾害风险管理的根本法，明确政府、企业和公众等不同主体的防灾救灾责任，规范防灾救灾的政府管理和财政支持。（2）建立备灾、应急和灾后恢复的全周期法律，确保各类灾害相关活动有法可依。（3）建立灾害事件倒逼法规立法机制。日本很多灾害风险管理法规都是灾害发生后倒逼而制定。

如 1946 年的 8.0 级南海地震促成《灾害救助法》（1947）的颁布；1959 年的伊势湾台风，促成《灾害对策基本法》（1961）的颁布实施，后来经过 23 次修订，成为比较完善的灾害管理基本大法。1995 年的阪神淡路大地震促成《灾害对策基本法》（1995）颁布；后来还陆续颁布了系列灾害法律，包括《大规模地震对策特别措施法》（1995）、《特定非常灾害灾民的权利保护等特别措施相关法》（1996）、《密集城市街区的减灾促进法》（1997）和《受灾者生活再建支援法》（1998）等相关法律。

美国也通过立法给予灾害风险管理保障，联邦政府颁布系列灾害法，具体包括：指导、强制、恢复、技术开发推广、投资与损失分担等 10 余类防灾减灾政策。代表性的主要有：《洪水灾害立法》（1936）、《国家洪水保险法》（1968）、《洪水灾害防御法》（1973）、《国家大坝监测法》（1972）、《灾害救济法》（1974）、《地震法》（1977）、《海岸带管理法》（1976）等。

# 6.3　国外生态巨灾风险管理的启示

## 6.3.1　加强生态巨灾风险管理制度体系建设

制度管理是建设生态巨灾风险管理的核心，政府要在管理制度体系建设中发挥主导。（1）政府主导推进巨灾风险管理立法，为灾害风险管理奠定有法可依、依法治灾的基础；（2）政府牵头研发和推广应用巨灾保险、巨灾债券等政策性风险管理工具，大力支持并规范监督再保险等市场发展；（3）进行信息收集、分类和归集分析，实施生态巨灾风险预警；（4）拟订生态巨灾救助的应急预案，提高科学防灾减灾的应急能力；（5）牵头成立生态巨灾风险保障基金，做好为生态巨灾风险损失最终担保的制度安排。

鉴于我国国家行政机关机构设置与改革限制，增设一个政府部门专门负责生态巨灾风险管理不太现实。因此，尽量利用现有机构人员和社会力量构建生态巨灾风险管理的制度体系，借鉴前述国际经验，课题组提出以下制度建设构想：由中央牵头构建生态巨灾风险管理制度体系，可进一步分为生态保险制度体系和自然灾害援助制度体系。其中，生态保险制度体系由生态环境部、财政部、保险监督管理委员会、保险公司和生产者共同参与建设。具体分工安排为：生态环境部负责牵头制定生态巨灾风险管理的相关政策；设立并委派下属部门建设生态巨灾风险数据库，做风险信息数据的汇总、留存、统计和分析；拟订国家生态巨灾风险基金筹建方案；生态巨灾风险知识的宣传教育与防灾减灾技术培训等。财政部负责生态保险保费补贴方案的制订与效果评估，按照制度规定直接向相关保险公司发放生态保费补贴。中国银保监会负责指导监督各保险公司开展生态方向的保险业务。保险公司则负责根据相关法律和保险政策规定，创新生态巨灾保险产品和业务，按规定向财政申请补贴，按法定比例预留保险大灾风险准备金。生态巨灾风险制度体系的地方建设，由省级政府具体负责，包括建立生态灾害风险数据库，统计分析地区生态巨灾风险事件的发生情况，指导监督生态巨灾保险实施情况，为保险公司提供巨灾保险的地方财政补贴与风险损失分担支持，筹建地区生态巨灾风险准备金等。

## 6.3.2　加快生态巨灾风险管理立法规范工作

生态巨灾风险管理的法律经由国家立法机关制定，国家强制力保障实施，对社会全体成员普遍约束的风险管理行为规范。同时，也是规范政府权力、促进生态巨灾风险管理发展的根本动力，还是战胜生态巨灾侵袭、维护社会稳定的强力武器。生态巨灾相关法律法规的缺失，不仅无法保障生态巨灾风险管理参与者的合法权益，也不利于生态巨灾风险管理长效机制的发挥。因此，建议政府围绕生态灾害周期加快制定生态巨灾风险管理法律，界定生态灾害管理利益相关者的权利和义务，推进生态巨灾风险的有效分散和管理。

具体而言，我们认为生态巨灾风险管理的相关法规应重点规范以下内容：（1）政府、保险公司、公众等利益相关者在生态灾害管理的合法权益、职责分工；（2）政府为生态巨灾风险管理作出的专门财政预算，中央和地方政府的财政费用分摊比例与原则；（3）生态巨灾保险的承保范围、相关保费的定价原则、费率的设定等；（4）生态巨灾风险准备金的计提规定、税收优惠政策等；（5）生态巨灾再保险的规则和限定。包括购买再保险的条件、赔付率比例阈值等；（6）临时性生态巨灾应急援助的启动标准和行动方案等。

### 6.3.3　加大生态巨灾风险管理工具创新力度

推进生态巨灾风险管理工具的创新与应用是提升管理效率的有效途径。回顾我国生态灾害风险管理的发展历史，进一步创新以生态巨灾保险为主的风险管理工具研发成为当务之急，加大拓宽生态巨灾风险管理工具的社会管理、经济补偿和资金融通功能，充分发挥其灾前风险防控、灾中社会安抚、灾后维稳的作用。

加大生态巨灾保险产品的开发推广，是我国目前进行生态巨灾风险管理的方式中，比较现实可行的选择之一。政府在推行生态巨灾保险时要注意处理好以下问题：（1）设定好生态保险费率标准，控制好财政补贴力度。做好市场调研，结合实际需求和购买能力，合理划定生态保费的标准和范围。（2）有效利用社区、村社和合作社等组织平台。通过优化组织平台的建设，提升民众对生态巨灾保险的认识，提高广大风险主体参保的积极性和抵御风险的能力。（3）通过制度设计给予财政税收等优惠激励政策，引导保险公司开展生态巨灾保险业务，鼓励其加大生态相关保险产品的开发与供给。

## 6.4　本 章 小 结

中国充分利用社会主义制度的优势，近年来在巨灾风险管理领域发展迅速，取得了独特、卓越的成绩，但相较于发达国家仍有很多不足。美国随着巨灾的频繁发生，利用先进的科学技术，积累了飓风防治、龙卷风防治、洪涝灾害防治等经验，不断完善发展成较为完备的体系，逐渐形成向上整合的生态巨灾风险管理体系（包括美国联邦应急管理局为主导的事故现场指挥系统和国家应急管理系统）。日本由于特殊的地理结构，地震、台风、海啸等自然灾害频发，在气象灾害管理方面，建立了一套完整的防灾救灾法律体系；在海洋灾害管理方面，采取一元化垂直管理模式，建立了完善的预警实施体系。澳大利亚特殊的政治地缘环境，使其有大量的精力可致力于开展巨灾风险管理。而英国、德国等发达国家也有自己相对独立完整的体系。

　　总结起来，国外生态巨灾风险管理的经验主要有：一是强调以政府为主导，多部门协调管理；二是充分调动民间力量，让公众参与防灾；三是发展巨灾预防救援科学技术；四是完善巨灾风险管理法律制度体系。因此，国外的模式和经验给予了中国启示：中国应发展以政府为主导、多部门多力量协调的巨灾风险管理模式。同时，要加强生态巨灾风险管理的立法规范和管理制度的体系建设，并充分利用现代科技为巨灾防控提供技术支撑，提升生态巨灾风险管理能力。

# 第 7 章

# 生态巨灾风险的动态识别
# 与防控机制设计

　　生态巨灾风险管理有效性的发挥，关键在于增强风险管理的预见性、主动性和社会性，通过机制设计降低社会系统的脆弱性，并采取合理的制度安排提高生态系统的恢复力。生态巨灾风险防控机制的核心在于动态识别生态巨灾风险，在识别巨灾风险的基础上建立起既能发挥政府作用，更能引导社会主体广泛参与，并符合国情的政府诱导型巨灾风险管理机制，以期解决生态巨灾风险管理中政府和市场科学结合问题、生态风险动态识别与防范控制问题、生态安全与巨灾风险治理平衡问题。政府诱导型生态巨灾风险管理机制是以政府的引导和支持为主、诱导私人风险管理主体主动防控为辅，最终引导社会走上政府与市场伙伴合作、多元主体共同参与的协同优化管理模式为目标的。

## 7.1　中国生态巨灾风险防控的发展历程

### 7.1.1　探索时期（1949～1977年）——生态边缘化的转型之路

　　自1949年中华人民共和国成立以来，突出的落后生产力、人口不断增多、生态环境保护总体薄弱、缺乏环保意识和政策制度欠缺等相关生态问题，引起毛泽东等第一代中央领导集体高度关注。早在 1934 年毛泽东主席就前瞻性地提出"水利是农业的命脉"理念，确立了水利事业的指导思想；1955 年毛泽东通过倡导百姓植树造林来解决无序砍伐使我国绿化面积锐减的问题；1960 年，中央提出"变废为宝"的口号，注重资源的节约、保护与综合利用。通过第一代领导人的集体努力，我国颁布了最初的保护生态的纲领性文件（见表 7-1），为确立保护环境为基本国策打下了坚实的基础。

表 7-1　　　　　　　　探索时期我国生态建设相关政策

| 年份 | 政策名称 | 主要内容 |
| --- | --- | --- |
| 1949 | 《中国人民政治协商会议共同纲领》 | 初步提出保护农业资源环境的立场 |
| 1957 | 《中华人民共和国水土保持暂行纲要》 | 开展水土保持工作，合理利用水资源 |
| 1958 | 《关于在全国大规模造林的指示》 | 提高造林质量；做好更新和护林工作 |
| 1958 | 《中共中央关于山峡水利枢纽和长江流域规划的意见》 | 三峡水利枢纽不仅需要修建，而且可以修建，应积极准备并按充分可靠的方针进行 |
| 1973 | 《关于保护和改善环境的若干规定》 | 确立"全面规划合理布局、综合利用化害为利、大家动手依靠群众、保护环境造福人民"的战略方针 |

## 7.1.2　萌芽时期（1978~1991 年）——确定保护环境为基本国策

改革开放初期，国家大力发展经济建设，注重扩大生产力而忽略了环境的重要性，尽管中央及各级政府也有兴修水利、植树造林的政绩，但是国民严重缺乏环保意识与国家长期缺乏合理的生态治理政策，造成了生态严重破坏、环境污染问题日趋严重。截至 1991 年，全国不含乡镇工业的废气排放量已达 10.1 万亿立方米，排放废水量达 336.2 亿吨，严重退化的草地面积约 6 700 万公顷，遭受严重污染的耕地面积高达 1 000

万公顷①。累积的系列生态环境问题严重阻碍了市场经济的发展质量，为有效解决生态环境问题，国家连续发布了系列生态治理政策（见表 7 - 2），倡导全国人民保护生态环境，并将"保护环境"确定为基本国策之一。

表 7 - 2　　　　　　　　　萌芽时期我国生态建设相关政策

| 年份 | 政策名称 | 主要内容 |
|---|---|---|
| 1978 | 《中华人民共和国宪法》 | 第一次提出保护环境和自然资源、防治污染等 |
| 1979 | 《中华人民共和国环境保护法（试行)》 | "节约农业用水""发展和保护牧草资源""推广高效、低毒、低残留农药" |
| 1984 | 《中华人民共和国森林法》 | 明确规定植树造林、保护森林是公民应尽的义务 |
| 1985 | 《中共中央关于制定国民经济和社会发展第七个五年计划的提议》 | 把改善生活环境作为提高城乡居民生活水平和生活质量的一项重要内容，重申保护农村环境，并明确要求制止城市向农村进行转嫁污染 |
| 1989 | 《中华人民共和国环境保护法》 | 对环境保护的重要问题作了全面的规定 |
| 1990 | 《国务院关于进一步加强环境保护工作的决定》 | 将环境保护确定为我国的一项基本国策 |
| 1991 | 《中华人民共和国国民经济和社会发展十年规划和第八个五年计划纲要》 | 加强环境保护工作，合理开发自然资源，重点抓好大气、水、固体废物污染控制 |

## 7.1.3　发展时期（1992 ~ 2001 年）——提出可持续发展战略

为积极响应联合国"环境与发展"大会的主题，我国政府大力倡导减少温室气体排放以保护生物多样性，发布《中国环境与发展十大对策》提出可持续发展战略。政府制定了具体的行动战略以响应联合国会议的号召，其中最具代表性的便是在 1994 年发布的《中国 21 世纪议程》，该项议程直接将"可持续发展战略"原则贯穿我国社会生产生活的各个领

---

① 佚名 . 1991 年中国环境状况公报 [J]. 环境保护，1992（7）：4 - 7.

域。制定《国民经济和社会发展第十个五年计划的建议》《中华人民共和国国民经济和社会发展第十个五年计划纲领》强化了"可持续发展战略"的战略地位，提出生态发展需要解决的主要问题和需要发展的重要领域（见表7-3）。

表7-3 　　　　　　　　发展时期我国生态建设相关政策

| 年份 | 政策名称 | 主要内容 |
|---|---|---|
| 1992 | 《中国环境与发展十大对策》 | 强调大力推广生态农业是我国未来农业发展必由之路 |
| 1994 | 《中国21世纪议程——中国21世纪人口、环境与发展白皮书》 | 提出中国可持续发展的关键是农业与农村的可持续发展 |
| 1996 | 《国务院关于环境保护若干问题的决定》 | 细化"开发者保护、破坏者恢复、污染者付费、利用者补偿"的原则，重点管理乡镇企业的污染问题 |
| 2001 | 《国家环境保护"十五"计划》 | 针对农业农村环境保护提出新目标，含农村饮用水水质、农田灌溉水质、全国秸秆综合利用率、规模化畜禽养殖场污水排放达标率等指标 |

## 7.1.4　深化时期（2002～2012年）——坚持科学发展观

党的十六大以后，我国进入经济社会高速发展时期。经济总量和财政实力都进入新台阶，2010年经济规模超越日本成为世界第二大经济体。虽然我国综合国力明显提高，但以长期破坏生态环境为前提的发展，终究使人与自然、经济与环境的矛盾日益凸显，生态破坏与环境污染事件屡见不鲜（见表7-4）。

为平衡经济发展与环境保护的关系，国家领导人在"十一五"期间，提出科学发展观指导构建和谐社会。"十二五"期间大力推进生态文明建设，把生态文明建设摆在"五位一体"总布局的关键位置，由此开启生态文明建设新篇章（见表7-5）。

表 7 – 4　　　　　　　　　　　　2002 ~ 2012 年重大环境污染事件

| 年份 | 损失 | 事件 |
|---|---|---|
| 2004 | 50 万公斤网箱鱼死亡，直接经济损失 3 亿元左右 | 四川沱江特大水污染事件 |
| 2004 | 造成 5 人死亡、1 人失踪，近 70 人受伤，投入治污资金 78.4 亿元 | 松花江重大水污染事件 |
| 2006 | 9.6 万亩水域受到污染，网箱中养殖鱼类全部死亡 | 河北白洋淀死鱼事件 |
| 2010 | 污染了附近 50 平方公里的海域 | 大连新港原油泄漏事件 |
| 2011 | 渤海 6 200 平方公里海水受污染 | 渤海蓬莱油田溢油事故 |
| 2011 | 造成耕地 9 269 余亩荒芜绝收，1 万余亩减产 | 江西铜业排污祸及下游 |
| 2012 | 造成 300 千米河段污染，133 万尾鱼苗和 4 万公斤成鱼死亡 | 广西龙江河镉污染事件 |

注：为便于说明本表采用亩、公斤等非法定计量单位。

表 7 – 5　　　　　　　　　深化时期我国生态建设相关政策

| 年份 | 政策名称 | 主要内容 |
|---|---|---|
| 2004 | 《环境保护行政可听证暂行办法》 | 标志着中国正式进入全民环保的新阶段 |
| 2006 | 《国家农村小康环保行动计划》 | 提出了"十一五"期间农业农村环境保护的新目标 |
| 2007 | 《关于开展生态补偿试点工作的指导意见》 | 要求落实"以奖促治"，加快用财政手段解决农村环境问题的新方向 |
| 2010 | 《中共中央　国务院关于加大统筹城乡发展力度进一步夯实农业农村发展基础的若干意见》 | 加强农业面源污染治理，发展生态农业和循环农业 |
| 2012 | 《关于加快推进农业科技创新持续增强农产品供给保障能力的若干意见》 | 推进农业清洁生产，加强建设农村沼气工程，引导农民合理使用化肥农药，加快农业面源污染治理和农村垃圾、污水处理，改善农村人居环境 |

# 7.1.5　完善时期（2013 年至今）——建设生态中国梦

随着人们生活中物质文化的日益满足，生态文明已然成为关系人民福祉和中华民族未来的关键，也是实现伟大复兴中国梦的核心内容。党的十八大召开后，颁布实施我国历史上最严的《环境保护法》，发布《中共中央　国务院关于加快推进生态文明建设的意见》，出台《生态文明体制改革总体方案》《党政领导干部生态环境损害责任追究办法》《环境保护督察方案》等生态文明体制改革的"1+6"系列文件，从各个方面健全中国生态文明制度体系，把环境保护和生态文明建设纳入制度化、法治化、常态化和系统化的轨道（见表7-6）。提出"绿水青山就是金山银山"的两山理念深入人心，坚持"五位一体""四个全面"的战略布局，最大限度地推进生态文明建设，画出生态红线解决生态问题。

表7-6　　　　　　　完善时期我国生态建设相关政策

| 年份 | 政策名称 | 主要内容 |
|---|---|---|
| 2013 | 《关于加快发展现代农业，进一步增强农村发展活力的若干意见》 | 加强农村生态建设、环境综合整治和保护，建设美丽乡村，发展休闲农业和乡村旅游 |
| 2014 | 《关于全面深化农村改革加快推进农业现代化的若干意见》 | 建立农村可持续发展的长效机制，将农业发展为生态友好型 |
| 2015 | 《全国农业可持续发展规划（2015~2030年)》 | 促进农业可持续发展要综合考虑各地环境容量、生态类型、发展基础等农业资源承载力，确定不同地区农业可持续发展的方向和重点 |
| 2017 | 《关于创新体制机制推进农业绿色发展的意见》 | 创新体制机制，推进农业供给侧的结构性改革，促进农业绿色发展 |
| 2018 | 《乡村振兴战略规划》 | 涵盖生态、经济、社会和文化等领域，全面提升农业农村可持续发展的理念 |

## 7.2　生态巨灾风险的动态识别

　　风险识别是进行风险管理的基础，也是风险管理过程的第一步。只有正确识别和准确判断面临的风险，才能主动择优选取出高效的风险管理方法，进行有效的风险防范和控制。

　　风险识别是指人们在风险事件发生前，通过感知、判断和归类等方式对现实或潜在的风险进行连续、系统的分析和鉴别的过程。风险识别主要分为两个环节，分别是感知风险和分析风险。生态巨灾风险的动态识别是从错综复杂的环境中，找出风险主体面临的生态巨灾风险的现实威胁和潜在危害，分析灾害风险存在的诱发因素、客观条件和发展趋势，然后预测可能导致的后果，以便后续制订科学的防灾减灾方案和措施。

### 7.2.1　风险源的风险识别

从全球范围看，地震、洪水、飓风等巨灾越来越具有多发性。各地区又因地理环境、人文影响、经济发展等因素存在差异，使得频繁发生的生态巨灾种类也各不相同。要设计有效的风险防控机制，需结合灾种类型、地区特征，进行风险源识别。

从地理环境因素出发，我国四川盆地地震巨灾较为频繁、沿海地区台风灾害多发、秦淮以南地区洪涝灾害频繁、西北地区旱灾相对严重等。从经济发展因素出发，城市建设项目的差异可能形成不同的生态巨灾类型。例如，第二产业密集、公共基础设施发达的城市或地区，发生水污染、大气污染、极端气候的可能性更大。

因此，识别生态巨灾风险源时，应综合考虑多方面因素，明确所识别地区的生态巨灾特征和频发类型，提高风险源识别技术，动态跟踪识别生态巨灾的演化，并根据风险源类型设计具有针对性的风险防控机制。

### 7.2.2　承灾体的风险识别

在生态巨灾研究中，承灾体指承受生态灾害损坏和影响的人类社会主体，例如，人口密度、经济多样性、建筑物抗灾能力等。承灾体对灾害的承受能力反映为脆弱性和抗逆力，生态巨灾风险由灾害事件致损性和承灾体脆弱性共同影响决定。如果承灾体的脆弱性越高，则对灾害致损的抵抗力和恢复力就越低；反之，如果承灾体的脆弱性越低，则其抗逆力和灾后恢复力就会表现越强。因此，承灾体脆弱性程度反映出灾害损失的风险，建立承灾体综合脆弱性评估指标体系，对承灾体的脆弱性进行评价判断，是预防生态巨灾风险的重要前提[①]。

---

① 王静. 城市承灾体地震风险评估及损失研究 ［D］. 大连：大连理工大学，2014.

建立承灾体综合脆弱性评估指标体系，既要坚持系统性和全面性原则，也要兼顾科学性和可行性原则。选取构建承灾体的风险识别指标时，要分析归类影响承灾体脆弱性的要素，全面反映不同的承灾体对灾害的敏感程度。同时，风险识别指标的取舍要致力于降低承灾体综合脆弱性，以实现生态巨灾风险防控的最终目标。

### 7.2.3 孕灾环境风险识别

生态巨灾的突发具有不确定性，既可能源于自然原因，也可能来自人为因素。但是通常孕灾环境往往可以通过历史经验、地域特征以及巨灾风险模型进行预测和识别。例如，洪水、台风、暴雨等都具有季节性，可以根据天气预测来进行识别和事前控制。而不同国家或者地区依据其不同的自然地理分布特征，也可以对孕灾环境风险进行预测和识别。比如墨西哥、日本、南亚和东南亚一些地区存在地震、海啸、洪水风险[1]；我国东南沿海地区存在台风风险；美国重点城市存在恐怖袭击风险；四川地区存在地震风险；重化工业区存在危险品泄漏与爆炸风险等[2]。

当然，以上是根据历史经验进行预测识别，是基于过去已经付出的巨大损失得出的血泪教训。而要尽可能减少巨灾风险对社会和经济造成的损失，必须针对城市以及高风险地区建立生态巨灾风险模型，对孕灾环境风险进行实时识别、监测和预测。生态巨灾一旦发生，对一个国家或地区的打击非常大，因此我们需要不断提高生态巨灾风险模型预测的准确度，尽可能减少未监测到的巨灾发生。

### 7.2.4 综合危机风险识别

近年来人们对生态巨灾风险的关注和研究不断增多。梳理相关研究不

---

① 卢兆辉，崔秋文. 未来巨灾风险的评估与社会政策 [J]. 国际地震动态，2007 (5)：38 - 41.

② 贾若. 巨灾风险管理重在事前防控 [N]. 中国银行保险报，2020 - 02 - 21 (6).

难发现，在生态灾害风险因素的评估中，涉及多种风险因素的交叉影响和相互作用，决定我们对生态巨灾风险的识别、防控和研究都不能只是单一性。

为了识别综合危机风险，我们可以借助"灾害链"理论。由于自然生态系统之间存在相互关系，一个重大自然灾害可能会引起连锁反应，导致另一场甚至一系列的灾难发生，通过灾害链形成次生灾害群。从地域影响波及的范围看，生态灾害会从一个区域扩散至更大范围区域，有序的结构传导和波及影响被称为"灾害链"①。灾害链影响模式实际上是自然风险的动态演化过程，它凸显了灾害之间的相互影响过程。认识并掌握运用灾害链式结构，在识别出某一巨灾风险时，提前阻断链式结构的任一环节，就能有效阻断灾害链引发的一系列次生灾害。

在生态巨灾领域，地震是常见的"灾害链"事件之一。如图 7-1 所示。

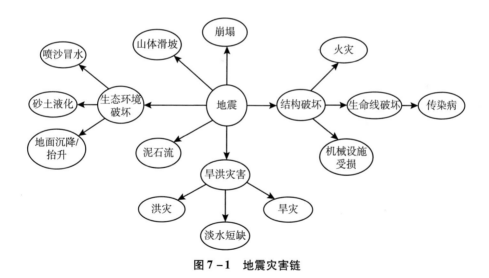

**图 7-1　地震灾害链**

---

① 苗百园."情景—冲击—脆弱性"框架下的中国巨灾风险管理研究 [D]. 长春: 吉林大学, 2014.

# 7.3　生态巨灾风险防控机制的设计

## 7.3.1　风险预警机制

建立预警机制是进行生态巨灾风险防控管理的有效方法和重要环节。各个生态系统都在承受着各种明显的或者潜在的风险，在这些风险中不乏可能给人们带来毁灭性或持久性打击的巨灾风险。尽管每个生态系统都具有自我调控和恢复维持功能，能够在有限的影响范围内保持一定程度的稳定性，但是如果破坏程度超过设定的生态风险阈值时，生态系统的结构和功能可能会发生质变甚至面临崩溃，演化为生态巨灾或生态灾难。因此，人们需要建立及时有效的预警系统，实时检测各个生态系统的环境发展变化情况，当察觉到某个系统的生态环境状况超出了可控范围时，所建立的预警系统能够及时发出警报，提醒人们采取恰当的风险管理对策和行动，使得现有的环境状况在进一步恶化前得到控制。

借鉴张寒月等[①]有关风险预警研究，立足于我国生态巨灾风险的实际现状，建立生态巨灾风险预警的程序和机制（见图7-2）。生态环保部门首先根据生态巨灾风险分析结果，得到该区域生态环境的实时数据。同时根据实时数据和对未来环境变化发展的预测，得出该区域生态环境未来的预测值。其次，根据生态风险评价结果得出风险预警阈值，再将风险等级阈值与实时数据、未来预测值分析比对。若实时数据与未来预测值皆大于等于预警阈值，则预警系统发出警报，提醒环保部门采取适当的管控措施，将生态巨灾风险控制在可控范围内。

---

① 张寒月. 水利风景区生态系统风险评价及预警机制构建［D］. 泉州：华侨大学，2012.

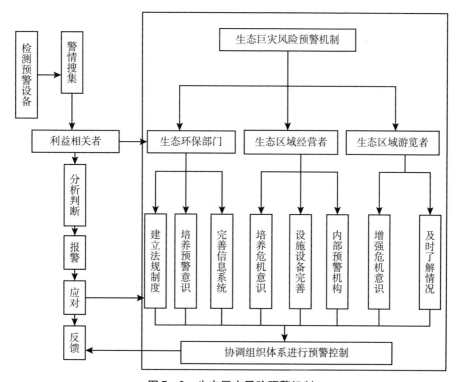

图 7－2　生态巨灾风险预警机制

《全国生态保护"十三五"规划纲要》要求，把建设生态安全的监测预警及评估体系作为保障国家生态安全的核心任务之一。生态安全监测评估体系的建设可从以下几个方面着手。

（1）强化卫星和无人机遥感技术在生态监测预警中的应用，全面提升生态风险和生态环境安全的遥感监测能力。

（2）将生态状况评估提上环保部门的工作日程，定期开展评估活动。加强重点区域生态环境的质量状况评价，对评价结果保持连续追踪追溯。

（3）建立生态保护综合监控平台，实现重点保护区常态化和业务化监控。

### 7.3.2　政府诱导机制

政府对生态巨灾事件从现象认识到后果减轻的处理，是政府管理生态巨灾事件的工作运作方式。生态巨灾历来是我国非常值得重视的问题，特别是自 2008 年"5·12"汶川大地震以来，国家就高度重视对生态巨灾的管理和防范，并设定全国防灾减灾日为每年 5 月 12 日。生态巨灾风险的管理中，政府在法律法规的建设、资源的统筹调配、制度政策的供给等方面占据着重要的地位，但不能让政府成为全能政府"一人包干"，应该利用政府的特殊身份，推动政府与市场主体的共同合作。

市场可以在巨灾风险管理的很多领域发挥作用已成为共识，但是由于交易费用、信息不对称、外部性等原因，市场失灵现象广泛存在。为化解生态巨灾风险管理的市场失灵，政府需要充分发挥公共权力的作用，通过制度设计引导社会主体广泛参与，制定特殊政策来激励市场在巨灾风险管理中发挥积极作用。实际上，通过市场运作发挥保险市场、资本市场和社会力量，更有助于实现生态巨灾风险管理目标，实现要素资源的优化配置。

政府诱导的生态巨灾风险防控机制应该注重运行机制的设计和培育。中国的政治制度具有集中力量办大事的体制优势，总结我国生态巨灾防控的发展历程表明，政府诱导机制非常适合中国的国情和现实状况。从国际巨灾风险管理的实践经验看，风险管理中处理好政府与市场的关系，是建立政府诱导型生态巨灾风险防控机制的关键和核心[1]。科学设计生态巨灾风险分散机制、风险预防预警机制、风险防范控制等机制，应充分发挥政府机制和市场机制的共同优势，建立起中国特色的政府诱导型生态巨灾风险防控运行机制。

政府诱导机制设计通常是指为实现预定目标，政府根据参与客体的预

---

[1]　史培军，张欢. 中国应对巨灾的机制——汶川地震的经验［J］. 清华大学学报（哲学社会科学版），2013, 28（3）：96 – 113, 160.

期需要，制定合理的行为规则和分配制度，通过资源优化配置，诱导参与客体达成与施行主体一致的利益目标，共同采取相向决策和行动。因此，政府诱导型生态巨灾风险分散机制的核心是建立生态保险为主的风险分散分担。课题组在借鉴谢家智、黄英君①等对政府诱导型巨灾风险分散机制研究的基础上，结合我国生态灾害风险管理的实际情况，研究并刻画了政府诱导型生态巨灾风险分散机制的运行机理（见图 7 – 3）。首先，生态区域经营者通过投保生态险的方式，把部分生态巨灾风险分散转移给保险公司；其次，经营生态保险的保险公司通过政府在生态方面的保险政策体系（如政策性森林保险等）进行分保；最后，政府再通过资本市场的风险证券化，将生态巨灾风险逐渐向资本市场转移，大大分散了巨灾风险。

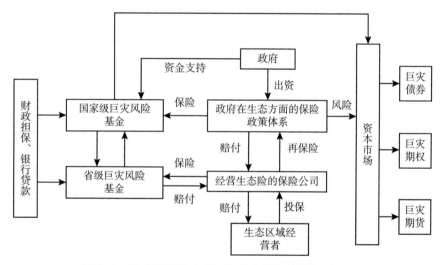

图 7 – 3　政府诱导型生态巨灾风险分散机制的运行机理

## 7.3.3　激励约束机制

激励约束机制不但在企业管理中发挥着重要作用，引入生态巨灾风险

---

① 黄英君. 政府诱导型农业巨灾风险分散机制研究——基于政企农三方行为主体的创新设计 [J]. 经济社会体制比较，2019（3）：126 – 138.

的管理中也颇有成效。生态巨灾风险防控激励约束机制是防控生态巨灾风险、建设生态文明，推进生态巨灾风险防控利益相关者责、权、利相统一，促进其恪尽职守、积极参与防控事务的重要机制。然而、机制不健全、责任落实不到位等问题严重制约着生态巨灾风险防控激励约束机制的建设进展和落实。

借鉴王莹①等的研究，将生态巨灾风险防控的激励约束机制分为以下三种模式。

### 1. 绩效奖励模式

绩效奖励模式是财政部设置一笔单独的绩效奖励资金用于奖励在生态巨灾风险防控工作中绩效突出的地方政府，例如，草原生态巨灾风险防控绩效考核奖励、长江生态巨灾风险防控绩效考核奖励等。此模式主要应用绩效奖励来激励地方政府的生态巨灾风险防控行为，但该模式仅有激励机制，无约束机制，且对奖励等级也缺乏制约。

### 2. 责任承担挂钩模式

责任承担挂钩模式是地方政府根据生态巨灾风险防控协议规定的责任履行状况来领取补助，且以规定的补助为上限。该模式是单纯的约束模式，仅有约束机制，而无激励机制。此种模式在具体支付关系和制约关系等诉诸协议的制定上一般相对比较模糊。

### 3. 增减双向挂钩模式

增减双向挂钩模式是生态巨灾风险防控绩效对防控资金的分配存在增减双向的制约关系。在绩效考评的基础上，将考核结果与转移支付资金分配挂钩，增加绩效考评结果为优秀地区的奖励额度，扣减防控不力地区的资金额度。该模式既包括激励机制，也包括约束机制。增减双向挂钩模式

---

① 王莹，彭秀丽. 基于演化博弈的矿区生态补偿激励约束机制研究 [J]. 中南林业科技大学学报（社会科学版），2019，13（6）：53 – 59.

存在专门的绩效考核指标，是一种典型的生态巨灾风险防控激励约束机制。

　　激励约束机制被作为生态巨灾风险防控工作权责落实的载体，实施中应当保持激励与约束并重，实现对生态巨灾风险防控行为技术可能、经济合理、操作可行的恰当激励与合理约束。借鉴黄锡生[①]等对激励约束机制的研究，结合我国生态灾害风险防控的现实状况，构建生态巨灾风险防控激励约束机制结构框架（见图 7-4），该机制的逻辑思路为：生态巨灾风险防控行为—生态巨灾风险防控成效—基于与保护成效基准的关系—增加或减少补偿。生态巨灾风险防控激励约束机制形成了由激励和约束组成的横向结构，将生态巨灾风险防控成效与资金配置挂钩，能较好地激发地方政府开展风险防控的积极性。

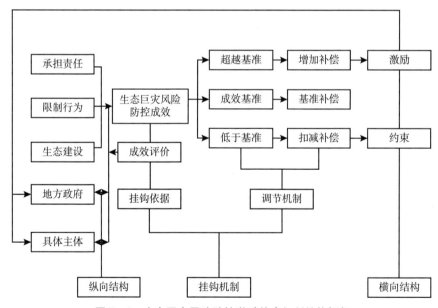

**图 7-4　生态巨灾风险防控激励约束机制结构框架**

　　①　黄锡生，陈宝山．生态保护补偿激励约束的结构优化与机制完善——基于模式差异与功能障碍的分析 [J]. 中国人口·资源与环境，2020（6）：126-135.

### 7.3.4 协调联动机制

协调联动机制，就是在灾害来临前后高效地使各地区、各部门、各社会组织联合起来，共同参与风险防控、救灾减灾、灾后重建等工作。在生态灾害的风险管理过程中，促进多元主体进行信息沟通、资源互补、联合展开行动，形成协调联动的工作模式。

#### 1. 风险防控协调联动机制

面对各种灾害需要未雨绸缪，树立防患于未然的危机意识，将灾害的预防工作放在重要位置，才能够建立起一套有效的灾害风险防控机制。灾害的风险防控需要各地区、各部门、各技术间有效地进行协调联动才能为地区建立一层牢固的防护网，各地区各部门需要利用互联网等高科技手段进行信息共享以及资源整合来加强防控效果。进行风险防控时，国土资源部门应协调气象部门、地震部门、水利部门等利用全球定位技术（GPS）、地理信息系统技术（GIS）和遥感技术（RS）等重大灾害监测系统的核心技术，结合运用大数据、互联网、物联网等手段，在各地区、各部门间进行有效的协调联合运作，提高生态巨灾的防控能力。

#### 2. 救灾减灾协调联动机制

灾害来临时，首先需要建立起高效的指挥部，用于协调组织各部门进行有序的救灾减灾工作。根据《国家突发公共事件总体应急预案》规定，突发事件由事发地方政府优先处置，国务院承担指挥职能，灾害事发主管部门牵头，其他部门协助配合。由于事发地区以外相关救援力量到达事发地需要一定时间，灾害发生时事发地方政府应该第一时间组织协调当地交通部门、通信部门、宣传部门、医院、武警、军队、民兵组织以及各种社会组织的志愿者等进行抢险自救。随后，其他各地区应派遣相应的救援力量前往事发地，贯彻落实"一方有难，八方支援"的相关政策。各种灾害发生后的救援工作常常需要专业的救援团队进行，专业的救援人员能采用专业的救援技术展开救援，更为高效有序。组织消防人员、国家紧急救援队以及国际紧急救援等专业组织进行更高难度的减灾救援工作。整个救灾减灾工作中，都需要统筹协调好各地区、各部门的人员和物资，有序地做好抢险救灾，实现有效的风险防控目标。

### 3. 灾后重建协调联动机制

借鉴相关文献和《国务院关于支持汶川地震灾后重建政策措施的意见》等政策文件，课题组提出灾害重建过程中，政府应从财政调拨、金融支持、税收优惠和土地规划等方面进行制度供给设计，大力支持灾后恢复重建。各个方面统筹协调，各部门、各地区联合起来，才能更高效和高质量地进行重建工作。财政方面，做好加大中央财政投入，组织各社会组织捐赠等工作；金融方面，鼓励各类金融机构加大对受灾地区的信贷优惠，开设绿色通道减免相关业务收费等；税收方面，对受灾地区企业和个人实行最大限度的减税免税等优惠政策；土地方面，为受灾地区居民建立安置房，对需要重建的房屋免收土地出让收入等；就业方面，加大就业援助和培训服务，提高事业救助金的发放金额，扩展覆盖范围；粮食收购方面，增加受灾地区的粮食储备，加大农资综合直补等补助金发放。为尽快实现灾区恢复，加快做好灾后重建工作，需要相关部门的协调联动和广泛配合。

## 7.3.5　长效监督机制

《全国生态保护"十三五"规划纲要》指出，要建立全国生态保护监控平台，对于灾前风险防控工作和灾后重建工作同样都需要进行长效的监督和评估，对于不足之处要及时进行完善修正。

### 1. 灾前风险防控监督机制

前文的灾害防控协调联动机制指出，需要建立一套有效的灾前风险防范体系才能做到将灾害防患于未然。对于风险防控体系需要进行长效的监督和评估，才能持续地进行完善和修改，使风险防控体系更加坚实牢固。监督机制主要利用信息化技术建立生态保护综合监控平台，对各灾害风险高发区以及其他区域进行常态化和业务化监控，实现被动监管转向主动监管、分散监管转向系统监管、应急监管转向日常监管。灾害发生后可以有效地评估灾前风险的防控力度，若是灾前并未进行有效的监督，那么该监督体系就应该修正完善。

以 2008 年汶川大地震的发生为例，该事件造成的人员伤亡和财产损失巨大，而在大地震发生前并未进行有效的监督防控，虽然地震的风险防控至今仍是世界难题，但进行灾前风险防控的完善和调整非常必要。近年来国家着力改进地震预警系统，基于云计算、基于 PC 端的 MENS、基于非对称传感器的地震预警系统等技术正在大力研发。现在，地震来临前电视和各种手机软件都可以进行预警，为人们逃生争取了时间。因此，建立长效的灾前风险预警和防控的监督机制，并随时进行完善和修正显得尤为重要。

### 2. 灾后重建监督机制

灾后重建工作对于受灾地区的重新发展以及人民的生存发展至关重要，在灾后重建过程中应该进行长效的监督，对于把握灾后重建整体情况，落实灾后重建政策、措施和规划，保障重建资金安全和有效使用，遏制腐败发生等有重要意义。

灾后重建的监督机制主要有五个方面。（1）过程监督：进行财政资金的审计，在源头上保证资金的有效使用，避免出现腐败现象。（2）财会监督：实行财会监督方式，财政资金的来源和去向都要一一向民众展示清楚，制定真实的专项财务报表以供社会监督。（3）公众监督：对于受灾群众的不同情况和期望予以重视，让公众参与到灾后重建的工作中去，强化灾后重建工作的透明度。（4）实施"再监督"：建立灾后重建工作评议组，对灾后重建工作进行全程监督，对违规行为坚决严肃处理。（5）违规警示：对于灾后重建工作中发生的重大错误行为进行公示，警示相关工作人员，促使相关人员合法合规工作。

# 7.4　本章小结

本章主要阐述了中国生态巨灾风险的识别及防控机制的设计。中国生态巨灾风险防控经历了漫长的探索时期和发展历程。生态巨灾风险防控机制的构建可从以下五个方面推进：（1）建立生态巨灾风险的动态识别机制。要对风险源、承灾体、孕灾环境等巨灾风险进行有效识别，建立起综合危机风险识别体系。（2）建立生态巨灾风险预警机制。在有效识别风险后，建立完善的生态巨灾风险防控机制，以保证风险发生时能及时发出警报，从而采取恰当的风险管理对策和行动，使得现有环境状况在进一步恶化前得到控制。（3）建立生态巨灾风险管理的政府诱导机制。政府发挥公共权力的作用，通过制度设计引导社会主体广泛参与，借助市场运作优化配置要素资源，实现参与主体的多方共赢。（4）构建生态巨灾风险管理的激励约束机制和协调联动机制。运用激励约束机制将生态巨灾风险防控成效与资金配置挂钩，激发地方政府防控工作的积极性。同时建立协调联动的工作机制，将各地区、各部门、各种高新技术等综合起来共同防控生态巨灾。（5）建立生态巨灾风险管理的长效监督机制。由于生态巨灾风险具有持续性、滞后性和外部性，因此在生态巨灾的防控过程中需要建立一个长效的监督机制，动态监督掌控灾前防控和灾后重建情况，保障防灾救灾资金安全和有效使用，遏制腐败发生。

第8章

# 生态巨灾风险管理的策略与路径选择

　　生态巨灾风险管理的复杂性常常导致各种理论和实践出现"失灵"现象，究其原因是对生态巨灾风险系统复杂性认识不足，致使巨灾风险管理缺乏科学系统的理论支撑。本章基于巨灾风险管理相关理论、生态巨灾的成灾机理、微观承灾体风险感知与行为选择的研究，运用系统理论和管理科学的分析方法，探索生态巨灾风险管理的策略和路径。策略选择的关键是强化生态巨灾风险管理的薄弱环节，探索构建现代生态巨灾风险管理制度和协同管理系统，加快生态保护融资和生态风险防控技术研发等创新。通过生态巨灾风险管理的策略与路径的探索，以此寻求生态巨灾管理方式和思路的创新，提高社会系统的抗逆性。

## 8.1　构建现代生态巨灾风险管理制度

### 8.1.1　完善生态巨灾风险管理的法规体系

　　加强生态巨灾风险管理的法规立法是防控生态巨灾风险最有效的手段，建立规范的法规是生态巨灾风险管理的坚实基础与法律保障。目前，无论是我国生态巨灾风险管理法规的理论研究，还是实际的立法实施都较为欠缺。相关理论研究主要集中于灾害的立法概况和防治救助法律制度，相关的立法则主要为《气象法》《防灾减灾法》《防震减灾法》《防洪法》等具体法律制度。尽管我国《突发事件应对法》已明确构建国家财政支持的巨灾风险体系，但有关生态巨灾风险的应对并没有专项法律，导致生态巨灾风险的管理在不同法律中无法统一，亟须制定和完善。

由于巨灾风险管理的详细条例通常出现在特别法。因此，推动生态巨灾风险管理法律制度体系的建设，将《突发事件应对法》《保险法》等一般性灾害风险管理法律作为生态巨灾风险管理的指导法，同时以《地震保险条例》的颁布实施为契机，推动洪水、台风等专项特别法的立法，完善生态巨灾风险管理法规体系。这些法律法规中，应当明确防灾责任，完善巨灾风险预警机制，建立综合性的防灾行政体制和灾害财政救援体系，以及生态灾害发生后的应对方法等。加快生态巨灾风险专项立法进程，详细制定全周期的防灾救灾细则，涵盖灾前防治、灾中救援、灾后重建各个环节。一般法与特别法结合，将灾害管理各机构连接形成一个整体，加强生态巨灾风险管理法律法规的可操作性。

## 8.1.2　加快生态巨灾风险管理的规划建设

生态巨灾风险管理牵涉的专业和部门非常多，不仅涉及灾害预测、城乡规划和工程建设等专业工作，也需要金融保险、财政税收等政策扶持。加快生态巨灾风险管理的规划建设，充分发挥政府生态巨灾风险管理的主导功能和行政权力，政府组织牵头并邀请相关专家参与，共同对生态巨灾风险管理进行科学规划。建立层次分明的权责体系，将生态巨灾风险的管理建设划分为全国性规划和地方性规划两个层次，各司其职又相互契合。

### 1. 全国性规划

全国性规划要求中央政府将生态巨灾风险上升到国家安全战略角度，制定五年以上的长期战略规划与短期规划相结合。(1)结合国外生态巨灾风险管理经验制定兼容性较强的全国统一标准和规划。通过制定全国统一的规划，协调相关部门的理念与行为按照一个标准聚集到一个方向。（2）规划组建专业风险管理团队。在新组建的生态环境部的行政管理和灾害防减灾行业发展基础上，优化灾害综合风险管理的体制，组建一定规模的国家和地区灾害应急快速反应专业团队。（3）规划组建国家级专家团队。组成生态巨灾风险研究专家组，重点研究生态巨灾风险成因与防范方法，可能引发的次生灾害预防与解决措施，以及可能带来的社会危机与风险管理。

### 2. 地方性规划

地方性规划与全国性规划相比，能够更有针对性地对区域内生态巨灾风险进行规划管理。既要将中央的要求详细落实到位，也要结合当地情况因地制宜执行。（1）区域合作。各地之间要共同合作、互相学习和分享经验。共同建立灾害联防网络系统，将气象、水位等可观测数据定期录入，地方间互相共享，共同观测异常数据并分析成因。（2）加强政府与市场的地区合作。加强政府与地方社会资本的联系，约束社会资本以保护生态环境为基本要求，规范社会资本商业行为的同时，激励社会资本增加生态安全和环境保护方面的投入。（3）立足地区实际。综合考虑地区灾害易发类型、生态承载力、人口经济等因素，统筹安排地区财政、社会资源进行前瞻性、务实性的规划。

## 8.1.3 健全生态管理激励与惩罚教育制度

生态管理的奖惩是指按照预先设定的标准对相关参与主体的生态管理行为实施奖励或惩罚，最终引导规范参与主体的生态保护、生态建设与生态修复等行为。奖惩制度是一把"双刃剑"，使用得当能提高生态管理的工作质量，使用不当则会造成资金浪费和社会不公。生态管理激励与惩罚教育制度在政府的干预下可分为三种类型。

### 1. 命令控制型

利用政府权威性和公共权力，直接规定企业、组织和个人的经营类型是否符合生态管理条例来颁发行政许可。强制命令要求相关主体在经营过程中对"三废"排放需要符合标准，生产生活不得以破坏环境为代价，对于不合格主体要求限期整改治理。同时，把地方生态管理成效纳入地方官员政绩考核，引入绿色 GDP 等考核评价指标，修订完善生态环境保护的目标责任制，把考核结果作为奖惩或任免领导干部的重要依据之一。

### 2. 经济刺激型

采用经济手段刺激风险主体重视生态环境保护。环境容量是一种功能性资源，任何机构和个人不得随意污染破坏，也不能无偿排放"三废"。首先，可通过排污许可证制度、产权交易等制度设计，加大相关主体的污染破坏成本，以此来控制污染排放量。其次，不断修订环保税费标准，合理征收环境税费，强化"谁污染，谁治理"的环保经济意识，采取环保治理的成本效益管理模式。生态的破坏要敢于整治，完善排污收费、破坏补偿等政策，采用资金量化管理的方式，并将补偿资金再次投入生态保护与恢复管理中。对破坏生态的风险行为采取经济罚款和环保教育，而对生态环境保护的行为进行经济奖励和嘉奖表扬。将政府生态补助，转换为经济奖励的方式，能够使同样的资金发挥更大的作用。

### 3. 劝说教育型

我国政府的政策基本上都是采取中央制订下发后，以点带面覆盖全国，特别要在地方、社区等进行广泛宣传教育的模式。生态灾害管理同样需要采取自上而下、广泛教育的模式，让生态安全和生态保护理念渗透进广大群众内心，理解珍惜生态资源的稀缺宝贵。对生态破坏、生态灾难、生态危害等典型案例和事件进行公开宣传教育，加强民众对生态环境的敬畏之心，认识到生态巨灾风险管理对灾害预防、社会经济和人类文明的重要性。同时，还可采取在地方设立"生态文明建设贡献奖""生态安全保护特别奖"等方式，树立优秀典型和示范模板，在全社会发挥榜样示范和教育引导作用。

## 8.1.4 构建有效的生态巨灾管理准备制度

生态巨灾管理准备制度的构建是政府运用专门的后勤力量，在处理生态巨灾等偶发事件中，对特定灾害和风险进行的人、财、物等综合保障。生态巨灾管理准备是指"自身拥有特殊的技能、特定的资源和业务范围，担任某些紧要事务特殊任务"的职能部门或组织实施的行为。相关职能部门和组织机构包括信息、交通、商业、银行、卫生、红十字会等。生态巨灾风险管理的应对行为包括应急物资供应、医疗救护、交通运输、通信保障和心理疏导等。从灾害管理的内容进行分析，生态巨灾发生后，要从以下方面构建生态巨灾管理准备制度。

### 1. 人力资源准备

生态巨灾管理的人力资源准备主要以消防、公安、医疗等专业救援队伍为主，志愿者、业余救援队等社会队伍为辅助的灾害应急管理队伍。发生生态巨灾威胁时，消防、公安、医疗等综合性救援队伍，由相关部门调配管理，及时参与救灾抢险。按照生态巨灾紧急处置需要，加强消防、医疗等骨干队伍的建设，提高专业装备水平，强化实战能力。加强专业团队和骨干队伍赴灾害现场救援的主体作用。基层政府要积极协调，并充分发挥社会组织的作用，借助广泛的社会资源，建立社会化的群众救援队伍。此外，既要长期组织专业队伍开展常态化的专业培训，也要定期组织跨行业跨部门的综合性防灾减灾演练，提升组织协同、快速反应等能力，确保专业救援队伍在生态巨灾暴发后能够及时施救。

### 2. 物力资源准备

生态巨灾风险的应急准备管理需要充足的资金和物资保证。因此，各级政府要把应急资金物资的储备落到实处，按照统筹协调和相互调剂原则建立健全生态巨灾事件的物资保障机制，确保生态巨灾事件一旦突发及时到位。具体准备为：（1）加快建立生态巨灾应急救灾物资的储存、调拨和紧急配送系统。（2）建立物资分类管理制度，对基本生活物资和专业应急物资实行日常管理、调度管理和征用管理相结合。（3）积极培育物资动员能力，确保灾害事件突发时，生态救灾所需的救灾器材、生活用品、医疗药品等物资能应急供应。（4）发挥科技对救灾物资配备管理的作用，加强生态灾害防灾技术的研发创新和装备的科学配置。（5）加强救灾物资储备体系建设。以统筹规划、高效节约为原则，通过新建、改建和扩建等方式，加强物资储备的仓库硬件建设和网络信息系统等软件建设。（6）采用多种储备方式保持最佳储备规模。根据地区救灾的预计需要，利用能力、协议和实物等储备方式，安排储备种类和储备量，形成供应充足规模适当的物资准备。同时，探索由实物向能力、生产潜力储备转变，建立灾害救援物资生产的临时启动机制，实现生态巨灾救灾物资的动态储备。

### 3. 财力资源准备

需要设立生态巨灾专项财政扶持资金或基金，用作预算执行的生态灾害救助及其他预料之外支出，同时健全生态巨灾的社会捐赠制度。生态巨灾风险管理的专项财政资金，由国家财政部门进行集中调度、统一使用和专户管理。部门预算时有关生态巨灾应急管理也要安排必要经费，例如，科技部门安排生态灾害防灾减灾、疾病防治等科研经费。对于社会捐赠资金，要按照生态巨灾不同的类型，分组织进行管理。最后，还可以采取财政拨款、社会捐赠、提取福彩生态公益金等形式，建立专门的生态巨灾基金。

### 4. 社会动员能力准备

动员非政府组织等社会广泛力量，为生态安全和生态巨灾风险管理储备社会能力。在有效的生态巨灾风险管理体系建设中，要善于发挥我国广大非政府组织等社会力量的作用。非政府组织包括慈善、医疗、教育、赈灾等公益领域，在生态灾害应对方面表现出独特的优势，不仅社会带动性强，而且拥有的资金相对比较充裕，能有效弥补政府财政救援资金的不足。所以应加大整合各类非政府组织的力度，强化自主管理能力，提高非政府组织应对生态巨灾的有效性。（1）明确界定各类社会组织的角色与定位，保证运作独立性，鼓励规范化的自我管理。（2）制定鼓励性的引导政策，促进社会非政府组织为防灾救灾服务向良好方向发展。（3）建立有效的信息沟通渠道，确保政府与非政府组织常态化沟通，在生态灾害发生时能更好地协调和动员非政府组织参与抗灾。（4）探索政府与非政府组织互动沟通机制，动员广大社会力量共同参与救灾。组织和培训社会的民间志愿者，充分发挥民间组织和政府两个方面的力量，以最大限度的能力防灾减灾。

## 8.1.5 确立生态巨灾风险管理的组织制度

生态巨灾风险管理是预测、报道、抗灾、救援、治理等 6 大环节有机协调的综合管理过程。不但关注灾后救援，更着眼于灾前预测、灾前预防，需要多个部门的共同协作，是一个持续性和系统性的过程。过去，我国管理生态巨灾风险的组织机构具有以下特点：（1）非专业性和非系统性。我国生态巨灾风险管理分别由不同的政府部门承担，在这些部门之间，有的缺乏协调导致衔接不畅，严重影响生态风险治理的效率，导致生态巨灾风险管理的效果很不理想。（2）其他非政府组织作为正式组织的重要补充力量，在生态巨灾风险管理过程中能起到重要作用，然而在实际的生态巨灾风险管理中常常被作为旁观者。

表 8 - 1 为我国生态巨灾管理各组织机构及其职责，各个组织能发挥不同功能为生态巨灾风险管理提供支撑。因此，我们应构建自上而下的分层式生态巨灾风险管理组织系统，系统包括各级政府部门、风险分散市场主体、保险金融专业公司、公益性社会团体等。

表 8-1　　　　　　　　　　我国生态巨灾管理组织机构

| 组织机构类型 | 机构管理职责 |
|---|---|
| 国家财政部门 | 提供各种生态巨灾保障资金 |
| 国家气象部门 | 播报巨灾天气情况、防灾知识等 |
| 水利部门 | 管理水资源、防汛抗旱 |
| 生态环境部门 | 制定生态治理及发展战略 |
| 民政局 | 生态巨灾灾害救助 |
| 金融机构 | 提供信贷支持 |
| 保险公司 | 提供灾害保险 |
| 社会公益团体 | 提供灾害援助 |

　　政府部门以网络状组织结构为宜，纵向包括中央与地方设立的生态巨灾风险管理部门，提供生态巨灾的各种公共品服务，例如，资金支持、技术指导等。横向包括中央与地方的生态灾害应急指挥部门、观测预警部门、灾害救援救助中心等。风险分散市场主体首先创新推出各种风险转移工具，其次积极参与抗灾基础设施建设，进而降低由于生态巨灾致使的各种损失。非政府组织、社会捐赠者、各种生态灾害研究机构等是公益性团体的重要组成。他们积极参与生态巨灾风险管理，不仅提高防灾救援支持，还有利于提高社会对生态巨灾的关注度。此外，非政府组织和新闻媒体进行大规模的生态巨灾防灾减灾知识宣传，可以协助政府提高民众的灾害风险认知和防灾意识，提高生态巨灾风险的管理效率。在生态巨灾风险管理的组织运作中需要平衡多方参与的协调问题，应由政府执行部门主导组织协调。

# 8.2　完善生态巨灾风险协同管理系统

## 8.2.1　生态巨灾指挥管理系统

　　虽然风险是潜在危机，一旦转化为突发事件，则必须立即采取应对措施进行应急管理。否则，生态巨灾突发事件将触发社会危机。加强生态巨灾灾前的预防与巨灾危机应急管理，将极大降低生态巨灾风险的冲击。而针对生态灾害趋向的多维度复杂化趋势，生态巨灾风险管理无疑是一个复杂系统，其管理模式具有多主体、多层次、多部门的特点。而在这一复杂系统中，各个风险主体既可能是风险威胁的承担者，也可能是风险的制造者，更有可能充当风险损失扩散放大者。因此，生态巨灾风险管理表现出强烈的社会性、复杂性和脆弱性特征。有效的脆弱性管理迫切需要激发不同利益主体的协同配合，整合全社会的有限资源用于防灾减灾。生态巨灾风险管理协同系统中最核心的系统是指挥管理系统。因为灾害一旦发生，尤其是突发灾害，则必须要针对灾情做出迅速的响应，在第一时间对受灾范围和损失做出专业判断，并在后续减灾抗灾行动中果断决策和行动，同时向相关部门及公众汇报灾情及救灾情况。

## 1. 针对巨灾的协同风险管理成立相应组织机构

目前，中国的灾害风险管理正逐步从被动应对向主动治理过渡，但对巨灾的协同风险管理没有相应组织机构。尽管国家成立了减灾委，但具体工作仍由民政部承担，民政部与其他部门的职责相互分工，不具备统一指挥协调的权力。探索建立国务院授权的国家生态巨灾风险管理特别权力，在国家减灾委下设生态巨灾风险管理局，或在生态环境部下设生态巨灾风险管理中心，由中央委派专人负责，赋予生态巨灾风险管理局或中心法定的责任和地位，统筹协调生态巨灾的预防、应急管理与灾后恢复治理等工作，同时负责做好日常生态灾害事务管理、部门间联动协调、生态巨灾危机应对和综合风险管理。巨灾风险一旦发生，发挥其权威进行统一指挥，根据搜集的灾情信息进行全方位的领导和管理，协调各部门开展巨灾应急工作。

## 2. 在地方构建专门的灾害风险管理部门

当生态巨灾发生时，当地政府对地方的巨灾类型、巨灾分布、巨灾损失、巨灾救援通道等情况最为熟悉，能够在最短的时间内迅速收集到尽可能多的动态巨灾信息。同时，地方政府能根据当地实际情况做出科学分析和判断，给出具体的风险应急管理方案，并组织相关部门和人员快速实施救助。目前由于政府的救灾意识不足、重救灾轻防灾、科层结构与运行机制的制约、权力与利益冲突、体制障碍以及缺乏专业机构与人员等，造成本应发挥首要作用的地方政府，救灾效果却不理想。构建地方专门的生态灾害风险管理部门，从组织架构、人力配备角度弥补地方政府生态巨灾风险管理的"短板"，可以在生态巨灾突发的第一时间内启动应急预案，组织救灾资源进行组织协调，配合国家生态巨灾风险管理局进行综合的生态巨灾风险防控、危机应对和生态治理。按照国家风险管理局的统一指示，结合地方生态巨灾实际状况监控和收集巨灾动态信息，发挥熟悉当地地形地貌、灾情人情等优势，进行最为快速的救灾响应，指挥相关机构和部门协调配合，高效实施救援救灾。

## 8.2.2　生态巨灾灾情会商系统

生态巨灾风险的管理是一个错综复杂的系统，影响灾害的因素和管理环节相当复杂。为了进一步完善生态巨灾风险的管理协同性，以提高掌握灾害信息的及时性和准确性，增强对灾情分析的全面性和客观性，扎实做好减灾救灾工作，必须加快建设生态巨灾灾情会商系统。

### 1. 完善灾情会商制度和形式

灾情会商系统是针对生态巨灾所具有的群决策特点推出的科学化、规范化管理。由于灾情是不断变化的，而分析人员、决策人员、指挥人员及调度管理人员都需要在第一时间掌握灾情的实况及其发展趋势，进而才能有效及时地完成灾害管理工作，达到防灾减灾的目标，不会因为信息不全、情况不明在灾情应对中失误。这就需要在明确各相关部门的工作职责和工作流程的基础上，不断完善灾情会商制度。因此，必须进一步规范灾情会商形式，明确灾情会商的参与部门与责任人，细化灾情会商的主要内容，完善灾情调度、报送及统计机制，逐级落实工作，才能克服麻痹思想、杜绝侥幸心理，提升系统应急能力，做好管理协调，有效应对生态灾害风险。

### 2. 推动灾情会商管理的信息化进程

信息化时代下，大智移云技术将对灾情管理与服务的社会参与度有着极高的促进作用。灾情信息员不能再只局限于民政系统内部，而应将信息收集群体拓展至更广范围，除了正式设置的专职灾情信息员外，还应将社区网格信息员、村社干部、保险公司一线保险员等作为灾情信息搜集者，纳入生态灾害信息管理系统。而生态灾情数据的复杂性特征和准确性要求，决定了数据信息"众包"将成为未来灾情报送传递的新模式。在庞大的社会力量参与到防灾、减灾及救灾的各个环节后，灾情原始数据和信息将变成"海量"。将现代大数据技术应用在生态灾害风险管理中，可实现海量信息搜集、众包信息报送、高效数据统计和动态数据分析的灾情信息化管理。

信息化管理一方面将有利于增强各部门掌握灾情信息的完整性、及时性和动态性，并有效拓宽灾情统计的空间与范围；另一方面必然会加大灾情的管理服务难度，这就对其系统、软件、硬件及人员素质提出了更高的要求。（1）进一步对灾情数据制定更细致科学的数据标准；（2）提升大智移云技术的应用水平，引进掌握大智移云技术的决策分析人才并增强对现有人员的培训力度，构建复合型人才队伍；（3）在技术支持下不断优化灾情会商管理的流程与渠道，提高沟通效率，减少沟通成本；（4）建立生态灾情管理与服务大数据信息平台。建设既面向政府部门和专业机构，同时也面向社会及公众，集服务、查询、共享、应用于一体的生态灾情数据资源共享平台，以形成共享互补的信息运行机制。

## 8.2.3 生态巨灾预警预防系统

生态灾害的风险管理中，灾前预防与风险控制显然是成本最低、最为简便、最有成效的方法。任何巨灾风险的发生也都将经过潜伏期、暴发期、持续期等几个阶段，风险管理最为强调的也是通过灾前的预测、预警、防范等管理手段，控制灾害的发生。但由于生态巨灾风险具有高度的不确定性，绝大多数时候人类都是被动面对的，故而生态巨灾风险的管理常常会变为危机管理（见图 8 - 1）。目前，包括中国在内的众多国家在对生态巨灾风险的管理上，仍然严重依赖于灾害危机管理，而没有充分运用灾害风险管理，又由于危机管理所具有的消极性和被动性的特点，往往会给社会造成难以承受的损失。因此，为更好地应对生态巨灾风险，应不断完善事前工作，尽可能地做好预警预防系统。

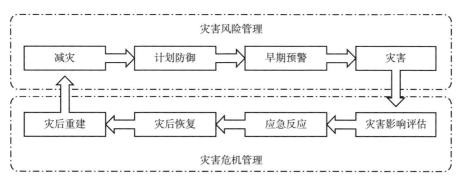

**图 8 - 1　灾害风险管理与灾害危机管理**

### 1. 构建动态生态巨灾风险评估系统

构建动态生态巨灾风险评估系统将对巨灾的形势预判、战略把握、方案制订、资源调配、关系协调等工作的展开有极大助益。生态巨灾风险评估的对象是处于动态发展过程中的复杂系统，而非一成不变的"死系统"。致灾因子、孕灾环境、承灾主体均会受到自然、社会、经济和环境等因素的影响，具有相对静态性和动态发展性等特征。评估也都是围绕这一复杂系统环境下的生态巨灾风险的动态特征及驱动因素展开，因此对生态巨灾风险的度量与评估的研究也应由灾害静态响应拓展至动态演变等多维度的综合视角。这就要求构建评估系统选用指标时应将动态性纳入考量，在灾害发生时必须及时根据收集的动态灾害信息更新评估结果，以便于灾害危机管理决策者能根据当下的实际情况作出科学分析和判断，给出具体的风险应急管理方案，并组织相关部门和人员快速实施救助。

## 2. 建立生态灾害风险监测预警平台

对灾害的风险监测预警向来是灾害管理中预防与控制的重要内容，完善的灾害风险监测预警系统可以大幅减少灾害及其造成的损失，提高防灾减灾工作效率。在信息化技术日新月异的时代，综合运用大数据、云计算、区块链和物联网等信息化手段，加强灾情数据监测和综合集成分析。同时，强化生态灾害风险监测预警能力建设，建立集监测、分析、预报、预警和应急服务于一体的信息化、智能化和可视化服务平台，进行灾前、灾中和灾后的全周期动态管理，全面提升对生态灾害的预警、分析、处置和服务的能力，提高生态灾害风险管理决策科学化水平，可以为相关部门进行生态环境与生态灾害决策管理和社会服务提供保障。如果遭遇生态灾害突发，也可真实、客观、及时地向公众报道、反映灾情及其救灾面临的困难、成效进展等灾害动态，使得公众能够客观、真实、及时、全面地获知生态灾害信息，能够更好地满足公众的知情权，以有效稳定社会公众的情绪，提高生态灾害风险的沟通有效度，更能及时有效地做好风险社会放大控制。

## 8.2.4 生态巨灾灾害救助系统

生态巨灾灾害救助系统是一个非常复杂的工程，有效的灾害救助通常既需要做好一般性的常规综合准备，也需要根据具体的灾害发生情形选择决策。为改进当前我国生态巨灾救助体系在应急救助体制、法制的空间和参与、分担机制的不足，构建一个综合性的生态灾害救助系统是比较可行的路径选择。

## 1. 建立综合协调的生态巨灾灾害救助模式

在传统上，生态巨灾灾害救助管理模式是由政府包办一切，传统的生态巨灾救助管理模式需要向综合协调的生态巨灾灾害救助模式转变。对于综合协调的生态巨灾灾害救助管理模式来讲，其涉及的救灾主体包括政府、社会组织、企事业单位以及家庭和个人方方面面。因此，生态巨灾的救援救助中应处理好政府与市场、政府与社会、中央与地方、综合管理与分工合作之间的关系。只有调动各方的积极性，注重市场主体和社会力量的灾害救助，才能够做到协同互助的救助效果。企业作为社会活力的市场主体，提供生态巨灾灾害救助的资源保障；政府采取财政支持、经济激励、税收优惠等方式，与广大企业在生态治理和生态灾害风险管理方面建立良好的伙伴合作关系。此外，政府应该积极鼓励和引导民间社会组织在生态巨灾灾害救助中作出更多的贡献。

## 2. 构建生态巨灾救助主体多元化参与格局

鉴于我国特殊的政府体制结构，政府自然是巨灾应急救助的核心力量，发挥着主导作用。但仅依靠中央政府是不够的，地方政府、NGO 和社会力量也需要加强合作，实现多方协同。构建多元主体参与格局，发挥企业和市场的作用，才能更好地调动社会力量参与到巨灾救助中。如图 8 - 2 所示，通过政府投入公共资源及财政力量、受灾群众的互助帮扶、当地企业的经济支撑和社会捐助的慈善事业等形成多元化的巨灾救助体系。其中，政府与受灾群众可以看作巨灾救助的主体，而社会的捐助和企业的支持也不可或缺。

## 3. 明确生态巨灾应急救助机构的职责

在构建多元主体巨灾救助后，需要进一步明确主体间的职、权、责，避免防灾救灾机构众多却职能交叉、多头管理的不利影响。这就需要进一步完善相应的应急综合协调机构，制定科学明确的灾害等级责任标准，明确各方职责权限，将灾害应急响应发展成准军事化管理。同时，制定完善的生态巨灾应急预案，兼顾纲领性和操作性，不能只是理论职责，更要有行动方案细节。将应急预案充分地程序化，具体到现场指挥部组建、人力配备、物资保障和信息传递等细节，提高生态巨灾抗灾救助的应急能力，减少应急救助过程中的无序行为和低效管理。

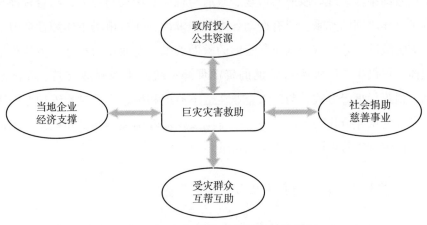

图 8-2 巨灾应急救助的多元参与主体

### 4. 完善我国生态巨灾应急救助法制体系

当前我国生态巨灾救助体系缺少能够支撑减灾工程全局的综合性法规，导致国家实施重大减灾改革时缺少法律依据。为确保相关的救助工作能够高效有序地进行，我国应该重视巨灾救助的相关法律体系建设，完善我国生态巨灾救助的法制体系。

我国需要建立统领整个巨灾救助工作的基本法《巨灾救助法》，由我国最高权力机关制定，既要对巨灾救助的方针、政策、原则作出规定，又要在基本法的基础上，针对不同类型灾害、风险管理不同阶段作出全面系统的规定，形成灾害预防、应急准备和灾后重建的具体条款。

### 5. 加快建立生态巨灾灾害救助物资制度

生态巨灾灾害救助物资储备管理过去一般比较分散，分散的管理体制导致沟通协调较难。政府没有合理规划灾害救助物资储备，容易导致生态巨灾灾害救助物资配置不合理，资源难以共享。从政府角度来讲，政府应因地制宜规划合理的灾害救助物资储备点，并且加强监督管理。可以借鉴日本经验，一般选择学校等具备一定抗灾力的场所配备物资，主要为水、食物等。然而在巨灾面前，单纯依赖政府储备无法应付实际救助需求，这时社会广泛的物资储备可以有效补充。因此，政府应该倡导社会个体进行自身的灾害物资储备，最终形成多元化的救助体系。另外，加快建设生态巨灾灾害救助物资的信息管理平台，使政府能实时掌握灾害救助物资的库存和分配，提高灾害救助物资的配置和利用效率。

### 6. 完善生态巨灾灾害救助过程中的监督机制

中国当前的生态灾害救助监督机制不仅比较分散，而且效率也比较低。因此，整合权力监督、财会监督和社会监督非常必要，形成灾害救助监督机制制度化。（1）建立科学的生态灾情评估制度。只有准确评估生态灾害综合情况，才能掌握灾情致损程度，提升生态巨灾灾害救助的针对性与有效性。（2）设立灾害救助监督员岗位。生态巨灾灾害救助监督员是通过社会或乡镇选出来的，政府为其配备条件和赋权。灾害救助监督员能够有效监督灾害救助物资的筹集、分配、发放和使用等问题，还需要安置群众，收集灾情信息，将其相关信息统计上报给纪委等监督部门。（3）监督部门负责汇总反馈。监督部门要及时对灾害救助信息进行汇总，将出现的问题细细分解，交与监察部门派驻灾区专员，并且命令当地纪检监察核查，及时反馈。（4）权力监督、财会监督和社会监督结合。通过整合社会监督、财会监督和权力监督，发挥社会监督的积极性、财会监督的专业性和权力监督的强制性，有利于生态治理和灾害救灾的公平、公正、公开。

## 8.2.5 灾后恢复重建管理系统

当生态灾害风险被控制或者清除掉风险危险源后，随之启动灾后恢复与重建管理。灾后恢复重建的重点不仅要恢复重建灾区的基础物质系统，也需要恢复受灾公众的心理创伤。为提高灾区灾后恢复重建的效率，需要建设高效的灾后恢复重建管理系统。

### 1. 注重以人为本的可持续重建

与一般建设工程相比，灾害重建工程具有长期性和复杂性。灾区重建中应摒弃功利性，树立可持续性、高抗灾性和援建性的重建理念。在灾区灾后的恢复重建中，不应只重视硬件等基础设施的重建，更要注意灾区受灾群众的人文、心理等软性恢复。灾区灾后的重建规划中要注重人与自然的可持续发展，人是生态灾害风险管理系统的行动主体，灾区群众的广泛参与是灾后恢复重建管理系统有效运转的关键。生态灾害风险管理的本质是协调，只有灾后恢复重建的预期目标和灾区民众对安全稳定的生活向往一致，才能更好地发挥灾区群众的积极性。做好灾区的软性恢复就是要给予灾区群众更多的人文关怀和精神抚慰。软性恢复的实际工作中要有张有弛，妥善安置"三失"灾民（失去住所、失去土地、失去收入来源）。探索建立长效的社会救助机制，采取政府财政投入、社会各界无偿捐赠等形式建立抗灾救助资金池，展开灾害应急救助和长效援助。同时，将重灾区设为国家特别扶持区，采取比特区更优惠的政策，吸引投资者参与投资重建和开发尽快增收的产业，保障困难灾民基本生活的同时扶持其增产增收。

### 2. 强化灾后重建的组织管理

重大生态灾害发生后的灾后救助、重建恢复等过程非常复杂且十分漫长。为确保灾后重建的有序展开和协调管理，需要建立一个灾后重建管理的有效组织，并按机构的预设功能配置相应人财物。灾后重建管理机构享有能调配辖区内各职能部门和所有资源的特别权力，负责协调各级政府安排、社会各界的援助，处理辖区内灾后善后和恢复重建等工作，强化重大生态巨灾的统一决策管理。借助卫星数据、航空数据和地面调查等方式获取灾区数据，进行数据处理以计算恢复重建需求分析，制作房屋监测、交通堵塞监测、基础设施建设和生态环境恢复等重建产品，提高重建质量和效率。

### 3. 实施灾后重建的分类管理

因生态巨灾灾害导致的破坏程度不同，因此要对灾后恢复重建的任务划分轻重、分类管理、区别对待。如果生态巨灾导致的破坏程度极为严重，想要恢复至灾前程度则会耗费较多资源和非常长时期，甚至可能无法完全恢复。在这种情况下，需要拟定恢复重建的规划、周期和步骤，加快重建进度以减轻巨灾对灾民生活造成的影响，必须尽快采取措施恢复到正常生活水平。

### 4. 平衡灾后重建的过度管理

政府不应在灾后恢复重建中大包大揽，应该设计制定激励政策，引导社会资本投入灾后重建。政府还可与 NGO 等非政府组织展开合作，共同进行长期的灾后恢复重建工作。此外，政府要指导非政府组织的生态巨灾管理，并且对于在灾后恢复重建过程中表现良好的组织，提供一定经费补助或技术支持。生态巨灾发生后，大量的应急救济工作亟待及时进行处理。可设立临时机构进行应急管理，机构设立有利于目标统一、责任到位、协调有力。临时机构的使命随着应急工作的完成而终止；在灾害应急管理中拆分合并的机构，需要进行综合考量和全面分析，按照实际情况决定是否复原。随着灾后重建工作逐渐恢复到正常水平，政府行政管理的内容接近平常业务，临时机构逐渐过渡为日常机构。

## 8.2.6 生态巨灾评估考核系统

生态灾害对社会经济的影响评估需要完善考核系统。生态巨灾的风险管理在化解矛盾冲突方面需要重点关注两个方向：一是要保障民众的基本利益，保持生态灾害的生态效益、社会效益和经济效益的平衡；二是更了解民众的真实需要，解决灾民向往美好生活与生态发展不平衡的矛盾，化解生态巨灾风险以及由其引发的社会风险，确保灾区的和谐稳定。新常态下更需要加强基于生态安全的生态灾害评估体系建设，特别是要建立生态巨灾评估考核的评估体系和管理体制。评估考核实施中要不断完善生态巨灾灾害的评估内容，覆盖多元利益相关主体，同时优化生态灾害评估技术和方法，规范生态灾害的评估管理制度。

### 1. 建立生态巨灾评估考核法律体系

目前我国还没有具体生态巨灾损失评估的系统立法，尽管有一些相关的规定，但是其缺乏具体程序法规定。为有效保障评估考核工作的有效进行，借鉴国外成功的立法经验，应该完善我国现有的法律政策体系，制定专门的生态巨灾损失评估的法律法规，在程序上注意明确以下问题：（1）明确界定生态巨灾损失评估的内涵及外延，损失不仅包括私人的财产损失及人身损失，还包括生态环境的损失。（2）明确规范生态巨灾损失评估管理和运转工作机制。厘清环保水利、气象国土和农林业等相关部门在损失评估中的法律地位和协同机制。（3）明确具体评估中牵头的主体评估部门和程序，专门构建生态损失评估机构，规定评估机构和人员的法律地位。（4）结合相关部门有关生态立法的建议，对评估的指标体系、评估范围和评估方法等做出详细规定。（5）明确规定生态资金管理和筹集途径。

### 2. 构建完善的生态巨灾评估体制

建立机构、厘清关系、规范体制是生态巨灾损失评估的组织保障。

我国权威性的评估机构应该由中央政府主导，建立统一指挥、各部门高效协作的评估体制。成立以生态巨灾损失评估指挥中心为主，相关部门的应急联动为辅的综合评估体系。借鉴国外评估机构设置模式及目前开展过程中出现的问题，我国生态巨灾评估机构的发展模式应由政府内设转向完全社会化的模式，规范发展第三方评估机构。由具有权威性、独立性的第三方评估机构承担生态巨灾评估工作，确保评估结果更具客观性和可靠性。生态巨灾灾害评估中心作为主体评估机构，应承担相应职责：（1）负责评估机构和评估人员的统一管理、执业资格培训；（2）负责资质审查审核，为评估考核工作提供政策指导和技术支持。针对第三方评估机构应该实施"严进严考"的准入和考核制度；（3）针对不同类别和级别的生态巨灾特点，对第三方评估机构实行分类管理，按评估资质划分为不同的等级。

### 3. 修订全面具体的巨灾评估内容

生态巨灾评估考核系统需要明确灾害造成的损失类型和等级程度。生态巨灾损失涵盖范围非常广泛，包括人员伤害、财产损失、自然资源损失、文化遗产破损、基础设施破坏、建筑毁损、工农业损失、公共服务中断等。传统的灾害损失评估重点关注的是人员、财产和基础设施等损失，而作为承灾载体的家庭、生态、自然资源和公共服务等社会系统中脆弱性内容常常被忽略。因此，全面的生态巨灾评估应将传统损失与社会脆弱性评估并重，家庭生计、生态持续、资源支持和公共服务等也应被纳入国家生态灾害损失评估的内容。

### 4. 构建多元的协同评估支撑条件

生态灾害评估是一个非常综合的领域，不仅需要各种专业技术作为支撑条件，也需要政府、企业、社区、社会组织个人等共同建立起良好的伙伴协作机制。（1）组建多元化的专业评估队伍。来自社会各行各业的多元评估队伍组合，能够更准确地获取利益相关方的真实信息。多元组合有利于相互监督，以确保生态灾害评估的专业性与公正性。评估主体既有政府相关部门、各领域专家，也有普通民众、社会组织和新闻媒介等。因此，加快针对生态灾害评估组建多元化、专业化的评估队伍，提高评估的专业性和结果的可靠性。（2）营造多元化的自由评估环境。评估过程中要营造多元化的评估氛围，特别是评估的访谈环境。因为访谈结果会在很大程度受访谈环境的影响，因此应提前熟悉评估环境，尽可能创造条件，确保参与者自由表达而不被打断或监视。（3）选择多元的评估语言。生态灾害具有较强的地域特征，灾害评估时要特别注意语言的选择，因地制宜选择熟悉当地语言的评估人员。（4）采取宽容的评估态度。评估中要十分注意态度，评估主体与被访者建立融洽的信任关系，非常有利于获得真实可靠的信息。

### 5. 规范生态巨灾评估方法与技术体系

针对生态巨灾风险的评估，目前尚未有被广泛应用的评估工具。而针对生态巨灾风险管理的评估考核，我国也没有建立起合理有效的评估体系。生态巨灾造成的显性损失评估相对容易，而生态巨灾导致的隐性损失非常难以测量，如生态系统的恶化、社会系统的紊乱等。因此，综合选用自然和社会科学的理论、技术和方法，更适合生态灾害的自然与社会影响评估。相对自然影响评估，生态灾害的社会影响评估更需要重视和研究突破，提倡采取参与式社会评估，鼓励专家参与生活、深入基层，倾听受灾民众心声，寻求民众的真实需求和多样化答案。专家们根据获取的真实来源信息，提出有针对性的方案，寻求巨灾恢复重建的决策基础，提升风险管理系统应对生态巨灾风险的能力。

针对不同类型的生态巨灾分别采用不同的评估方法，各种方法的指标体系和评估口径差异较大，从而不同类型的生态巨灾评估结果无法进行横向比较。因此，应该规范生态巨灾评估标准和技术的顶层设计，明确评估工作的现实要求，认识到目前技术方法存在的问题，分析不同技术规范的差异，构建具有标准性、统一性和操作性的评估体系。该方法体系应该针对不同类型构建统一的指标体系，并制定分级采用的技术标准及规范。在生态巨灾造成的环境损失评估方面，应该完善国外所采取的价值评估法和替代等值分析法，使其具有较强的操作性。

# 8.3  加快生态安全与生态保护融资创新

## 8.3.1  生态巨灾融资缺口与融资目标

### 1. 生态风险管理融资目标

目前中国生态巨灾风险的融资规模和资金水平比较低，因此融资目标是做出立足国情的制度安排，建立既能以较低成本为社会提供融资，同时又能为生态巨灾风险给予保障的机制设计。国际经验和模式表明，生态巨灾风险的融资模式构建是复杂的系统工程。生态融资产品的科学定价依赖海量数据为基础，以及生态衍生金融工具定价模型的研究。生态巨灾风险的分散分担涉及保险市场和再保险体系，以及金融资本市场等。生态巨灾风险管理的工具开发和政策推行，需要政府采取恰当的举措引导实施，也需要税收优惠等法律政策的激励支持。生态巨灾基金和强制性保险引导市场的积极参与等，也离不开政府财政资金的大力扶持。因此，建立生态巨灾风险融资的目标非常明确，是个涉及众多因素和条件的系统工程，需要采取循序渐进的模式探索推进。

### 2. 生态风险管理融资缺口

构建生态巨灾风险融资机制的目的在于生态巨灾暴发后，根据灾前预防、灾中应急救援和灾后恢复重建对资金的融资需要，规划预算合适的总规模和现金流，以确保各阶段灾害管理和项目建设所需资金能及时到位。

从目前生态巨灾风险管理的融资实际状况，市场化生态巨灾风险融资工具的开发和推广水平仍比较低，导致生态巨灾风险的融资渠道狭窄，总体融资规模偏小。生态巨灾暴发后，政府调拨财政资金展开灾害救援，是中国救灾援助的最主要方式。众所周知，仅仅依靠政府进行救济会产生很多负面影响，最直接的不利影响是助长了社会民众灾害防控的政府依赖性，降低了采取防范行为的积极性。缺乏对生态巨灾风险融资的有效制度安排和完善的市场培育，尤其事前的融资设计和政策引导，导致我国生态风险的融资缺口非常大。致使生态巨灾风险融资水平较低的根源在于市场化的融资机制没能获得充分发展，不但与发达国家相比差距较大，也不及部分发展中国家。

## 8.3.2  生态巨灾融资体系与融资结构

### 1. 生态巨灾风险资本融资渠道的多元化

国际发达国家生态巨灾风险投资的融资来源比较广泛，既有大型的专业机构投资者，也有广大分散的个人投资者。机构投资者以各类风险基金、理财基金、信托基金、养老基金、银行机构和保险公司等为主，而个人投资者以富裕家庭和个人为代表。但是在我国，目前理财基金、信托基金和养老基金等机构投资者很少进入生态巨灾风险投资领域，而富有的家庭和个人较西方而言较少，其风险承受力也不强，因而不可能投入生态巨灾风险管理领域，不难解释财政资金成为我国巨灾风险资本主力的缘由。因此，应大力发展我国巨灾资本市场的风投，在财政逐渐退出生态风投领域的同时，创新设计有效的风险资金融资机制，以填补财政退出留下的资金缺口。

目前中国上市企业已达 3 000 余家，借助资本市场筹集了数量巨大的资金，相当数额资金处于闲置。据 2018 年中国上市企业中报统计表明，企业平均闲置资金数额同比增长 43.32%。上市公司不仅闲置资金较多，而且资金没有强制还本约束，适宜中长期风险投资。上市公司一般都具有较强的资本运作实力和风险管理能力，对培育风险资本比较有利。鼓励上市公司利用闲置资金参与生态风险投资，是开启风险资本市场来源的有效渠道之一。

### 2. 生态巨灾风险资本融资组织形式多元化

目前国内风险资本的组织形式有：政府财政性的风险引导基金和市场盈利性的各类风险基金。相关投资机构主要包括各类创新创业中心、科技创新投资中心、风险投资公司和境外风险基金等。

在国内资本市场尚不完善的现实条件下，政府直接参与特定类型的风险基金投资具有积极作用。可设计生态巨灾风险担保基金的架构，力求基金来源多元化，由政府财政资金、商业银行贷款、社会捐赠等组成。其组织结构见图 8 - 3。

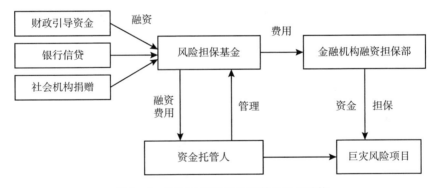

**图 8 - 3　生态巨灾风险担保基金组织结构**

生态巨灾风险担保基金的管理机构是非营利性组织。由政府主导和市场化运作相结合管理，体现为政府制定产业或项目投资发展政策，引导民间资本的投资方向和投入领域。主要资助发展初期的生态治理、生态灾害风险管理等项目或企业，同时提供风险管理咨询等服务。

生态巨灾风险基金的组织模式可分为公司型和契约型。公司型生态巨灾风险基金指按照《公司法》依法成立的基金公司发行股份，投资者按购买股份成为股东。依法组成董事会监督公司的基金运作和管理。可借鉴我国目前风投企业普遍的有限责任公司运营模式，采取资本提供与投资一体的资本运作机制。契约型生态巨灾风险基金指根据参与主体协商的信托契约，依法组织代理投资行为。通常由基金的管理、保管与投资者三方，联合订立信托投资契约。基金管理者为委托人，按照订立的契约投资管理信托财产。基金保管者为受托人全面保管信托财产。

### 8.3.3 生态巨灾融资成本与效益平衡

生态巨灾风险领域的项目投资与巨灾风险一样具有高风险性，而根据风险与收益的平衡性原则，如果缺乏高收益回报则作为理性人的投资者断然不会在生态巨灾风险管理领域投资。生态风险领域的项目和产品，具有准公共物品的非排他性和外部性。国内外的理论和实践证明，市场在生产供给具有外部性的产品时，往往其私人成本要大于社会成本，因此市场无法完全提供准公共物品。如果政府不能完全提供准公共物品或引导市场供给准公共物品，需要给予市场一定的成本补偿。政府引导市场参与生态巨灾投融资时，给予市场一定程度的补贴才能实现生态巨灾风险管理领域投资的成本与效益平衡。

而给予生态巨灾风险管理补贴也会造成诸多弊病，如社会民众缺乏减灾主动性、道德逆向选择、变相刺激高风险地区过度开采生态资源等。因此，给予生态巨灾风险管理补贴的费率标准和补贴规则制定，成为具有非常挑战性的管理难题。解决补贴难题的根本出路在于通过制度设计有效预防和分散生态巨灾风险，降低生态巨灾风险的损失规模和减少损失波动。以生态巨灾风险管理的主要手段之一的生态巨灾保险为例，中国生态灾害的类型、程度各地差异较大，如果全部采用统一的费率标准，不仅损害保险人利益导致逆选择，本应补贴低风险人群转向补贴高风险人群，必然也会损害投保人利益。比较可行的方法是根据各地风险差异，实施差别化的生态巨灾风险费率。

## 8.3.4　生态巨灾损失分担与融资模式

### 1. 设计多主体的巨灾风险分担机制

国际经验表明，应对巨灾风险的最佳模式通常是由政府引导的，各种市场和非市场主体共同参与，共同分摊巨灾风险损失，实行政府支持与市场化运作结合的模式。可借鉴土耳其的巨灾风险管理，采取巨灾风险由多层次多主体共同分担模式，具体包括政府的生态巨保基金或中巨再保基金、保险市场的各类商业保险公司、商业再保险公司和各类保险投保人、资本市场的各类投资主体、国际投资机构等主体共同参与共同分担巨灾风险的机制。生态巨灾保险基金的定位是政府作为最后再保险人，其分担损失的责任范围和比例限定必须明确合理。

### 2. 加强政府与保险公司的伙伴合作

从我国近十年的生态巨灾风险防控与治理情况看，一般都是政府在"全能"处理各种问题，保险公司在生态保险的投保与理赔中比较欠缺。与庞大的巨灾损失相比，国际上巨灾保险赔付占比高达 30% ~ 40%，我国却不及 10%。表明我国巨灾保险发展远远不足，保险市场还未承担起巨灾风险转移分担的重任。国外多数国家的实践经验表明，政府直接防控生态巨灾风险与分担损失的效果不理想，因此基于我国经济发展现状和保险市场发育情况，应尽快健全政府与保险市场伙伴合作的生态巨灾保险机制。可根据"政府主导、政策扶持、分类强制、市场运作"的思路设计生态巨灾风险的转移分担机制，强化保险市场在生态巨灾风险管理中转移分担风险的保障作用，为我国生态经济的稳定发展保驾护航。

国际巨灾风险管理的实际效果表明，政府扶持巨灾保险发展最有效的手段是采取税收优惠和政府补贴。巨灾的高风险损失容易导致商业保险承担巨额赔偿，生态巨灾保险如果实行低保费高赔付则会带来正外部性。如果提高保费价格，则必然会减少生态巨灾保险的有效需求。政府部门应该采取相应的措施促进生态巨灾保险的推行，如补贴生态巨灾保险或者是减少生态巨灾保险税收等方式支持生态巨灾保险发展。通过保险补贴和税收优惠不仅能够降低商业保险的运营成本，还能够激励保险业对生态巨灾的产品设计和重新定价，一定程度调和巨灾保险的市场供求，解决动力缺失和供给不足。政府在制定税收优惠和政府补贴时，应根据不同规模、不同区域、不同标的的保险企业执行差异化补贴和税收优惠，以保证商业保险企业良好运营。此外，政府还可新设立强制性的生态巨灾再保险公司，与商业保险或再保险公司、国际再保险集团等相互整合，提高生态巨灾保险市场的运作效果。

## 8.3.5　生态巨灾融资市场与融资方式

### 1. 创新巨灾风险管理工具完善金融市场

通过上述分析可知，生态巨灾风险管理不可单纯依赖保险市场进行防控与转移。如果保险业不能承担突发巨灾损失带来的巨额资金赔付压力，将会导致整个保险市场的崩塌。因此，我们应该大力发展和完善新兴资本市场，创新开发出更多的衍生风险管理工具，为保险市场分担突发巨灾风险冲击的巨额资金赔付压力。以发行生态巨灾债券为例，发行生态巨灾债券不仅依靠相对成熟的金融市场为基础，而且还依赖于专业的信用评级和风险评估机构，严格的评审标准，以及合理的定价机制。只有发展成熟的金融市场，才会有风险承受力强的投资人愿意购买生态巨灾债券。

创新生态巨灾风险衍生管理工具和完善金融市场过程中，可从以下几个方面推进：（1）积极推进生态巨灾风险证券化，鼓励相关商业保险公司或者再保险公司探索创新生态巨灾债券、生态巨灾期权、生态巨灾期货等巨灾风险证券化产品；（2）政府要有效监督生态巨灾风险证券化产品的设计和推行，利用政府补贴和税收优惠等制度安排进行间接管理，避免因金融创新带来系统性风险冲击；（3）健全金融市场的信用评级、风险评估和大数据清算等制度，为生态巨灾风险证券化产品创新提供优化交易和简化清算等方面的服务支持；（4）确保我国金融安全的条件下，逐步放宽国外金融机构进入我国巨灾风险金融市场的限制，实现与国际巨灾风险管理资本市场的有条件接轨。

### 2. 成立多层次的生态巨灾风险基金

设立生态巨灾风险基金可以分为两大类：一类是依托保险业务成立生态巨灾保险基金，主要用于保险业巨额赔付的风险比例分担；另一类是纯粹的生态巨灾风险基金，直接调拨用于生态巨灾的防灾减灾和应急救援等。巨灾风险基金的管理模式，既可以对两类基金实行分类管理，也可以实行混合管理。

生态巨灾保险基金的设立分为政府和保险公司两类主体基金。政府生态巨灾保险基金又分为中央和地方两级。地方生态巨灾保险基金由各级政府根据本地区生态巨灾风险状况评估和生态巨灾保险运营情况设立，按照巨灾触发救援和补偿条件的不同等级比例储备；中央生态巨灾保险基金则不直接从事具体业务，承担对地方生态巨灾保险基金的再保险职能。保险公司的生态巨灾保险基金分为商业保险公司生态巨灾保险基金和商业再保险公司生态巨灾保险基金。保险公司根据《核保险巨灾责任准备金管理办法》（2015）、《城乡居民住宅地震巨灾保险专项准备金管理办法》（2017）等相关法规和公司自身的风控管理规定提取一定比例的巨灾保险准备金。生态巨灾保险基金的多渠道架构（见图 8-4），既能充分发挥政府的主导作用，也能激励商业保险公司加强巨灾风险管理的积极性。以地方生态保险巨灾基金为例，其来源主要有三种渠道：一是各级财政投入或在财政救济救援资金的存量中划转部分；二是地方保费收入中按规定提取的政府征收的巨灾保险准备金；三是地方减免的部分税收。

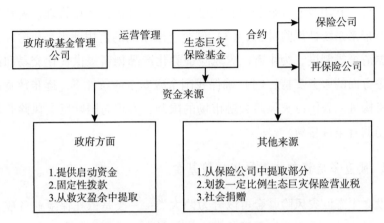

图 8 - 4　生态巨灾保险基金运营框架

　　生态巨灾风险基金的设立采取"一个主体，多个来源"的管理原则，政府作为生态巨灾风险基金的资金来源主体，企业、社会组织和个人等则作为基金的多元资金补充。（1）财政资金是生态巨灾风险基金的首要来源。政府作为生态巨灾风险基金的资金来源主体和管理者，在基金初设阶段提供启动资金，以后每年从财政预算中按照一定的比例划拨补充资金。（2）污染企业和生态相关营利组织是生态巨灾风险基金的第二大来源。政府从污染企业、经营性旅游景区、保险公司等组织机构中，按照"分门别类、差异对待"的原则，强制征收一定比例的巨灾风险基金。（3）环境保护税是生态巨灾风险基金的第三类来源。按照国家生态安全规划和生态文明建设目标，分阶段地从环境保护税中提取一定比例金注入生态巨灾风险基金。（4）设立专门账户广泛接受社会各界的无偿捐赠作为生态巨灾风险基金的补充来源。

　　在设定提取生态巨灾风险基金的规模和比例时，应按照我国各个地区的地理环境、经济发展水平、生态巨灾频率和损失程度，实行差异化提取。生态巨灾风险基金建立后，可选择由政府负责运作管理，也可委托专业机构或者基金公司来管理。生态巨灾风险基金主要用来提供超额补偿，分担无法转移的生态巨灾风险。

### 3. 设计多元化的生态巨灾债券

发达国家采用的巨灾风险管理工具中，目前除了常规的巨灾保险外，较多推行了巨灾风险证券化。生态巨灾债券的发行能将生态巨灾风险向资本市场有效分散转移。因此，可以借鉴国外发达国家巨灾风险证券化的成功做法，结合我国生态巨灾风险管理现状、经济发展水平和资本市场完善程度，设计与我国国情吻合的多种类生态巨灾风险债券。

生态巨灾债券的设计和推行，采用政府主导与市场运作伙伴合作的模式。具体操作可借鉴中再产险（中国再保险子公司）2015 年境外成功发行地震巨灾债券的经验。先在国外设立 SPV（特殊目的机构），国内大型再保险企业与 SPV 签订再保险合同，再由 SPV 在国内外资本同时发行生态巨灾债券。2015 年《巨灾债券运用与管理》被列为保险业的"十三五"规划重点研究项目，2016 年国家在《中国保险业"十三五"规划纲要》中提出推动巨灾债券应用。表明我国的巨灾债券创新正处于初探时期，可从探索发行单一型生态巨灾债券开始，如森林病虫灾害巨灾债券、鄱阳湖蓝藻生态巨灾债券、洪水巨灾债券、台风巨灾债券等。同时，为连接国内外资本市场，可与国外成熟的保险公司合作，学习国际巨灾债券评估、定价、产品设计与发行等经验。待我国资本市场发展成熟，巨灾债券的技术和市场条件更加具备，可由发行单一型转向发行综合多元型生态巨灾债券。在具体的实施过程中，根据不同地区灾害类型和巨灾损失程度，坚持多元化、差异化原则进行产品设计与发行。

## 8.4　推进生态安全与风险防控技术创新

### 8.4.1　生态风险防控技术的研究与推广

加强生态巨灾风险管理的科技支撑能力建设，发挥科技在生态巨灾风险防控和生态治理中的作用。（1）通过搭建科研平台，推进生态灾害和巨灾风险管理研究，加强生态防灾科技成果的转化应用，不断提升科技在生态治理、生态灾害管理、生态巨灾风险应对等方面的支撑能力。（2）重点开展生态巨灾的形成机理、风险源分析、减灾关键技术、风险管理新兴工具等领域的研究，研发重大生态工程减灾与生态安全保障技术。完善生态巨灾的调查评估、巨灾风险的监测预警和灾害风险防范等管理技术体系。（3）加大生态安全的基础研究，重点支持生态环境保护的科技攻关。重点开展生物安全支撑技术、生态系统监测评价技术、生态治理与保护技术、生态修复技术等关键技术的研究。（4）加强国际生态巨灾风险管理的科技合作与交流，学习引进国外先进的生态治理经验、生态灾害管理技术和生态环境保护手段，健全国内生态巨灾风险管理合作与交流机制。（5）重点提升生态巨灾风险防控的专业技术水平。比如加快发展遥感技术，以应对生态巨灾保险运营管理中承保范围广泛、投保对象分散和经营成本高企等问题。2013年四川芦山地震中，应用地理信息系统（GIS）和无人机遥感等技术，在短时间内精准地监测地震重灾区次生灾害的类型、数量和空间分布等，为后续保险理赔打下扎实的基础。因此，要建设高效的生态巨灾防控机制，灾害应对和风险管理技术的创新应用必不可少。

## 8.4.2　生态巨灾风险数据库建设与共享

建设生态巨灾风险防控机制不仅需要先进技术的支撑，也需要完备的灾害数据资料库作为基础。无论是生态巨灾保险的产品设计与推行，还是生态巨灾基金的规模设定，以及生态巨灾债券的评估定价，都需要以大量数据信息为基础，以建立精确的生态巨灾模型，进行风险等级和损失评估，促进生态巨灾风险防控机制建设。不管是生态巨灾保费的厘定、生态巨灾风险债券的定价，还是对生态巨灾危害的评估和建筑物遭受巨灾毁坏程度的测量等工作，每项工作的专业难度都巨大。此外，不同时期不同灾害造成的巨灾损失价值差距也非常大，更有赖于专业完备的数据库作为支撑。

　　生态巨灾风险数据库建设可考虑从以下方面着手：（1）政府应发挥巨灾数据库建设的主导作用，与专业组织联合开发，建设完善生态巨灾风险数据库。2017 年中再集团成为我国首家成立巨灾研究中心的保险公司，组建专业的团队研究应用巨灾模型，并开始建设巨灾风险数据库。截至目前，国家没有牵头建设巨灾数据库，也没有其他专业机构和保险公司对巨灾数据进行深层次的挖掘和归集。（2）中央和各地政府应委派专门的职能部门，调查统计各地生态巨灾的翔实数据，包括生态巨灾发生的灾害种类、概率频率、损失分布、生态影响、经济损失和人员伤亡等信息，与历来的生态巨灾风险事件进行比对分析、整理汇总，以建立资料完整、数据翔实的生态巨灾数据库。（3）要制定数据信息的采集标准和整理规范。2009 年保监会发布《巨灾保险数据采集规范》，为生态巨灾数据采集的规范应用提供了示范样本。制定详细的生态巨灾数据采集指引和规范手册，为建立科学完备的生态巨灾数据库奠定基础。（4）要搭建生态巨灾数据共享平台，便于各级政府部门、研究机构、保险公司和广大民众轻松查询。

## 8.4.3　全周期动态信息网络布局与监测

　　实施生态巨灾风险观测预警，要求找出诱发巨灾风险的不利因素。通过采取有效的观测方法和技术动态监控，同时根据相关信息预估判断风险诱因。进而根据巨灾模型假设风险因子的变化方向，为巨灾风险管理的决策者和部门提供预警信息，快速反应制订预控方案，预防引发社会危机。

### 1. 建立生态巨灾风险预警指标

　　2011 年国家减灾委专家委副主任史培军教授领衔科研团队历时 10 年研究发布《中国自然灾害风险地图集》，该图列出了不同区域、不同自然灾害的分布情况、特点和风险区别。同时，阐释了自然灾害预警的有关内容和应对措施。如台风预警应关注天气的气压气温，风的力度、方向和速度等，电力部门需要对台风影响电力设备故障可能性、电压失稳概率和应急救援装备使用率等评估。借鉴史培军教授的自然灾害风险地图集，编制生态巨灾风险的具体分布、特点和风险等级数据库，并相应编制各类生态巨灾风险的应对指南，还可细化到与基础设施相关部门的应对举措。

生态巨灾风险还会引发社会风险，社会舆情则是社会风险产生的关键诱因。因此引导管控好社会舆情，才能有效控制社会风险。在生态巨灾风险引致的社会风险预警指标选取中，要选取能为舆情动态监控提供有效信息的指标。要求覆盖舆情聚焦程度、空间分布情况、时间分布变化、发展扩散程度、舆情信息节点等，以及受众人群的舆情敏感度、行为倾向表现、人群集中程度等。

## 2. 管理生态巨灾风险预警信息

生态巨灾风险观测预警信息是风险管理中为生态巨灾风险应对设定处置关键点，为广大公众开展风险防控提供警示。生态灾害的信息收集质量和处理分析效率，都会影响到风险防控的成败。（1）收集生态灾害信息数据时，应该在自然灾害环境和社会互动环境内进行，运用当代高尖科技来实时监测险情，及时发布风险预警信号，提高信息收集的有效性和高效性。（2）处理生态灾害信息数据时，应把灾害信息进行分类筛选、动态汇总，使信息具备有用性和针对性。（3）分析生态灾害信息数据时，应深入研究信息内容，挖掘生态灾害诱发的本质问题，找准生态巨灾的风险源，评测风险的险级，为决策者提供风险征兆信息。（4）发布生态灾害信息数据时，及时对外公布预估预判的风险，动态发布真实风险信息，使信息具备时效性和真实性。只有让社会公众了解最新情况，才能有效预防舆情的流言传播，让社会大众正视出现的风险问题。

## 3. 改进生态巨灾风险预警技术

创建生态巨灾风险管理技术库，利用生态灾害风险预警技术提前开展生态风险预控。由于气象技术出现问题，马来西亚气象部门在 2007 年 1 月 19 日发布海啸警报信息，造成社会一度恐慌。与灾害风险管理相关的遥感监测、地理信息、灾害观测、风险预警和信息传接等技术得以迅猛发展，给生态巨灾风险预警带来了许多便利。然而随着不同生态灾害的演化扩散，给生态巨灾的风险预警带来新的技术挑战，如赤潮的监测预警需要赤潮毒素评测技术的创新发展。近年来国内非常重视生态治理和生态灾害管理的技术研发，虽然取得一定成效，但对生态巨灾预警的技术突破仍然存在巨大挑战。目前，我国除了洪水预警预报的技术处于世界领先之外，对龙卷风、冰雹等突发异常事件的预警时效性依然欠缺，且预测精准度仅为 30% ~ 40% 。为了提升生态巨灾风险预警技术，政府需要加大资金和精力投入研发，并鼓励更多社会研究机构参与研发。

### 4. 优化社会风险预警流程

不仅要重视防控生态巨灾的直接灾害风险，还要避免生态灾害引发的社会风险，优化社会风险的预警程序，以降低社会危机出现的可能性。次生社会风险的预警流程涵盖社会风险识别、预警指标和模型构建、综合评估等环节。在风险识别和险级认定后，还需要根据预警指标、真实风险状态和拥有资源，制订相关风险防控方案。优化社会风险的信息获取、汇总分析、传递接收等流程，使社会风险管理的各个环节有效衔接。优化社会风险的预警流程和关键环节，可提高风险传递与播报的准确性、客观性和及时性。

## 8.4.4　生态安全和风险防控沟通与教育

### 1. 风险教育

首先，学校和社区营造生态灾难的风险教育氛围。特别是社区作为应对生态灾害的重要依托力量，应创造条件支持社区发起生态灾害教育活动，不断总结过去发生的生态灾害，强化生态灾难风险教育。在社区，可以通过电影放送、文化活动和多媒体信息网络等营造生态灾难教育的氛围。在学校，可以通过图片、视频、音乐等方式对学生进行专门的教育，进而改变学生及家长的生态风险态度。其次，生态灾难风险教育要演绎为生态灾难知识普及教育。生态灾难的致灾原因本质上分为自然环境和社会环境。自然环境灾难需要借助科技发展提高预测能力，进而实施预控；而社会环境灾难则可以通过教育提高风险应对能力。现实情况下不可能让生态灾害的各种专家长期聚集在某个地区，但是如果普及公民自觉减轻生态灾害的知识，则社会民众应对生态灾害的能力将大幅提升。我国应该借鉴日本的方式。日本从 1995 年大地震中得出启示：民众应该而且可以达到自我保护，借助灾害风险教育之机，将灾害风险教育转为普及灾害知识教育。因此，我国在灾害防灾减灾教育中，也可将灾害教育由风险教育转向普及灾害知识教育，从危机管理教育转向危机准备教育。不仅要提高大众面对灾难的应对能力，更要提高民众在灾难发生前后的预防与恢复能力。

生态安全和生态风险的教育目标有以下几点：（1）基于中国特定的生态安全与生态灾难事故的经验教训展开教育，不仅让民众知道生命的重要性，更需要从小学生开始培养生态危机意识和生态灾难的强烈情感。（2）让学生不仅要理解生态自然环境与社会环境之间具有和谐共生关系，也要认识到生态危机会引发社会危机。（3）学校、博物馆、展览馆和相关专业科研机构，可为学生和广大民众提供生态灾害知识的体验学习，提高民众生态灾害风险管理的知识和能力水平。（4）加强与国际生态灾害知识提供者合作。开展国际生态灾害防控的合作与交流，加强与国际上有关生态灾害的防控知识中心、非政府组织、联合国相关机构等合作，针对有关人群进行宣传培训，提升生态灾害的风险教育水平。

## 2. 风险沟通

风险沟通是个体、群体及组织之间互相交换风险信息、处理意见等信息传递过程。风险沟通过程涉及互相交换风险事件的性质、范围、危害程度等相关信息，不仅直接传递风险相关信息，也包括有关风险事件的关注、反应和处理等意见表达，以及国家或相关组织有关风险管理的法规、政策和措施等。科韦洛（Covello，1986）将风险沟通界定为在群体之间传递健康情况或环境风险程度。美国国家科学院将风险沟通界定为：风险沟通是个人、团体、机构之间互相交流信息和意见的过程①。生态灾害风险沟通的内容有：生态灾害风险事件通知、生态治理与生态环境保护说服、生态安全和生态风险管理咨询等信息与意见的交换。

（1）根据风险阶段采取不同的形式。

风险沟通需要结合生态巨灾的发展阶段。如在灾害初期主要采取减少不确定性、提供保证等方面的快速沟通，具体见表 8 - 2。

表 8 - 2　　　　　　　风险沟通在生态巨灾不同阶段的主要作用

| 灾前：预防和准备 | 灾害期间：预警和应急响应 | 灾后：恢复和重建 |
| --- | --- | --- |
| 增强灾害意识 | 预警、公布灾情 | |
| 鼓励保护行为 | 触发管理者和受灾群众应急响应的行动 | 鼓励特定的行为 |
| 提供信息及如何使用信息、如何行动的指引 | 提供信息，协调行动 | 提供信息，协调行动 |
| 树立信心 | 巩固信心，情绪管理 | 巩固信心，情绪管理 |
| 分配责任，建立管辖权和信任 | 遵守权威的指令和安排 | 重新分配责任，建立管辖权和信任 |
| 回顾经验 | | 总结经验 |

（2）鼓励多元参与和多渠道沟通。

政府面临的第一个挑战是，在生态灾害中参与者和渠道多样性下如何进行风险沟通。政府需要在风险沟通部门之下常设建立网络和社交媒体机构，建立全面的社交媒体方针和策略，该机构整合所有与社交媒体相关的

---

① 杜俊飞，危如朝露.2010 - 2011 中国网络舆情报告［R］.浙江大学出版社，2011：470 - 472.

战略与服务。社交媒体作为管理者及其员工的交流整合工具之一，对如何利用社交媒体参与沟通需要给予明确的规则和建议。应用社交媒体进行风险沟通，需要注意目标用户的分割，否则沟通信息可能无法到达目标受众。沟通者需要评估不同的受众在危机中是否有可能转向社交媒体进行信息的收集，并确保组织进行相应的响应。但不是所有的公众都同样熟悉社交媒体，某些情况下传统渠道可能更加有效。这可以通过危机前实现对受众调查加以确定。在后危机阶段，需要进一步评估有关的措施，以重新建立组织的声誉。

（3）沟通模式与沟通渠道相匹配，见表8－3。

表8－3　　　　　　　　　　沟通模式与沟通渠道的匹配

| 沟通模式 | 沟通渠道 |
|---|---|
| 单向沟通<br>（信息提供） | 宣传页、宣传册<br>报告、文件<br>广告<br>电视、广播、报纸<br>互联网<br>社交媒体 |
| 非对话式双向沟通<br>（信息搜寻） | 实地考察<br>互联网<br>免费咨询电话线<br>调查 |
| 对话式双向沟通 | 协商会议<br>网上对话<br>社交媒体 |

## 8.4.5　生态灾害防控人才队伍培训建设

我国应该加强生态治理、生态灾害管理和生态巨灾风险防控等方面的专业人才培养和队伍建设。（1）加大生态巨灾保险相关人才队伍建设。以普通保险为鉴，在我国保险发展的早期，由于保险从业人员素质的参差不齐，导致保险销售误导事件时有发生，导致民众至今对保险还存在排斥心理。因此，生态巨灾保险产品的设计、销售和推广，必将面临更大的挑战。一方面要加大保险精算、大数据智能应用等专业人才培养，只有掌握先进的大数据统计技术与算法的人才，才能科学设计生态巨灾保险产品，促进生态巨灾保险的有效推行；另一方面要提高金融保险从业人员的素质，对从业人员的职业道德、专业知识和服务能力等提出更高更新的要求。（2）加大巨灾风险证券化相关专业队伍建设。巨灾风险证券化建设方面的工作，专业性非常强。因此，巨灾风险证券化的从业起点高，对人才素质要求比较挑剔。需要大力培养能从事有关生态资产评估、衍生工具开发等财经类人才。尤其是生态资源和灾害损失的评估测度等方面的人才，如资产评估、信用评级、会计法律、金融保险和证券期货等专业人才，能不断创新开发巨灾风险衍生管理工具，提高金融保险和资本市场为生态灾害管理服务的水平。（3）加大生态治理和环境灾害管理的专业人才队伍建设。当前，单一的生态巨灾迅速向复杂的综合生态巨灾演化，对生态灾害管理和风险防控工作人员提出更高的专业要求。要求熟练掌握 GIS、无人机遥感、环境污染检验检测、大数据统计分析等新兴技术和方法。

# 8.5　提高生态巨灾风险灾害的抗灾韧性

## 8.5.1　提升自然抗逆韧性

### 1. 生态建设

首先，加强生态建设，提升自然抗逆韧性。加强各区域的生态建设，需要重点做好以下环节工作：（1）要确立坚强有力的组织领导，在领导班子内既要明确责任、强化分工，又要思想统一、形成合力。（2）在实施生态治理和环境保护中要统筹安排，按照职责分工、各司其职，确保生态建设有力有序推进。（3）要建立通畅的信息沟通机制，确保信息上下联动。在生态风险管理决策中加强合作，形成一致的行动决策，密切配合形成生态治理的工作合力。（4）要善于找准生态风险管理的薄弱环节，突出生态灾害管理的工作重点。生态巨灾灾害的暴发，往往是生态环境保护中薄弱环节的污染破坏，经过长年累月的积累所致。（5）把基于生态安全的生态文明建设工作纳入综合考核体系。要求各级政府和社会公众切实贯彻国家生态治理、环境保护等文件精神，严格落实目标和责任。采取全天候监督、阶段性考核和随机突击督导检查相结合，促进生态文明建设工作的有序开展，确保取得实际效果。

其次，建立生态补偿机制。按照"谁污染谁治理、谁破坏谁恢复、谁受益谁补偿"原则，探索建立生态补偿机制。通过行政管理和市场运作两类手段，实现污染者付费和受损者补偿的管理目标。生态补偿的具体操作中，根据收支两条线进行运营管理。生态补偿基金的资金来源主要有两个：一是政府根据地方生态污染和生态巨灾风险现状，按一定比例预算划拨财政资金或在环境保护税中截留部分税收到生态补偿基金池；二是根据相关法规征收污染企业和组织的生态补偿金，将市场化筹集的生态补偿资金也归集到生态补偿基金池。制定生态补偿基金的补偿规则，合理规划生态补偿支出。确定生态补偿的对象和范围，根据参与主体在生态治理和环境保护中贡献的大小，确立合理的补偿标准。划定补偿的要素内容和补偿范围，采用直接补偿和间接补偿相结合的方式发放补偿金。

最后，营造良好的宣传教育氛围。（1）发挥媒体作用进行生态宣传。充分发挥媒体中介作用，对生态治理、生态灾害风险管理、生态环境保护等生态建设活动进行新闻报道，广泛宣传典型事件、事迹和案例。（2）新闻宣传部门要营造支持生态文明建设氛围。宣传部门要多制作生态灾害风险管理的节目，多角度、全方位地展开宣传，营造全国上下齐关注的浓厚氛围。同时，部门带头引导和凝聚社会各方力量，形成全社会广泛参与的局面。（3）举办形式多样的宣传活动。采取设置生态治理公益宣传栏、制作生态文明建设的专题宣传片、举办生态灾害风险管理新技术发展论坛、编制生态治理指引、印刷生态文明教育读本、传颂环境保护规范等多种形式，在学校和社区广泛宣传生态价值观。（4）大力加强生态文化示范基地建设。创建生态治理示范区、生态灾害管理示范单位、生态文明示范教育基地、生态环境保护示范景区等方式，围绕生态文明建设创新示范形式，营造良好的生态文化舆论环境。

### 2. 生态修复

生态修复指通过合理的人为举措对破坏的生态进行干预调整，按照生态学、灾害学和系统理论等综合学科的知识原理，更新生态系统的能量平衡和物质循环，采取生态环境塑造和生态资源修复，提升自然抗逆韧性。通过对生态格局进行划分，因地制宜，依据环境特点和设计目标，有利于生物多样性的方向发展。参考国家自然保护区的分类方法，划分不同等级的区域为生态修复保育区、生态缓冲区和生态功能活动区（见图 8 - 5）。修复保育区主要是指生态修复、培育和保护，采取增加空间范围、减少人为干扰等方式保持生态的保育恢复。缓冲区为保育区和功能区的中间过渡空间，人为干扰和活动较少，其功能主要是减少对保育区的干扰，为各种生物的迁徙提供空间，并为人类提供适当的游憩范围。缓冲区指充分利用合理宽度的林地植被，以隔离外围活动区免遭人类行为的各类不利破坏和影响。功能活动区与修复保育区较远，可以容纳强度较高的游憩活动及一些管理和服务设施。

**图 8 - 5　复合生态区域构成框架**

## 8.5.2  提高社会抗逆韧性

### 1. 优化社会环境，重构社会资源

社会环境在生态巨灾风险冲击时发挥第一层防护功能。寻找外在环境中的有利资源和要素组合，以提升社会环境的抗逆力，促进社会可持续发展。一是增加资金投入力度，优化社会空间布局，推进社会基础设施建设。社会环境的风险抵御能力衡量需要评估其物理抗灾性，强化社会环境的基础设施，如排水系统、道路地基结构、供电供水系统、建筑防震构造等，以及生态灾害逃生路线设计和避难场所空间优化等，能有效降低生态巨灾风险造成的初级冲击危害。二是采用综合的社会风险抗逆措施，充分发挥社会群体自身力量，通过广泛组织生态风险管理文化活动和社会动员学习，聚集文化要素和社会资源，为提高社会大众的集体抗逆行动奠定风险抵御基础。三是促进社会资源和人文因素的协调发展。强化生态环境中的生态保护因素，减弱社会环境中的脆弱性因子，从自然生态与社会环境双向出发，进行相应行为改进，优化和重构资源要素组合。

### 2. 完善多元主体管理规范，明晰参与主体角色

提高全社会的抗逆性不仅是一个长期潜移默化的过程，更是一个需要全员广泛参与的艰巨任务。因此，在社会风险抗逆韧性建设的过程中，不仅需要政府主导推进，更需要社会组织、企业、志愿者个体和广大社会民众等主体主动参与。只有全社会主体的共同参与，才能实现全社会在面临灾害风险时抗逆性水平的整体提升。而多元主体进行风险应对时，需要明确不同参与主体的角色，相应进行职责分工。避免参与主体职责模糊，救援治理现场无序现象，导致防灾救灾低效率。因此，需要对多元主体进行相应的分类管理和行为规范，充分发挥骨干主体的主心骨作用和示范效应，同时带动其他主体广泛参与风险管理。

### 8.5.3　优化社区抗逆韧性

#### 1. 打造社区的空间韧性

空间韧性指空间形态布局不单纯以社会民众的需求为导向，而且以抗灾减灾的需要为目标，通过对社区多样化的抗灾设计和空间规划布局，为社会民众提供丰富的活动，促进社会广泛参与。通过营造社区安全韧性的培育氛围，提升居民社区安全韧性的凝聚力和生态风险治理的认同感。构建社区安全韧性之一的空间韧性，不仅要兼顾生态灾害多样化的特性，也要考虑社区多元化的需求。借鉴传统规划的安全设计经验，在建构社区安全韧性时注重空间开放性和结构稳定性。社区的基础设施和景观设计要强化安全韧性，在空间设计上要确保结构的稳定性，在安全架构上能够抵抗高险级灾害，在景观建设中要符合的整体性规划要求。由于社区地下空间和空旷空间的设计拓展在社区防灾救灾中功效突出，因此在社区安全韧性的规划布局中，应有效利用社区地下空间，科学安排冗余空间的互通互配、联动防灾，整体提升社区空间的安全韧性。

#### 2. 培育社区的心理韧性

培育社区居民的心理韧性，降低灾害恐惧感和防灾心理脆弱性，是夯实社区民众防灾减灾的心理基础，也是提高社会民众灾害防控的综合素质之一。当社区遭受生态巨灾风险侵害时，如果社区民众能自觉展开应急救援，则巨灾风险造成的损害能降低到最低程度。培育社区居民灾害应对的从容心理，充分发挥社区自主复原功效，提升社区整体的恢复力，有利于减轻社会的救灾压力。由此，应把有效提高社区民众的心理韧性作为建构社区安全韧性的重要抓手。社区居民心理建设的具体落实需要政府与社区居委会共同推进，培养社区民众自主防灾救灾和互助共助意识。一是政府方面，要增大社区安全韧性建设的财政资金和人力投入，可组织专家编写社区生态灾害管理的知识手册、灾害应急指南和巨灾应对心理疏导普及刊物等。二是社区方面，要开展社区安全韧性为主线的形式多样活动，既有普及灾害管理的教育类活动，也有提高社区安全韧性的文体活动。通过在丰富多彩的活动中纠正社区民众错误的救灾措施，引导社区民众正确有效地开展防灾自救。

### 3. 强化社区的发展韧性

社区安全发展韧性是指采取系统性的组织安排促进社区安全韧性生成的机制，强化社区自我发展能力。一是建立社区生态安全的决策与反馈机制，政府通过制度化手段规范和引导社区管理，引导社区积极建设自我造血功能。二是强化社区的发展规划。在规划中将生态安全的韧性规划与生态灾害防控的灵活应对结合，既强调生态安全的客观应对能力，也注重降低社区脆弱性的弹性管理能力。三是建立多层次的社区安全发展韧性建设体系。通过制度安排弥补空间规划的缺陷，制定社区规划不足时更新改造的制度规范。在提升社区安全韧性整体功能的同时，推动社区的更新维护和改造重建，提升社区发展的灵活性和安全韧性，提高适应外部环境变化与冲击的应对能力。

# 8.6 本章小结

本章主要阐述了生态巨灾风险管理的策略与路径选择。目前，我国生态巨灾风险管理法律法规的建设尚不完善，构建现代生态巨灾风险管理制度变得十分重要。（1）构建现代生态巨灾风险管理制度，同时完善生态巨灾的指挥管理系统、预警预防系统、灾害救助系统和评估考核等系统，以此建立一个更为成熟的生态巨灾风险管理协同系统。（2）针对中国目前生态巨灾风险融资水平较低的现实，亟须加快生态安全与生态保护融资创新。既要完善生态巨灾融资体系与融资结构，也要拓宽生态巨灾风险资本的融资渠道和方式，借力多元融资市场与融资模式，分散分担生态巨灾风险损失。（3）推进生态安全与风险防控技术创新，加强巨灾风险数据库建设与共享，加快生态灾害防控人才队伍建设，进一步做好生态风险防控技术的研究与推广。（4）提高生态巨灾风险灾害的抗灾韧性。注重生态建设与修复，提升自然抗逆韧性；重构社会资源和参与主体的规范管理，优化社会环境以提高社会抗逆韧性；培育社区安全韧性，通过总体规划优化社区抗逆韧性。

第9章

# 研究结论与政策建议

现代社会由于人与自然、人与社会、人与人之间的关系发展快速变化，生态风险的致灾机理、风险传导与扩散机制，都发生着前所未有的变化。生态巨灾系统的复杂性、脆弱性呈现新的特征，对传统的灾害风险管理制度和模式形成极大挑战。本研究引入多学科的理论和工具，创新研究视角和方法，研究生态安全视角下的巨灾成灾原因、成灾机理、动态识别、反脆弱路径和巨灾风险的社会协同防控机制等核心内容。

## 9.1 研究结论

### 9.1.1 生态巨灾呈现新趋势，风险管理面临新挑战

（1）生态巨灾风险威胁日益严峻。

近年来气候变化愈加剧烈，自然灾害显著增多，科学技术不断发展在带来社会进步的同时也滋生了大量的社会风险。频率增加、规模增大的自然灾害，叠加气候极端变化形成生态巨灾，以及人为破坏等导致的巨大灾害层出不穷。生态巨灾事件的发生，不仅导致巨大生命和财产损失，还会引发生态灾难。严重的生态灾难造成的毁损短时难以恢复，严重阻碍社会的可持续发展进程，甚至会诱发经济危机和社会动荡。此外，在风险源不

断扩大的同时，生态巨灾风险逐渐现出了多种灾害复合化、风险传播快速化、影响范围扩大化的趋势。

全球范围内自然灾害造成的经济损失巨大，灾害损失趋势不断扩大，几乎呈指数形式增长，并且发展中国家面临比发达国家更为严峻的风险威胁。中国作为世界上最大的发展中国家，复杂的地理环境及社会环境，使得中国成为全世界生态巨灾风险最严重的国家之一，社会经济快速发展叠加的环境污染和生态破坏，导致我国面临有史以来最严峻的生态巨灾风险考验。据课题组统计，中国近年的生态巨灾风险事件发生频率较高，自然生态巨灾发生的频率高于非自然生态巨灾发生的频率。

（2）生态巨灾风险危及国家安全。

生态安全属于非传统安全，过去常常被人们忽略，没有引起政府和公众足够的重视。经济全球化时代下，非传统安全相对于传统的军事和政治安全，受到越来越多的关注和重视，特别是生态失衡和环境破坏等影响社会经济可持续发展的生态安全问题。2014 年国家首次将生态安全纳入国家安全体系，并作为总体国家安全观。党的十八大提出全面深化生态改革，要求新常态下重点防范生态等隐形风险。2015 年颁布《中华人民共和国国家安全法》，生态安全被作为维护国家安全的重要任务。党的十九大详细阐明生态安全的重要性，提出实施生态文明建设战略，为全球生态安全和创造全国人民良好的环境作出贡献。2018 年全国生态环境保护大会将生态安全体系建设作为生态文明建设的五大体系之一，以实现生态系统良性循环和有效防控环境风险为重点。生态巨灾事件暴发的破坏力不仅因为事件本身导致的严重影响，而且还可能因为严重破坏社会生产力而危害国家安全。生态巨灾风险成为危害国家安全的重要因素，生态安全正得到国家前所未有的高度重视。

（3）生态巨灾风险管理陷入迷境。

随着人类社会的不断发展，人们对于各类灾害的风险认知水平都得到了很大的提升，同时对于灾害管理和控制的相关技术及装备的发展取得了非常明显的成果。然而，理念和技术的进步对于生态巨灾风险管理的实际效果却并没有取得预期的效果。巨灾风险理论可追溯到 20 世纪 50 年代，从单纯的自然灾害理论发展到集合自然与社会的综合性巨灾风险管理理论。在风险管理的实践上也由早期的危机管理上升为当前的风险管理，近年来，国际上还兴起了风险治理的实践创新。巨灾风险的管理理念从早期的工程减灾发展到工程减灾与非工程防灾结合的新风险管理理念。

在巨灾风险管理的理念、手段和方法等多方面取得进步的情况下，政府失灵和市场失灵的现象仍然时有发生，实际的生态巨灾风险管理中也出现了大量的"小灾变大灾"现象。在过去的生态巨灾风险管理发展中，总是经历着被动的"从灾害到灾害"的恶性循环过程，生态巨灾风险管理陷入迷境。随着巨灾风险管理理论和实践的快速发展、巨灾风险管理研究视角的不断拓展和工具方法的探索创新，人们逐渐认识到在现代社会风险变化的背景下，用单一静止的思维和框架来防范生态巨灾风险必然受阻，应用系统综合、动态调整的思维方式和制度框架来防范规避生态巨灾风险。

## 9.1.2　社会自然释成灾机理，生态巨灾致多重效应

（1）多角度认识生态巨灾，明确风险来源与特性。

生态巨灾风险具有"自然属性"和"社会属性"二重属性。生态巨灾风险的二重属性给出了以下问题的答案："生态巨灾风险是什么""生态巨灾风险来源于何处""生态巨灾风险致灾的原因是什么""风险致灾传导的逻辑是什么"等问题。生态巨灾风险是指因重大自然灾害、人为事故、疾病传播等造成巨大人身和财产损失的生态灾害风险。根据人类历史上生态安全事件的综合分析，任何生态灾害事件都需要具备致灾因子、孕灾环境和受灾体三个要素条件，而引致生态巨灾风险产生的原因最终可归为自然因素和人类活动。进而可将生态巨灾风险的成灾来源分解为：自然与社会环境、人口增长与人类活动、环境系统脆弱性与恢复力。生态巨灾风险不仅具有普通巨灾风险的特征，更表现出自身独特的生态特性。普通巨灾风

险具有发生概率低、损失巨大和影响程度大的三大特征。生态巨灾风险还表现有动态性、滞后性、持续性、难预测性、不可规避、系统性和外部性等特殊属性。

（2）自然和社会双重作用，传导承灾体和环境致灾。

气候、地质、海洋和物种等自然因素的异常变化是导致生态巨灾的直接因子，而非自然因素正成为生态巨灾的新源头，人为的经济因素和社会因素加剧自然因素变化，也会导致生态破坏并形成生态巨灾。自然致灾因子和社会脆弱性双重因素相互作用，共同决定生态巨灾损失大小，而社会脆弱性是影响巨灾损失程度的决定因素。国内外学者和相关组织的主流观点一致认为，灾害成灾是致灾因子、孕灾环境和承灾体综合作用的结果。因此，生态巨灾的成灾机理本质上是基础条件、诱发因素、孕灾环境和承灾体等因素条件共同作用、互相传导的综合结果。

（3）生态巨灾致灾效应明显，呈现多重复合效应。

生态巨灾风险的致灾具有多重复合效应，分解体现为生态效应、经济效应和社会效应。生态巨灾风险会引发气候环境恶化、土地荒漠化、森林面积减少、生物多样性减少、水资源枯竭等生态效应，具有影响幅度大、涵盖的时空尺度宽、伤害范围广和复原时间长等特征。生态巨灾风险引致的经济效应分为直接经济效应和间接经济效应。直接经济效应指巨灾导致的初级损失，间接经济效应则指巨灾引致的次级叠加损失和隐性影响。同时，生态巨灾还会引致外化效应、放大效应和波及效应等社会效应。生态巨灾风险造成的生态效应、经济效应和社会效应，都将影响中国的持续发展和社会稳定，需要充分利用其积极效应，规避其不利影响。

## 9.1.3　多因素影响生态灾害，综合评估灾害风险

（1）多维因素影响中国生态灾害。

中国生态灾害风险主要受地理自然条件、区域经济维度、社会管理程度等方面的影响。不同地区的自然资源禀赋、地理环境状况、经济发展水

平等存在较大差异，自然灾害的敏感性和社会的脆弱性亦大不相同。若突发的自然灾害与脆弱的生态环境、社会系统相结合，灾害风险等级随之陡增。归根结底，影响生态灾害的因素本质上可归结为自然致灾因子和社会抗逆力，两者相互影响共同决定灾害的后果。根据生态灾害风险框架和生态灾害风险的相关研究，结合国家统计数据和调查数据，课题组最终确定自然资源禀赋、灾害致灾损失、人居生态环境、资源治理防护和公共管理保障五个维度为生态灾害风险的影响因素。

（2）中国生态灾害的地区差异明显。

国内外有关生态灾害风险的评价通常以污染源或区域为对象构建评估指标体系，评价的方法主要有三类，包括基于风险损失的数理统计法、基于风险因子的指标评估法和基于风险机理的模型分析法。课题组将模糊集理论与灰色关联分析相结合建立方案排序模型，用灰色模糊综合评判法对中国的生态灾害风险进行定性和定量分析，研究结果发现：中国生态灾害的高风险区域主要位于北部和中部地区；中风险区域主要分布在南部地区，集中在西南和东南沿海地区；轻风险区域为北京和浙江地区。总体而言，中国整体生态灾害风险程度属于中风险，地区风险等级差异较大。南部区域由于自然资源禀赋、人居生态环境和资源治理防护水平较高，区域的生态灾害风险程度低于北部区域。

## 9.1.4  个体风险感知有差异，行为选择倾向明显

（1）公众生态巨灾的风险感知与敏感程度总体较弱。

通过调查研究风险主体对生态巨灾的风险感知和敏感程度，结果显示人们对生态巨灾的风险感知度较弱，源于人们对生态巨灾风险的关注度普遍较弱，特别是对生态巨灾安全环境的关注最弱。而且人们对生态巨灾信息敏感程度也比较低，反映了风险主体对生态巨灾风险认知和信息获取的动力不足，基于生态安全的巨灾危害和环境安全没有得到公众的足够重视。

（2）不同风险个体的风险感知与行为选择差异明显。

从个体的性别、年龄、居住类型和教育程度等方面，进一步研究风险主体的风险感知差异与行为选择倾向。调查发现不同个体之间的文化、教育程度及认知程度等差异，致使不同个体对生态巨灾的风险敏感度和行为倾向存在显著差异。对生态巨灾风险的感知敏感度和风险态度行为方面，女性比男性积极、老年人比年轻人更消极；学历与教育程度高的主体风险感知和防控巨灾的态度行为更积极；城市人口比农村人口更积极；遭受过巨灾经历比没有经历的主体更主动。

（3）有限理性和政府救助会影响风险主体的非理性行为。

风险主体在面临巨灾风险冲击时有限理性实现程度较低，其原因在于受非贝叶斯法则、代表性法则、框架效应、锚定效应和从众行为等外界偏差性行为显著干扰，非理性会在很大程度影响个体的行为选择，导致出现风险偏好倾向。而政府救助与社会捐赠也一定程度会影响风险主体的非理性行为。政府的全能救助和社会的无偿捐赠，作为巨灾损失的补偿如果超越预期，会使受补偿群众产生非理性行为，导致生态巨灾风险管理的低效率。

## 9.1.5　动态识别生态巨灾，建设有效风险防控机制

（1）漫长探索建设生态中国梦。

中国生态巨灾风险防控经历了漫长的发展历程和探索时期。课题组将生态巨灾风险防控的探索历程分为五个阶段，具体分为：第一阶段为 1949～1977 年的探索时期，是我国生态边缘化的转型之路；第二阶段为 1978～1991 年的萌芽时期，确定保护环境为基本国策；第三阶段为 1992～2001 年的发展时期，提出可持续发展战略；第四阶段为 2002～2012 年的深化时期，提出坚持科学发展观；第五阶段为 2013 年至今的成熟阶段，提出建设生态中国梦。

（2）综合动态识别生态巨灾风险。

现代社会风险变化的背景下，用单一静止的思维和框架来防范生态巨

灾风险必然受阻，应用系统综合、动态调整的思维方式和制度框架来防范规避巨灾风险。因此，面对错综复杂的生态巨灾风险，需要对巨灾风险的风险源、承灾体、孕灾环境等进行有效识别，建立起综合风险识别体系。生态巨灾风险源识别时，应综合考虑多方面因素，明确所识别的生态巨灾特征和频发类型，并提高风险源识别技术。承灾体的风险识别时，要建立科学全面、系统可行的指标体系，综合评估承灾体的风险敏感性和生态脆弱性。孕灾环境的风险识别，可通过历史数据、地域特征、巨灾风险预测模型等进行识别。

（3）建立生态巨灾风险防控机制。

有效识别生态巨灾风险后，要建立健全生态巨灾风险防控机制。①风险预警机制。构建及时有效的预警系统，实时监测各生态系统的环境变化，动态比对实时数据与未来预测值，一旦触发预警阈值则发出警报，及时采取恰当的风险管理对策，使现有状况在恶化前得到控制。②政府诱导机制。建立政府诱导的生态巨灾风险管理运行机制，充分发挥政府机制的优势，以政府机制引导市场机制在生态巨灾风险管理中的活力。③激励约束机制。探索采取增减双向挂钩模式，既包括激励机制，也包括约束机制。④协调联动机制。协调各地区、各部门和各社会组织等在风险防控、救灾减灾、灾后重建等过程中，有效利用信息沟通、资源互补联合展开行动。⑤长效监督机制。鉴于生态巨灾具有持续性、滞后性和外部性，应建立长效监督机制动态监控灾前预防、灾后重建情况，保障防灾救灾资金安全有效使用。

## 9.1.6 生态巨灾系统复杂，构建风险协同治理机制

（1）构建生态巨灾的风险管理制度和协同管理系统。

探索构建更加完善的生态巨灾风险管理制度体系，完善的制度体系包括制定生态巨灾风险管理的法规、加强生态巨灾风险管理的规划建设、健全生态管理的激励与惩罚教育制度、应急准备制度和组织制度等。同时，

要建设生态巨灾风险管理协同系统，包括生态巨灾的指挥管理系统、生态巨灾风险预警预防系统、生态灾害救助系统、生态治理与风险管理的评估考核系统，实现生态巨灾风险管理的制度化和系统化。

（2）加快推进中国生态安全与生态保护的融资创新。

针对中国目前生态巨灾风险融资水平较低的现实，亟须加快生态安全与生态保护融资创新。在科学分析生态巨灾融资缺口与融资目标的基础上，平衡融资成本与投资效益。在完善生态巨灾融资体系与融资结构的同时，拓宽生态巨灾风险资本融资渠道和方式，借力多元融资市场与融资工具，分散分担生态巨灾损失风险。

（3）加快实现中国生态安全与风险防控的技术创新。

为加快实现生态安全与风险防控技术创新，可以考虑从以下几个方面着手：加强巨灾风险数据库建设与共享，进行巨灾全周期的动态信息网络布局与监测，加大生态安全和风险防控的沟通与教育，加快生态灾害防控人才队伍的培训与建设，并进一步做好生态风险防控技术的研究与推广。

（4）提高生态巨灾风险抗灾韧性与降低社会脆弱性。

从自然、社会和社区的角度，提高生态巨灾风险抗灾韧性，实现降低社会系统脆弱性的目标。首先，通过政府行政管理和市场资源配置两个手段，按照"污染者付费、受损者补偿"的生态补偿机制，统筹规划建设生态文明与生态修复，提升自然的抗逆韧性。其次，寻找环境中的有利资源，进行要素资源的合理配置和优化组合。通过重构社会资源和参与主体的规范管理，优化社会环境，提高社会的抗逆韧性。最后，发挥社区防控生态灾害的基础作用，提升广大社区的安全韧性。采取打造社区总体规划的空间韧性、培育社区的心理韧性和强化社区的发展韧性等措施，优化社区的抗逆韧性。

## 9.2　政策建议

要实现基于生态安全的生态巨灾风险防控目标，需要提高生态巨灾风险管理的有效性，前提在于发挥个体风险管理的主动性、各方主体参与的广泛性、风险分散的稀释性和风险治理的制度性。根据生态巨灾的成灾机理和风险传导逻辑，有效的生态巨灾风险管理应着力降低致灾因子发生的不确定性，提高承灾体的抗逆力和安全韧性，并降低孕灾环境和社会系统的脆弱性。为此，课题组提出以下政策建议。

（1）加快生态巨灾风险管理制度建设，提高制度保障能力。

良好的风险管理制度是确保有序应对生态巨灾风险的保障，因生态巨灾风险的产生极有可能导致社会系统的失序。因此，建立健全生态巨灾风险管理制度，完善相关法律和制度建设非常重要。尽管从目前来看，我国的法律法规制度还存在着诸如法律体系庞杂、各部门间协调性较差的问题，但是随着国家对立法工作的重视，已经逐步取得了一些积极的进展。此外，我国的法律体系存在另一问题，虽然我国有着较为完整的法律架构，但部分法律条文是根据国外法律变化而来，条文笼统抽象，缺乏本土性、针对性和实用性。这也导致了我国生态风险管理活动中，行政手段的运用远远多于法律手段的实施，出现了法律条文不如政府文件、政府文件不如领导批示的情况。在完善生态安全和生态巨灾风险管理制度方面，特别是生态巨灾风险的社会协同治理急需加快法制和规则建设进程。可参照部分发达国家如日本、德国等，制定高等级抗震抗灾的《建筑物标准法》《生态巨灾风险监测法》《生态巨灾灾害减轻法》《生态巨灾保险法》等，建立与生态巨灾风险管理相关的系列法律。除了相关法律法规需要建立健全外，生态安全与巨灾风险管理的激励与惩罚教育制度、风险准备与应急管理制度、组织管理制度等系列制度，也亟待建设和完善。加快建设生态巨灾风险管理的相关法规和制度体系，才能为有效提高基于生态安全的巨灾风险管理提供基石与保障。

（2）加强生态安全与巨灾风险的教育，完善公众沟通机制。

通过微观风险主体的风险感知和风险应对的行为选择倾向研究发现，受教育程度与个体、组织及社会的风险感知能力呈正相关，与脆弱性呈负相关。因此，建立系统的生态安全与巨灾风险管理教育体系，将有利于提高社会的整体风险管理能力。不管是正式教育还是非正式教育，只要是有效的风险管理文化传播，都有利于形成生态灾害风险管理文化体系，未来一旦面临风险威胁时，整个社会才能从容面对。一是在正式的学校教育中，社会及学校应该充分重视风险教育，制定相关制度，加大经费投入，开发专业的有针对性的教材。通过情景教育（灾难现场体验）、灾害经历者讲述、影视传播、灾害数据库等多种方式进行风险教育，并定期和不定期开展灾害演习。二是在学校教育之外，可通过公众媒体、自媒体等方式进行公众教育，促进社会舆论支持，引导社会公众情感，从而减少风险冲突，同时提升社会各方协同的有效性。

在整个风险教育体系构建与规划设计中，有赖于政府对风险教育与文化传播发挥主导作用，丰富完善公众沟通机制。目前我国虽然在公众沟通方面已有所行动，但主要是通过风险告知这一单向的信息传递，实际的风险管理中缺乏社会公众的参与。政府及相关专业人士的公信力与信息沟通的有效性具有直接强烈的关系，一旦其公信力被质疑，便会引发信任危机，影响信息传递的有效性。所以，政府应该积极扩展沟通平台，开发创新沟通方式，完善双向沟通机制。此外，还应充分利用新兴的互联网沟通平台，如官方微博、QQ、微信等，通过社交媒体增加风险信息的可获得性。因此，政府除了在重视主流媒体之外，还应大力发展、充分利用、积极引导、动态监管这些平台的规范发展，实现多元沟通。

（3）加快推进生态巨灾管理融资创新，提供广泛资金支持。

生态巨灾风险管理最为有效且成本最低的手段是防患于未然，风险管理的效果是事前预防优于事后控制。单就目前来看，我国生态巨灾风险预防措施还远远不足，这使得我国不得不投入大量的资金进行灾后救灾，不仅造成大量的财产损失，也使得人民的生活得不到保障，容易演化为社会危机。与美国、日本等国际发达国家投入巨灾领域的防灾抗灾资金相比，我国在巨灾风险管理领域的投资额度不高，特别是灾前预防的融资创新还有较大差距。随着近年来我国生态安全与巨灾风险管理意识的不断增强，生态灾害风险管理的能力取得了显著进步。以我国在 2002 年的 Sars 病毒事件、2008 年南方冰冻雪灾和汶川地震、2018 年非洲猪瘟事件以及 2020 年的新冠疫情事件为例，灾情发生后，政府反应迅速，社会民众积极响应，取得非常好的风险管控效果。中国新冠疫情的有效管控与世界其他国家形成鲜明的对比。尽管如此，我国生态巨灾风险管理领域的预防投入和融资创新仍有待增强。

探索中国特色的生态巨灾风险管理融资创新，为实施中国式生态巨灾风险管理提供资金融通。一是建立健全政府灾害全周期的财政预算制度，全面执行财政预算绩效考核；二是做好财政防灾救灾资金的统筹安排，确保突发灾害情况下财政资金的合理调拨和有效使用；三是加大防灾救灾重点新兴领域的投入，在保证已有灾害预防投入的基础上，进一步加大现代生态灾害风险管理中的大数据、云计算、智能化等重点技术领域的投入；四是引导各级财政继续提高生态灾害风险管理投入在 GDP 中的比例，建设中央和地方政府多层级的生态安全与灾害风险管理投入；五是激发社会活力拓展多渠道融资，在部分防灾减灾领域充分引入社会资本、社会援助和社会捐赠等方式，减轻财政压力的同时，激发社会活力；六是创新衍生金融工具并积极发展资本市场，为生态灾害融资提供更多的优惠支持和宽松的政策环境。通过国家引导、政策支持建立全社会的生态灾害管理投入，提高生态安全与巨灾风险管理投入规模。同时，要强化生态灾害风险规划和投融资的过程管理，将灾害预防纳入城市规划布局、产业发展规划、工程建设与施工之中，提高规划和发展的灾害预防能力。

（4）扎实做好生态巨灾应急准备管理，促进多元协同治理。

党的十八届三中全会提出深化改革的总目标是完善和发展中国特色社会主义制度，推进国家治理体系和治理能力的现代化。党的十九大报告进一步明确治理要求，要实现"党委领导、政府主导、社会协同、公众参与、法治保障"的多元化社会协同治理格局。一是政府发挥生态灾害风险管理的主导作用。在当前社会加速转型和国家治理现代化的背景下，政府要积极引导社会各方力量参与到生态巨灾风险的管理中来，改变我国过去生态巨灾风险管理中以政府为"单核心"的局面。二是政府要及时有效地向公众传递生态灾害风险管理信息。通过搭建社交网络、社区平台以及公共网络等平台，将生态安全与灾害风险管理信息更加透明迅速地传递到公众，让公众具有充分的知情权和参与权。三是政府要建设更多公众表达诉求的便民渠道和平台。政府应提供更多渠道以便于公众表达自己的意愿和诉求，让公众有更多参与风险管理的机会和权力。四是政府要积极引导非政府组织参与生态灾害风险管理。政府要创造条件引导广大非政府组织参与到生态巨灾风险的防控与管理中，通过为非营利性组织、民间机构、社会中介等非政府组织的发展创造条件和环境，为其健康成长提供基础和保障。通过制度化建设充分引导非政府组织的规范发展，最终实现为生态服务的相关组织规范化、制度化和专业化发展。五是加大生态巨灾应急准备的技术、装备和信息管理系统等发展。加快生态灾害的风险预警、监测等技术和防灾抗灾装备开发，提高科技防灾减灾水平。大力开发建设灾害信息管理系统，提高灾害信息管理的综合能力和现代化水平。通过构建灾备数据系统、灾害信息系统和开发灾害模拟模型等手段，提高生态灾害的预测能力、风险应急的反应速度。

（5）充分发挥广大社区的排头兵作用，形成风险第一应对。

一个健全的生态巨灾风险管理体系，应该具有多中心多层次，同时能互相连接、互相协调、实时共享、动态更新等特点。我国目前的生态巨灾风险管理主要是由政府主导的，从政府到社区再到个体的单向单中心的风险治理模式。单一单向模式存在重大缺陷，长期的上层主导导致基层风险管理意识薄弱、治理结构弱化。因此，过去生态巨灾风险管理的社会性基础比较薄弱，产生了生态巨灾事件中单个家庭和社区的"孤岛效应"。事实上，从灾前发现生态巨灾暴发迹象，到生态巨灾突发后的风险应对，真正能做到第一时间反应的并不是上层政府机关，而是处于底层的社区组织。显然，社区组织在生态风险知识的分享、风险信息的交流、风险政策的传递等方面都发挥着特殊的作用，因为社区是承担连接政府、企业和家庭的纽带。社区网格化管理，能极大提高社区与外部的协同，在 2020 年中国新冠疫情防控中社区的协同治理角色表现得淋漓尽致。因此，加强社区组织在生态巨灾风险管理体系中的建设，有效发挥社区在生态巨灾风险管理中的排头兵作用，是实现协同社会各方力量充分参与到生态巨灾风险管理的关键所在。

（6）创新工具提升风险分散稀释能力，发挥市场主体作用。

有效的生态巨灾风险管理需要建立高效的巨灾损失分散机制和丰富的融资风险管理工具。传统的以政府为融资主体，以财政救灾为主要渠道的救灾模式远远不能满足当前生态安全与巨灾管理的需要。对于大多数商业保险公司而言，生态巨灾风险保险只是一种特殊责任。我国历来采取以"政府治理为主，社会治理为辅"的生态风险治理模式，然而这一治理模式最大的弊端在于无法充分发挥市场的作用。因此，我国需要充分发挥市场主体的能动作用，加快生态巨灾风险管理工具创新，并以此为基础进一步开拓具有强大需求和潜力的市场。立足于中国实际国情，同时广泛借鉴国外成熟的巨灾风险管理工具，创新开发包括生态巨灾保险和巨灾再保险、气象指数综合保险、生态巨灾债券、生态巨灾基金、生态巨灾期权等证券产品和衍生工具。生态巨灾保险和金融等衍生工具作为一种为极其特殊风险服务的业务，需要政府与市场机制的有机结合，以及相关特殊制度的供给和政策的优惠。我国应加快生态巨灾保险、生态巨灾金融市场等立法，积极营造生态巨灾保险和资金融通的发展环境，推进围绕生态巨灾风险管理的资本市场建设。生态巨灾债券、气象指数保险等巨灾风险证券化产品具有较高的市场环境和制度要求。由于这类产品能够有效克服传统风险管理工具的缺陷，具有较强的市场开发潜力，政府应积极引导和政策激励，加快此类产品的创新和发展。生态巨灾基金通过连接政府、保险公司、社会广大企业和个人等市场资源，不仅有利于稀释分散巨灾风险，也能为生态巨灾的巨量损失提供保障兜底。中国可以鼓励建立国家级和区域性综合生态巨灾基金、地震灾害基金、洪涝灾害基金、特殊病源灾害基金等专项生态巨灾风险基金。

（7）有效推进风险监测预警科技创新，推广救灾防灾技术。

要树立科学的风险管理念，为实现生态安全与生态灾害从危机管理到风险治理的转变，需要有效推进风险监测和风险预警的科技创新，大力研发和推广救灾防灾技术。一是加快风险监测预警技术创新，加大污染源识别技术的研究，实行生态环境风险的动态监测和全周期识别。二是搭建生态灾害和环境保护的风险预警监测平台，建立数据资源信息的共享机制。广泛搜集汇总生态灾害和生态环境的基础数据信息，建立全国统一的生态灾害风险信息数据库。同时建立数据信息共享机制，使具有区域特性的污染监测结果也能在不同部门和地区间实现信息共享。三是实施高危灾害和重点区域生态风险预警试点示范工作，以点带面发挥示范效应和辐射效应，不断完善生态灾害风险的预警预防体系建设。通过科学规划设计，建立一套符合当地区情、精准高效的预警体系。四是加快推进生态安全保护和生态建设与修复区域的示范建设，对示范区域的生态灾害风险管理经验，以及采取的救灾防灾技术等进行推广。

# 附录 调查问卷

问卷编号：

## 生态巨灾风险的认识与防控的调查问卷

尊敬的朋友：

您好！

为更好地普及生态巨灾知识、全面提高巨灾防控水平，减少生态巨灾带来的损失，受国家社科基金专项课题委托，现进行一项针对公民对生态巨灾风险的认识与防控的调查研究。

您的意见无所谓对错，只要真实反映您的情况和想法，都会对我们有很大的帮助。我们将对您的回答严格保密。希望您能在百忙之中抽出一点时间协助我们完成这次调查，完成本问卷大约需用 10 分钟。

感谢您的支持与合作！

您来自：省（市）市（州、区）县

注：①生态巨灾是指对人民生命财产造成特别巨大的破坏损失，对区域或国家经济社会产生严重影响的生态灾害事件。按生态巨灾发生的原因，可将巨灾风险分为自然生态巨灾风险和人为生态巨灾风险。

②多选题在题目后有具体说明，没有具体说明的均为单选题。

## 一、公民的基本情况

1. 您的性别是（　　　）

A. 男　　　　　　B. 女

2. 您的年龄是（　　　）

A. 30 岁及以下　B. 31～40 岁　　C. 41～50 岁　　D. 51～60 岁

E. 60 岁及以上

3. 您的受教育程度是（　　　　），您家庭其他成员受教育的最高程度是

（　　　）

A. 小学及以下　B. 初中文化　　C. 高中与中专　D. 大专

E. 大学本科及以上

4. 您来自（　　　）

A. 城市　　　　　B. 小城镇　　　C. 农村

## 二、您对生态巨灾与巨灾风险管理的认识与态度

1. ①您是否曾经受到过巨灾的影响呢？（　　　）

A. 是　　　　　　B. 否

②如果受过影响，该巨灾是自然生态巨灾，还是人为生态巨灾（　　　）

如①题否，请不作答

A. 自然　　　　　B. 人为

2. 您所在地区重大灾害发生的频率：（　　　）

A. 经常发生　　B. 较少发生　　C. 很少发生　　D. 几乎没有

3. 您所在的地区哪些灾害对当地的影响最为严重（　　　）可多选

A. 干旱　　　　B. 洪涝灾害　　C. 冻灾　　　　D. 冰雹

E. 泥石流　　　F. 病虫灾　　　G. 地震　　　　H. 台风、龙卷风

I. 雾霾　　　　J. 水污染　　　K. 固体废弃物　L. 水土流失

M. 污染酸雨　　N. 海啸　　　　O. 化工厂、油库爆炸

P. 其他

4. 您对生态巨灾风险信息的敏感程度如何?(　　)

A. 很敏感　　　B. 较敏感　　　C. 一般　　　　D. 较低

E. 没关注

5. 您认为生态巨灾风险损失与以下哪种因素的脆弱性最相关?(　　)

A. 生态环境　B. 经济发展　C. 社会管理　D. 以上都是

E. 其他

6. 您平时对生态巨灾安全环境的关注程度如何?(　　)

A. 很高　　　　B. 较高　　　　C. 一般　　　　D. 较低

E. 没关注

7. 您对家乡当地(或现居地)的生态安全环境满意吗?(　　)

A. 很满意　　　B. 较满意　　　C. 一般　　　　D. 不满意

E. 很不满意

8. 您觉得现在家乡当地(或现居地)环境污染与生态破坏的程度如何?(　　)

A. 非常严重　B. 比较严重　C. 不太严重　D. 没有问题

9. 您觉得家乡(或现居地)的生态巨灾安全环境变化趋势是怎样?
(　　)

A. 逐渐好转　　B. 没有变化　　C. 日趋恶化

10. 您个人对生态巨灾安全环境的态度?(　　)

A. 非常重视　B. 比较重视　C. 有点关心　D. 不关心

11. 您觉得家乡当地(或现居地)居民对生态巨灾安全环境的态度如何?(　　)

A. 非常重视　B. 比较重视　C. 一般　　　　D. 不关心

12. 您对生态巨灾风险管理紧迫性的认识?(　　)

A. 很紧急　　　B. 较紧急　　　C. 一般　　　　D. 不紧急

13. 自然生态巨灾与人为生态巨灾相比,您更厌恶(　　)

A. 自然生态巨灾　　　　　　B. 人为生态巨灾

14. 您对人为生态巨灾相关事件是否关注?请选择您了解的(　　)

可多选

    A. 2006 年、2015 年厦门 PX 项目事件

    B. 2007 年 5 月太湖蓝藻大暴发事件

    C. 2011 年康菲公司渤海漏油事故

    D. 2012 年山东潍坊地下排污事件

    E. 2012 年湘赣罗霄山脉千年鸟道大屠杀

    F. 2013 年至今全国范围内的雾霾

    G. 2014 年云南香格里拉火灾事故

    H. 2015 年龙卷风倾覆 "东方之星" 事件

    I. 2015 年天津滨海危化品爆炸事件

    J. 2015 年深圳柳溪工业园山体滑坡事件

15. 您目前获取巨灾信息的渠道主要通过（    ）可多选

A. 靠经验积累

B. 亲朋好友告知

C. 政府宣传

D. 神灵感知

E. 报纸、广播、电视、互联网等渠道

F. 其他渠道

16. 您认为生态巨灾风险管理和建设主要是谁的责任？（    ）

A. 居民        B. 企业        C. 政府        D. 媒体

E. 共同的责任

17. 您觉得以下因素哪些在生态巨灾风险管理过程中比较重要？（    ）

可多选

    A. 政府政策    B. 经济支持    C. 先进科技    D. 奖惩制度

    E. 宣传教育    F. 完善的管理    G. 全民素质    H. 其他

18. 您认为重大灾害中居民的损失主要应当由谁来赔付？（    ）可多选

    A. 政府部门    B. 保险公司    C. 公益组织    D. 个人捐款

    E. 企业捐款    F. 不好说    G. 其他

### 三、个人对巨灾防控政策与措施的认识与建议

1. ①您是否知道我国有"全国防灾减灾日"？（　　）

A. 是　　　　　　　B. 否

②如果知道，您知道是哪一天吗？（　　）如①题否，请不作答

A. 知道　　　　　　B. 不知道

2. 面对巨灾风险时，您会采取以下哪些风险管理措施（　　）可多选

A. 听天由命

B. 依赖政府救济

C. 居安思危，提前买保险防控风险

D. 借款应对

E. 没想过

3. 巨灾发生时，您首先最想得到的帮助是（　　）

A. 亲朋好友的支持和心理安慰

B. 自救

C. 国内外人民的同情

D. 救火、抗灾资金或设备的及时帮助

E. 合作组织（或专业协会）的帮助

F. 保险赔偿

G. 其他帮助

4. 您是否对可能发生的巨灾做过预防工作？（　　）

A. 有过且非常全面　　　　　　B. 偶尔有过，且只是一部分

C. 从来没有

5. 您觉得自己该如何防范生态巨灾？（　　）可多选

A. 增强防灾意识　　　　　　B. 学习防灾救生知识

C. 购买巨灾保险　　　　　　D. 保护生态环境

E. 其他

6. 如果有生态巨灾的环保活动您愿意参加吗？（　　）

A. 非常愿意　　B. 愿意，要视情况而定不好玩就不参加

C. 绝不参加

7. 当您发现身边有不爱护或破坏生态的严重行为，您会？（　　）

A. 想方法去制止　　　　　　B. 向有关部门反映

C. 与您无关，由政府处理

## 四、政府生态巨灾风险管理政策措施的认识与建议

1. 您认为有关部门有没有提前预报过巨灾的发生？（　　）

A. 经常　　　　B. 偶尔　　　　C. 几乎没有　　D. 完全没有

2. 您觉得灾害发生后各部门采取救灾的行动速度怎样？（　　）

A. 迅速　　　　B. 比较迅速　　C. 一般　　　　D. 非常慢

3. 您认为政府该怎样应对生态巨灾风险（　　）可多选

A. 尽可能多拨款赈灾　　　　B. 听天由命

C. 寻求国际社会的帮助　　　D. 建立本国特色的风险防控机制

E. 鼓励社会大众提高防灾意识　F. 开发更加全面的保险项目与产品

G. 加大生态巨灾违法的惩罚　　H. 其他

4. 您对当前政府的生态风险安全管理现状满意吗？（　　）

A. 很满意　　　B. 较满意　　　C. 一般　　　　D. 不满意

E. 很不满意

5. 您对当前政府管理生态巨灾安全紧迫性的态度（　　）

A. 非常迫切　　B. 较迫切　　　C. 一般　　　　D. 不迫切

6. 您对当前政府管理生态巨灾安全违法力度的认识是（　　）

A. 需要大力加大 B. 适当加大　　C. 维持　　　　D. 减小

7. 对政府可能提供的巨灾风险管理政策，您最看重的是这个政策的
（　　）

A. 保障程度　　　　　　　　B. 自身承担的费用比例

C. 获取是否方便　　　　　　D. 政策是否稳定

8. 面对巨灾风险您需要国家为您提供什么样的服务？（　　）可多选

A. 加强防灾预测能力　　　　　　　B. 加大宣传，提高人们防灾意识

C. 开发多种有效的防灾服务　　　　D. 提供强大充足的资金补贴支持

E. 加大环保投入建设生态设施　　　F. 其他

## 五、保险、资本市场巨灾产品与工具的认识与建议

1.①您是否听说过"巨灾保险"？（　　　）

A. 是　　　　　　B. 否

②如听说过，您知道我国哪些省市开始实施巨灾保险制度？（　　　）如①题否，请不作答

A. 全知道　　　B. 知道一些　　　C. 不知道

2. 您或您家人购买或参与过预防可能发生灾害的产品或服务吗？如地震保险（　　　）

A. 从没有　　　　　　　　　　B. 有过，但不多

C. 很多

3. 您认为我国目前市场上的保险产品和服务能否满足您的需求（　　　）

A. 能　　　　　　B. 否

4. 您对当前市场上的保险产品或服务满意吗？（　　　）

A. 很满意　　　B. 较满意　　　C. 一般　　　　D. 不满意

E. 很不满意

5. 如果我国市场上推出以下巨灾保险产品，您会购买（　　　）可多选

A. 地震保险　　　B. 洪灾保险　　　C. 气候指数保险 D. 巨灾再保险

E. 巨灾期货　　　F. 巨灾债券

6. 您认为巨灾保险难推行的主要原因是什么？（　　　）可多选

A. 人们的防范巨灾意识落后　　　　B. 商业保险公司难以承担巨额赔付

C. 政府相关配套政策的缺失　　　　D. 其他原因

7. 您认为得巨灾保险应当覆盖哪些重大灾害？（　　　）可多选

A. 干旱　　　　B. 洪涝灾害　　　C. 冻灾　　　　D. 冰雹

E. 泥石流　　　F. 病虫灾　　　　G. 地震　　　　H. 台风、龙卷风

I. 雾霾          J. 水污染          K. 固体废弃物    L. 水土流失

M. 污染酸雨      N. 海啸            O. 化工厂、油库爆炸

P. 其他

六、面对巨灾问题或隐患，您对相关部门有什么建议？或您对巨灾风险防控有什么看法和建议？

# 参考文献

［1］卜玉梅. 风险的社会放大：框架与经验研究及启示［J］. 学习与实践，2009（2）：120－125.

［2］曹秉帅，邹长新，高吉喜，等. 生态安全评价方法及其应用［J］. 生态与农村环境学报，2019，35（8）：953－963.

［3］曾静静，王琳，曲建升，等. 气候变化适应研究国际发展态势分析［J］. 科学观察，2011，6（6）：32－37.

［4］常硕峰，伍麟. 风险的社会放大：特征、危害及规避措施［J］. 学术交流，2013（12）：141－145.

［5］陈景文，李雪花，于海瀛，等. 面向毒害有机物生态风险评价的（Q）SAR 技术：进展与展望［J］. 中国科学（B 辑：化学），2008（6）：461－474.

［6］陈晨，左天逸. 中国巨灾债券探索与应用的现实与政策建议［J］. 山西财政税务专科学校学报，2015，17（5）：16－19.

［7］陈利. 基于经济学视角的农业巨灾效应分析［J］. 经济与管理，2012，26（2）：80－85.

［8］陈利，谢家智. 农业巨灾的成灾机理与金融效应分析［J］. 经济与管理，2012，26（6）：5－11.

［9］陈利，谢家智. 我国农业巨灾的生态经济影响与应对策略［J］. 生态经济，2012（12）：30－35.

［10］陈利. 农业巨灾保险运行机制研究［M］. 北京：经济科学出版

社，2015.

[11] 程虹娟，等.慈善公益类社会组织参与社会救助的实效调研——以"4·20"芦山地震为例 [J].成都理工大学学报（社会科学版），2015（6）：73－77.

[12] 程静，彭必源.干旱灾害安全网的构建：从危机管理到风险管理的战略性变迁 [J].湖北工程学院学报，2010，30（4）：79－82.

[13] 初颖，范如国."全球风险社会"治理：复杂性范式与中国参与 [J].中国社会科学，2017（2）：65－83.

[14] 戴长征，黄金铮.比较视野下中美慈善组织治理研究 [J].中国行政管理，2015（2）：141－148.

[15] 邓伽，胡俊超.能源报道如何兼具专业性与大众性——以新华社部分报道为例 [J].中国记者，2011（S1）：73－75.

[16] 邓国取.中国农业巨灾保险制度研究 [M].北京：中国社会科学出版社，2007.

[17] 邓曲恒.农村居民举家迁移的影响因素：基于混合 Logit 模型的经验分析 [J].中国农村经济，2013.

[18] 丁一汇，任国玉，石广玉，等.气候变化国家评估报告（Ⅰ）：中国气候变化的历史和未来趋势 [J].气候变化研究进展，2006（1）：3－8，50.

[19] 丁一汇，王遵娅，宋亚芳，等.中国南方2008年1月罕见低温雨雪冰冻灾害发生的原因及其与气候变暖的关系 [J].气象学报，2008（5）：808－825.

[20] 段胜.巨灾损失指数在巨灾风险综合评估体系中的作用探析 [J].保险研究，2012（1）：14－20.

[21] 段胜.中国巨灾指数的理论建构与实证应用 [D].成都：西南财经大学出版社，2013.

[22] 樊朱丽.我国巨灾救助法律制度的反思及重构 [J].法制博览，2018（5）：171.

［23］范丽萍，张朋．美国、加拿大、日本经验对中国农业巨灾风险管理制度体系构建的启示［J］．世界农业，2015（11）：24－30.

［24］范如国．复杂网络结构范型下的社会治理协同创新［J］．中国社会科学，2014（4）：98－120，206.

［25］方修琦，殷培红．弹性、脆弱性和适应——IHDP三个核心概念综述［J］．地理科学进展，2007，26（5）：11－22.

［26］费勒尔，海迪．比较公共行政：第6版［M］．北京：中国人大出版社，2006.

［27］冯文丽．我国农业保险市场失灵与制度供给［J］．金融研究，2004（4）：124－129.

［28］冯志宏，杨亮才．当代中国经济转型中的生态风险及其治理［J］．改革与战略，2009，25（8）：30－32.

［29］付在毅，许学工．区域生态风险评价［J］．地球科学进展，2001，16（2）：267－271.

［30］高畅，刘涛，李群．科普发展综合评价方法研究［J］．数学的实践与认识，2019（18）.

［31］高鸿桢．实验经济学的理论与方法［J］．厦门大学学报（哲学社会科学版），2003（1）：5－14.

［32］高鸿祯．实验经济学导论［M］．北京：中国统计出版社，2003.

［33］高俊，等．我国巨灾风险融资的最优结构研究——基于三种融资工具边际成本的对比分析［J］．保险研究，2014（8）：28－35.

［34］高玉立．我国巨灾保险制度研究［D］．北京：中央财经大学，2009.

［35］格里·斯托克，华夏风．作为理论的治理：五个论点［J］．国际社会科学杂志，1999（1）：19－30.

［36］葛良骥．混合机制下巨灾风险公共干预模式研究［D］．上海：同济大学，2008.

［37］葛全胜，曲建升，曾静静，等．国际气候变化适应战略与态势

分析［J］.气候变化研究进展，2009，5（6）：369－375.

［38］葛怡，史培军，刘婧，等.中国水灾社会脆弱性评估方法的改进与应用——以长沙地区为例［J］.自然灾害学报，2005，14（6）：54－58.

［39］龚维斌.改革开放以来社会治理体制改革的基本特点［J］.中国特色社会主义研究，2016（3）：70－75.

［40］郭军华，李帮义，倪明.双寡头再制造进入决策的演化博弈分析［J］.系统工程理论与实践，2013，33（2）：370－377.

［41］郭跃.澳大利亚灾害管理的特征及其启示［J］.重庆师范大学学报（自然科学版），2005（4）：53－57.

［42］郭跃.澳大利亚的灾害管理［N］.中国社会报，2017，8（14）：2.

［43］郭治安，等.协同学入门［M］.成都：四川人民出版社，1988.

［44］何建坤，刘滨，陈迎，等.气候变化国家评估报告（Ⅲ）：中国应对气候变化对策的综合评价［J］.气候变化研究进展，2007，3（S1）：147－153.

［45］何霖.我国巨灾风险管理法律制度研究综述［J］.四川文理学院学报，2016（6）：77－81.

［46］胡锦涛.坚定不移沿着中国特色社会主义道路前进为全面建成小康社会而奋斗——在中国共产党第十八次全国代表大会上的报告［M］.北京：人民出版社，2012.

［47］胡守勇.大数据背景下政府与公众间灾情信息传递联动机制研究［J］.青海社会科学，2016（4）：122－127.

［48］黄崇福.自然灾害风险分析的基本原理［J］.自然灾害学报，1999（2）：21－30.

［49］黄锡生，陈宝山.生态保护补偿激励约束的结构优化与机制完善——基于模式差异与功能障碍的分析［J］.中国人口·资源与环境，2020（6）：126－135.

［50］黄英君.政府诱导型农业巨灾风险分散机制研究——基于政企农三方行为主体的创新设计［J］.经济社会体制比较，2019（3）：126－138.

[51] 贾若. 巨灾风险管理重在事前防控 [N]. 中国银行保险报，2020 - 02 - 21 (6).

[52] 江雪，向平安，肖景峰，等. 张掖市农业生态系统健康评价 [J]. 湖南农业科学，2019 (6)：55 - 59.

[53] 江泽民文选（第1卷）[M]. 北京：人民出版社，2006：518.

[54] 江泽民文选（第1卷）[M]. 北京：人民出版社，2006：534.

[55] 蒋明君. 国际生态安全年度报告.2012 [M]. 北京：世界知识出版社，2013.

[56] 居辉，韩雪. 气候变化适应行动进展及对我国行动策略的若干思考 [J]. 气候变化研究进展，2008 (5)：257 - 260.

[57] 孔锋，王一飞，辛源，等. 防灾减灾新形势下中国高风险地区综合气候变化风险防范战略分析 [J]. 安徽农业科学，2017，45 (21)：165 - 168，193.

[58] 孔锋，王一飞，吕丽莉，等. 全球气候变化多样性及应对措施 [J]. 安徽生态科学，2018，46 (6)：142 - 148，189.

[59] 孔锋. 透视全球气候变化的多样性及其应对机制 [A]. 中国气象学会. 第35届中国气象学会年会S6应对气候变化低碳发展与生态文明建设 [C]. 中国气象学会：中国气象学会，2018：11.

[60] 刘毅，杨宇. 历史时期中国重大自然灾害时空分异特征 [J]. 地理学报，2012 (3)：291 - 300.

[61] 李超. 论中国巨灾保险体系的建立 [D]. 天津：天津大学，2011.

[62] 李华强，范春梅，贾建民，等. 突发性灾害中的公众风险感知与应急管理——以"5·12"汶川地震为例 [J]. 管理世界，2009 (6)：52 - 60.

[63] 李慧婷. 日本近现代灾害应对管理体系变迁研究 [D]. 河南：河南理工大学.

[64] 李明. 美国灾害治理体制与灾害事件的互动变迁历程——汶川

地震十周年的思考 [J].城市与减灾，2018（3）：46-50.

［65］李明国，孟春．美国综合防灾减灾救灾体制变迁的启示 [J].政策瞭望，2017（7）：48-50.

［66］李全庆，陈利根．巨灾保险：内涵，市场失灵，政府救济与现实选择 [J].经济问题，2008（9）：42-45.

［67］李勇权．巨灾保险风险证券化研究 [M].北京：中国财政经济出版社，2005.

［68］李欣．环境政策研究 [D].北京：财政部财政科学研究所，2012.

［69］李旭峰．我国巨灾风险管理模式研究 [J].时代金融，2013（1）：228-228，238.

［70］李勇杰．建立巨灾风险的保障机制 [J].改革与战略，2005（6）：108-110.

［71］李泽华．巨灾保险证券化在我国的应用研究 [D].乌鲁木齐：新疆财经学院，2006.

［72］李桂莲，崔秋文，陈长林，等．巨灾风险的评估与政策 [J].防灾博览，2007（2）：16-17.

［73］刘婧，方伟华，葛怡，等．区域水灾恢复力及水灾风险管理研究 [J].自然灾害学报，2006，15（6）：56-61.

［74］刘冬姣．论巨灾风险管理中政府的角色定位 [C].巨灾风险管理与保险国际研讨会，2008.

［75］刘铁民，朱慧，张程林．略论事故灾难中的系统脆弱性——基于近年来几起重特大事故灾难的分析 [J].社会治理，2015（4）：65-70.

［76］刘卫平．论社会治理主体培育：价值、困境与策略 [J].邵阳学院学报（社会科学版），2015，14（5）：69-77.

［77］刘一点，杜帅南．巨灾风险下的投保行为——基于实验理论的研究 [J].经济理论与经济管理，2014（4）：88-99.

［78］刘毅，柴化敏．建立我国巨灾保险体制的思考 [J].上海保险，2007（5）：16-18.

[79] 刘强，彭晓春，周丽旋．国内外生态补偿研究与实践进展 [C]//中国不同经济区域环境污染特征的比较分析与研究学术研讨会，2009.

[80] 刘传正，陈红旗，韩冰，等．重大地质灾害应急响应技术支撑体系研究 [J]．地质通报，2010，29（1）：147-156.

[81] 刘蔚．地震保险基金的国际比较——基于筹资与风险分担视角 [J]．管理观察，2014.

[82] 刘艾琳．巨灾保险地震先行 筹资与风险分散机制仍待破题 [N].21世纪经济报道，2013-11-01（11）.

[83] 刘明．海洋灾害应急管理的国际经验及对我国的启示 [J]．生态经济，2013（9）：172-175.

[84] 刘玉．自然权利：生态文明建设的一个理论支点 [J]．宿州学院学报，2010，25（4）：12-15.

[85] 刘玉兰．西方抗逆力理论：转型，演进，争辩和发展 [J]．国外社会科学，2011（6）：68-74.

[86] 刘志远，车辉，刘，等．巨灾保险分担机制及相关问题研究 [J]．保险职业学院学报，2017.

[87] 卢为民，马祖琦．国外灾害治理的体制与机制初探——经验借鉴与思考 [J]．浙江学刊，2013（5）：129-134.

[88] 富元斋．国内外地质灾害风险社会化管理的比较与借鉴 [J]．湖南师范大学社会科学学报，2014（0z1）：341-342.

[89] 卢兆辉，崔秋文．未来巨灾风险的评估与社会政策 [J]．国际地震动态，2007（5）：38-41.

[90] 吴雪明，周建明．中国转型期的社会风险分布与抗风险机制 [J]．上海行政学院学报，2006，7（3）：66-75.

[91] 芦明辉．近年关于中国转型期社会风险研究述评 [J]．学习论坛，2010，26（12）：46-48.

[92] 王韩民，郭玮，程漱兰，等．国家生态安全：概念、评价及对

策 [J]. 管理世界, 2001 (2): 149 –156.

[93] 罗永仕. 生态安全的现代性解构及其重建 [D]. 北京: 中共中央党校, 2010.

[94] 吕堂红. 基于极值法和聚类分析法的测井曲线自动分层模型——以山东省胜利油井为例 [J]. 长春理工大学学报 (自然科学版), 2017, 40 (6): 105 –110.

[95] 马行天, 曹涵. 基于层次分析法的陕西省城市生态系统健康动态评价 [J]. 四川环境, 2019, 38 (3): 150 –158.

[96] 马宗晋, 高庆华. 减轻自然灾害系统工程刍议 [J]. 科技导报, 1990 (5): 28 –35.

[97] 毛显强, 钟瑜, 张胜. 生态补偿的理论探讨 [J]. 中国人口·资源与环境, 2002 (4): 40 –43.

[98] 毛小苓, 倪晋仁, 张菲菲, 等. 面向社区的全过程风险管理模型的理论和应用 [J]. 自然灾害学报, 2006 (1): 23 –28.

[99] 王宏伟. 向全主体全过程全风险管理转变 [J]. 赢未来: 现代领导, 2019 (3): 38 –38.

[100] 杨一峰. 国际应用系统分析研究所 [J]. 全球科技经济瞭望, 1992 (10): 37 –39.

[101] 孟博, 刘茂, 李清水, 等. 风险感知理论模型及影响因子分析 [J]. 中国安全科学学报, 2010 (10): 61 –68.

[102] 孟博, 刘茂, 王丽, 等. 风险感知研究的理论方法与其作用因子分析 [J]. 中国应急管理, 2010 (9): 24 –28.

[103] 孟永昌, 杨赛霓, 史培军, 等. 巨灾对全球贸易的影响评估 [J]. 灾害学, 2016, 31 (4): 49 –53.

[104] 苗百园. "情景—冲击—脆弱性" 框架下的中国巨灾风险管理研究 [D]. 长春: 吉林大学, 2014.

[105] 苗东升. 复杂性科学研究 [M]. 北京: 中国书籍出版社, 2013.

[106] 聂承静, 杨林生, 李海蓉. 中国地震灾害宏观人口脆弱性评估

[J]. 地理科学进展, 2012, 31 (3): 375 – 382.

[107] 牛海燕. 中国沿海台风灾害风险评估研究 [D]. 上海: 华东师范大学, 2012.

[108] 潘席龙. 巨灾补偿基金制度研究 [M]. 成都: 西南财经大学出版社, 2011.

[109] 彭建交, 陈会然. 基于因子分析法的我国海洋生态健康评价研究 [J]. 中国集体经济, 2019 (25): 68 – 70.

[110]《气候变化国家评估报告》编写委员会编著. 第二次气候变化国家评估报告 [M]. 北京: 科学出版社, 2011.

[111] 今科. 气候变暖存在"滞后效应"[J]. 今日科苑, 2008 (11): 9.

[112] 秦大河. 气候变化科学与人类可持续发展 [J]. 地理科学进展, 2014 (7): 874 – 883.

[113] 秦莲霞, 张庆阳, 郭家康. 国外气象灾害防灾减灾及其借鉴 [J]. 中国人口·资源与环境, 2014 (S1): 349 – 354.

[114] 秦志英, 龙良碧. 旅游灾害事件成灾模型的建立及解析 [J]. 灾害学, 2004 (4): 74 – 78.

[115] 邱波. 我国沿海地区农业巨灾风险保障需求研究——来自浙江省 308 户农民的调查数据 [J]. 农业经济问题, 2017, 38 (11): 100 – 107.

[116] 戚玉. 区域环境风险: 生成机制、社会效应及其治理 [J]. 中国人口·资源与环境, 2015, V. 25, No. 183 (S2): 284 – 287.

[117] 曲格平. 关注生态安全之三: 中国生态安全的战略重点和措施 [J]. 环境保护, 2002 (8): 3 – 5.

[118] 曲格平. 曲格平在 2013 环境保护年会上的讲话 [J]. 环境保护, 2013, 41 (20): 18.

[119] 曲格平. 关注生态安全之二: 影响中国生态安全的若干问题 [J]. 环境保护, 2002 (7): 3 – 6.

[120] 王美萃. 关注生态安全 呼唤理性经营 [J]. 经济管理, 2002

（7）：30 - 31.

[121] 曲格平. 关注生态安全之一：生态环境问题已经成为国家安全的热门话题 [J]. 环境保护，2002（5）：3 - 5.

[122] 曲哲. 2011，巨灾保险年 [J]. 农经，2012（1）：32 - 34.

[123] 全国生态脆弱区保护规划纲要 [J]. 林业工作参考，2009（2）：95 - 105.

[124] 全球治理委员会. 我们的全球伙伴关系 [R]. 牛津大学出版社，1995：23.

[125] 秦杨. 美丽乡村建设中的农民生态意识培育研究 [J]. 农业经济，2019，385（5）：75 - 76.

[126] 任昕. 我国巨灾风险与分析研究 [J]. 现代商业，2008（18）：258.

[127] 沙祖康. 对于生态风险要一抓到底 [J]. 市场观察，2014（10）：13 - 14.

[128] 商彦蕊. 自然灾害综合研究的新进展——脆弱性研究 [J]. 地域研究与开发，2000，19（2）：73 - 77.

[129] 尚志海. 自然灾害风险沟通的研究现状与进展 [J]. 安全与环境工程，2017，24（6）：30 - 36.

[130] 佘廉，雷丽萍. 我国巨灾事件应急管理的若干理论问题思考 [J]. 武汉理工大学学报（社会科学版），2008，21（4）：470 - 475.

[131] 沈洪艳，胡小敏. 不同环境介质中污染物生态风险评价方法的国内研究进展 [J]. 河北科技大学学报，2018，39（2）：176 - 182.

[132] 尚志海，刘希林. 自然灾害风险管理关键问题探讨 [J]. 灾害学，2014，29（2）：158 - 164.

[133] 石晶，崔丽娟. 舆论支持对集体行动的影响：有中介的调节效应 [J]. 心理研究，2016，9（1）：72 - 78.

[134] 石兴. 试论自然灾害巨灾保险市场失灵与干预 [J]. 中国保险，2010（8）：8 - 17.

［135］石勇，许世远，石纯，等.自然灾害脆弱性研究进展［J］.自然灾害学报，2011（2）：131－137.

［136］石勇.灾害情景下城市脆弱性评估研究［D］.上海：华东师范大学，2010.

［137］史培军.气候变化风险及其综合防范［J］.保险理论与实践，2016（1）：69－85.

［138］史培军，李曼.巨灾风险转移新模式［J］.中国金融，2014（5）：48－49.

［139］史培军，李宁，叶谦，等.全球环境变化与综合灾害风险防范研究［J］.地球科学进展，2009（4）：428－435.

［140］史培军，张欢.中国应对巨灾的机制——汶川地震的经验［J］.清华大学学报（哲学社会科学版），2013，28（3）：96－113，160.

［141］史培军.再论灾害研究的理论与实践［J］.自然灾害学报，1996，11（4）：6－17.

［142］史培军.中国自然灾害系统地图集［M］.北京：科学出版社，2003.

［143］史培军.灾害系统复杂性与综合防灾减灾［J］.中国减灾，2014（21）：20－21.

［144］史培军.中国综合减灾25年：回顾与展望［J］.中国减灾，2014（9）：32－35.

［145］施建祥，陈海燕.我国巨灾保险风险证券化研究——洪涝灾害债券的初步设计［C］.2012中国保险与风险管理国际年会.

［146］宋守信，等.脆弱性特征要素递次演化分析与评价方法研究［J］.北京交通大学学报（社会科学版），2017.

［147］苏桂武，高庆华.自然灾害风险的行为主体特性与时间尺度问题［J］.自然灾害学报，2003，12（1）：9－16.

［148］佘伯明.我国巨灾风险管理的现状及体系构建［J］.学术论坛，2009（8）：104－107.

[149] 殷本杰. 全国综合减灾示范社区创建工作思考 [J]. 中国减灾, 2017 (5): 34-37.

[150] 孙慧荣. 风险态度与汇率泡沫相关性的实验经济学研究 [D]. 镇江: 江苏大学, 2007.

[151] 孙蓉, 张剑. 中国特色地震风险处置机制的构建 [J]. 西南金融, 2008 (6): 19-22.

[152] 孙立平. 断裂, 需要社会政策来整合 [J]. 中国社会工作, 2002 (9): 64.

[153] 孙雪, 于格, 刘汝海, 等. 海河南系子牙河流域湿地生态系统健康评价研究 [J]. 中国海洋大学学报 (自然科学版), 2019.

[154] 孙燕娜, 谢恬恬, 王玉海. 社区灾害风险管理中政府与社会组织的博弈与合作途径初探 [J]. 北京师范大学学报: 自然科学版, 2016, 52 (5): 616-621.

[155] 孙燕娜, 等. 社区灾害风险管理中政府与社会组织的博弈与合作途径初探 [J]. 北京师范大学学报: 自然科学版, 2016, 52 (5): 616-621.

[156] 隋岩. 中国巨灾风险管理的制度研究 [J]. 魅力中国, 2013 (11): 26.

[157] 天津港 "8·12" 特别重大火灾爆炸事故调查报告公布 [J]. 消防界 (电子版), 2016 (2): 35-40.

[158] 唐钧. 危机管理的新形势与新趋势 [J]. 中国减灾, 2012 (15): 44-46.

[159] 唐立红, 高帆. 日美德政府自然灾害危机管理经验与启示 [J]. 求索, 2010 (2): 57-58.

[160] 唐曼萍, 王海兵. 企业自然灾害财务风险机理及其控制研究 [J]. 软科学, 2010 (4): 115-117.

[161] 唐贤兴, "地沟油事件" 与重塑社会信任之难 [N]. 南方日报, 2010-03-26.

[162] 唐梅. 巨灾风险主体行为特征及影响因素研究 [D]. 重庆: 西

南大学，2013.

[163] 陶鹏，童星. 我国自然灾害管理中的"应急失灵"及其矫正——从 2010 年西南五省（市，区）旱灾谈起 [J]. 江苏社会科学，2011（2）：28－34.

[164] 童星，张海波. 基于中国问题的灾害管理分析框架 [J]. 中国社会科学，2010（1）：132－146.

[165] 万家云. 洪湖水生态健康评估 [J]. 广东化工，2019（17）.

[166] 王德宝，胡莹. 生态风险评价程序概述 [J]. 中国资源综合利用，2009，27（12）：33－35.

[167] 王丰年. 论生物多样性减少的原因 [J]. 清华大学学报（哲学社会科学版），2003（6）：49－52.

[168] 王和，何华，吴成丕. 巨灾风险分担机制研究 [M]. 北京：中国金融出版社，2013.

[169] 王静. 城市承灾体地震风险评估及损失研究 [D]. 大连：大连理工大学，2014.

[170] 王静爱，史培军. 1949～1990 年中国自然灾害时空分异研究 [J]. 自然灾害学报，1996，5（1）：1－7.

[171] 王文宇. 中国冰雹灾害（1949～1998 年）的时空分异研究 [D]. 2000.

[172] 王伊琳，范流通，段胜. 巨灾风险的融资模式及其整合路径 [J]. 保险研究，2014（11）：70－79.

[173] 王书霞. 秦岭暴雨灾害游客风险感知能力评价指标体系研究 [D]. 西安：陕西师范大学，    .

[174] 王思斌. 转型期的中国社会工作 [M]. 上海：华东理工大学出版社，2003.

[175] 王燕，高吉喜，王金生，等. 生态系统服务价值评估方法述评 [J]. 中国人口·资源与环境，2013（S2）：337－339.

[176] 王田子，刘吉夫. 巨灾概念演化历史初步研究 [J]. 保险研究，

2015（8）：67 –79.

［177］王雪. 一般法与特别法视角下的中国巨灾保险立法优化［J］. 昆明理工大学学报：社会科学版，2018，18（6）：11 –17.

［178］王永海. 维护生态安全的五个"关键点"［N］. 山西科技报，2017 –07 –18（B01）.

［179］王莹，彭秀丽. 基于演化博弈的矿区生态补偿激励约束机制研究［J］. 中南林业科技大学学报（社会科学版），2019，13（6）：53 –59.

［180］王云霓，王晓江，海龙. 内蒙古大青山森林生态系统健康风险评价［J］. 内蒙古林业科技，2019，45（1）：29 –33.

［181］王耕. 基于隐患因素的生态安全机理与评价方法研究——以辽河流域为例［D］. 大连：大连理工大学，2007.

［182］温宁，刘铁民. The assessment of regional vulnerability to natural disasters in China by using the aggressive-cross-evaluation model［J］. 中国安全生产科学技术，2011，7（4）：24 –28.

［183］温宁，等. 基于对抗交叉评价模型的中国自然灾害区域脆弱性评价［J］. 中国安全生产科学技术，2011，7（4）：24 –28.

［184］温晓金. 恢复力视角下山区社会——生态系统脆弱性及其适应［D］. 上海：西北大学博士学位论文，2017.

［185］乌尔里希·贝克. 风险社会［M］. 何博文，译. 南京：南京译林出版社，2004.

［186］乌尔里希·贝克，等. 自反性现代化［M］. 赵文书，译. 北京：商务印书馆，2001.

［187］吴丽慧，包萨日娜. 日本地震灾害应急管理体系构建［J］. 防灾科技学院学报，2017（4）：54 –63.

［188］吴绍洪. 综合风险防范：中国综合气候变化风险［M］. 北京：科学出版社，2011.

［189］吴绍洪，罗勇，王浩，等. 中国气候变化影响与适应：态势和展望［J］. 科学通报，2016（10）：1042 –1054.

[190] 吴思珺．我国生态安全存在的隐患及消除措施［J］．武汉交通职业学院学报，2009，11（3）：31－34.

[191] 吴柏海，余琦殷，林浩然．生态安全的基本概念和理论体系［J］．林业经济，2016（7）.

[192] 吴珍，陈睿山．上海海洋生态系统健康评价方法的比较分析［J］．华东师范大学学报（自然科学版），2019，2019（4）：174－187.

[193] 习近平总书记系列重要讲话读本［M］．北京：学习出版社，人民出版社，2016：236－237.

[194] 夏玉珍，吴娅丹．中国正进入风险社会时代［J］．甘肃社会科学，2007（1）：26－30.

[195] 田鹏颖．社会工程：风险社会时代的重要哲学范式——兼论哲学研究范式的历史转向［J］．科学技术哲学研究，2007，24（4）：80－83.

[196] 肖笃宁，陈文波，郭福良．论生态安全的基本概念和研究内容［J］．应用生态学报，2002（3）：354－358.

[197] 肖笃宁．干旱区生态安全研究的意义与方法［C］．生态安全与生态建设——中国科协2002年学术年会论文集，2002.

[198] 薛二勇．教育应对自然灾害的战略选择——以日本、印度、伊朗三国为例［J］．比较教育研究，2008（10）：78－82.

[199] 谢世清．对建立我国巨灾保险制度的思考［J］．中国金融，2008（15）：52－54.

[200] 谢世清．建立我国巨灾保险基金的思考［J］．上海金融，2009（4）：27－29.

[201] 谢家智．巨灾风险管理机制设计及路径选择研究［R］．2018.

[202] 辛吉武，许向春，陈明．国外发达国家气象灾害防御机制现状及启示［J］．中国软科学，2010（S1）：162－171.

[203] 辛吉武．气象灾害防御体系构建［M］．北京：科学出版社，2014.

[204] 熊海帆．巨灾风险管理问题研究综述［J］．西南民族大学学报

（人文社科版），2009（2）：49-53.

［205］许世远，王军，石纯，等.沿海城市自然灾害风险研究［J］.地理报，2006（2）：127-138.

［206］杨志坚.我国财险业巨灾风险承保能力研究［D］.厦门：厦门大学，2014.

［207］田玲，彭菁翌，王正文.承保能力最大化条件下我国巨灾保险基金规模测算［J］.保险研究，2013（11）：24-31.

［208］姚庆海.沉重叩问：巨灾肆虐，我们将何为？——巨灾风险研究及政府与市场在巨灾风险管理中的作用［J］.交通企业管理，2006（9）：46-48.

［209］杨东.论灾害对策立法以日本经验为借鉴［J］.法律适用，2008（12）：11-15.

［210］於方，刘倩，齐霁，等.借他山之石完善我国环境污染损害鉴定评估与赔偿制度［J］.环境经济，2013（11）.

［211］姚领，谢家智，车四方.巨灾风险放大及其影响因素测度［J］.保险研究，2019（5）.

［212］易露霞，尤彧聪.对外贸易与生态环境研究——基于新时代绿色经济理论视角［J］.广东职业技术教育与研究，2019.

［213］殷本杰.全国综合减灾示范社区创建工作思考［J］.中国减灾，2017（5）：34-37.

［214］殷杰，等.灾害风险理论与风险管理方法研究［J］.灾害学，2009，24（2）：7-11.

［215］尹晓波.我国生态安全问题初探［J］.经济问题探索，2003（3）：51-55.

［216］俞可平.经济全球化与治理的变迁［J］.哲学研究，2000（10）：17-24，79.

［217］约翰·霍兰，周晓牧，等.隐秩序：适应性造就复杂性［M］.上海：上海科技教育出版社，2011.

[218] 约瑟夫奈和基欧汉（1977）在《权利与相互依赖》一书中的脆弱性概念，是指改变相互依存的体系所带来的负向代价．

[219] 岳经纶，李甜妹．合作式应急治理机制的构建：香港模式的启示 [J]．公共行政评论，2009，2 (6)：81-104，203-204.

[220] 岳玉利．城区居民绿色消费观念对绿色生态经济的影响 [J]．商场现代化，2019 (5)：176-177.

[221] 岳玉利．新时代绿色生态经济建设发展路径研究 [J]．中国市场，2019 (19)：3-4.

[222] 运迎霞，等．美国国家备灾框架与启示 [J]．国际城市规划，2018 (1)：1-2.

[223] 中国人民银行吉安市中心支行课题组，甘新莲．建立巨灾救助及灾后重建专项信贷制度 [J]．中国金融，2008 (6)：80.

[224] 张海波，童星，张海波，等．巨灾救助的理论检视与政策适应——以"南方雪灾"和"汶川地震"为案例 [J]．社会科学，2012 (3)：58-67.

[225] 张寒月．水利风景区生态系统风险评价及预警机制构建 [D]．泉州：华侨大学，2012.

[226] 张继权，冈田宪夫，多多纳裕一．综合自然灾害风险管理 [J]．城市与减灾，2005 (2)：2-5.

[227] 张林源，苏桂武．论预防减轻巨灾的科学措施 [J]．四川师范大学学报：自然科学版 (1 期)：72-78.

[228] 张明，谢家智．巨灾社会脆弱性动态特征及驱动因素考察 [J]．统计与决策，2017 (20)：57-61.

[229] 张朝月．地质灾害防治与地质环境利用问题研究 [J]．科技展望，2015 (6)：129.

[230] 张庆洪，葛良骥，凌春海．巨灾保险市场失灵原因及巨灾的公共管理模式分析 [J]．保险研究，2008 (5)：13-16.

[231] 张庆洪，葛良骥．巨灾风险转移机制的经济学分析——保险、

资本市场创新和私人市场失灵 [J]. 同济大学学报（社会科学版），2008，19（2）：101 – 107.

[232] 张素灵. 应用系统论建立石化企业成灾模型初探 [J]. 震灾防御技术，2011，6（3）：319 – 325.

[233] 张鑫. 宣传教育在沙河国家湿地公园生态保护中的应用 [J]. 乡村科技，2018，171（3）：46 – 47.

[234] 张业成，张立海，马宗晋，高庆华. 从印度洋地震海啸看中国的巨灾风险 [J]. 灾害学，2007（3）：105 – 108.

[235] 张志刚，周才云. 和谐社会视角下的生态文明建设 [J]. 理论探索，2011（1）：96 – 99.

[236] 张志明. 保险公司巨灾保险风险证券化初探 [J]. 东北财经大学学报，2006（3）：60 – 63.

[237] 张卓，尹航. 基于风险可保性理论的巨灾风险有条件可保性探究 [J]. 对外经贸，2018，286（4）：103 – 107.

[238] 朱琪，周旺明，贾翔，等. 长白山国家自然保护区及其周边地区生态脆弱性评估 [J]. 应用生态学报，2019，30（5）：1633 – 1641.

[239] 郑保，罗文胜. 河流生态系统健康评价指标体系及权重的研究 [J]. 水电与新能源，2019（8）.

[240] 郑杭生，李路路. 当代中国城市社会结构 [M]. 北京：中国人民大学出版社，2004.

[241] 郑杭生. 中国和西方社会转型显著的不同点 [J]. 人民论坛，2009（5）：48.

[242] 周珂. 生态文明建设与环境法制理念更新 [J]. 环境与可持续发展，2014（2）：72 – 74.

[243] 吕文栋. 管理层风险偏好、风险认知对科技保险购买意愿影响的实证研究 [J]. 中国软科学，2014（7）：128 – 138.

[244] 周志刚. 风险可保性理论与巨灾风险的国家管理 [D]. 上海：复旦大学，2005.

［245］周振．我国农业巨灾风险管理有效性评价与机制设计［D］．重庆：西南大学，2011．

［246］周振，谢家智．农业巨灾与农民风险态度：行为经济学分析与调查佐证［J］．保险研究，2010（9）：40－46．

［247］赵延东．风险社会与风险治理［J］．中国科技论坛，2004（4）：121－125．

［248］卓志，邝启宇．巨灾保险市场演化博弈均衡及其影响因素分析——基于风险感知和前景理论的视角［J］．金融研究，2014，405（3）：194－206．

［249］张云霞．用"大数据理念"提升灾情管理与服务能力［J］．中国减灾，2016（5）：16－19．

［250］Cox S H，Pedersen H W. Catastrophe Risk Bonds［J］. North American Actuarial Journal，2000，4（4）：56－82．

［251］Cummins，John David，Mahul，Olivier. Catastrophe Risk Financing in Developing Countries：Principles for Public Intervention［J］. Catastrophe Risk Financing in Developing Countries，2013：1－268．

［252］Dyson，J. S. Ecological safety of paraquat with particular reference to soil［J］. Planter，1997．

［253］Daily G，Dasgupta P，Bolin B et al. Food Production，Population Growth，and Environmental Security［J］. Ssrn Electronic Journal，1998．

［254］David Rode，Baruch Fischhoff & Paul Fischbeck. Catastrophic Risk and Securities Design［J］. Journal of Psychology and Financial Markets，2000．

［255］Eleanor Singer，Phyliss M. Endreny. Reporting on Risk［J］. Sais Review，1993，6（2）：717．

［256］Ericson R，Doyle A. Catastrophe risk，insurance and terrorism［J］. Economy & Society，2004，33（2）：135－173．

［257］Goldings H J. Vulnerability，coping，and growth from infancy to adolescence［J］. Journal of the American Academy of Child Psychiatry，1978，

17 (3): 549 - 551.

[258] Ghulam, Qin Q, Wang L et al. Development of broadband albedo based ecological safety monitoring index [C]// IEEE International Geoscience & Remote Sensing Symposium. IEEE, 2004.

[259] Hui C S, Sheng H H, Feng H Y et al. Progress of the ecological security research [J]. Acta Ecologica Sinica, 2005.

[260] Heng L U, Wenshou W, Mingzhe L et al. Review of the Studies on Ecological Security [J]. Progress In Geography, 2005, 24 (6).

[261] Hodson, M, Marvin, S. Urban ecological security: a new paradigm? [J]. 2009.

[262] Jens K. Norskov, Thomas Bligaard. The Catalyst Genome [J]. Angewandte Chemie, 2013.

[263] Kasperson R E, Renn O, Slovic P et al. The Social Amplification of Risk: A Conceptual Framework [J]. Risk Analysis, 1988, 8 (2): 177 - 187.

[264] Kasperson R E. The social amplification of risk: A conceptual framework [J]. Risk Analysis, 1988, 8 (2): 177 - 187.

[265] Kongjian, Yu. Ecological Security Patterns in Landscapes and GIS Application [J]. Annals of Gis, 1995.

[266] Kasperson, Jeanne X, Kasperson, Roger E. The social countors of risk [J]. 2005.

[267] Kenneth H. Regions of Risk [M]. Longman: Singapore Publish Ltd, 1997.

[268] Kenneth Hewitt. Regions of Risk: A Geographical Introduction to Disasters [J]. Geographical Journal, 1997, 18 (1): 97.

[269] Kenneth I. Shine, Dennis O'Keefe, J. Warren Harthorne. Arteriovenous fistula after retrograde brachial catheterization [J]. New England Journal of Medicine, 1967, 276 (25): 1431.

［270］Klandermans B. How group identification helps to overcome the dilemma of collective action ［J］. American Behavioral Scientist, 2002, 45 (5): 887 – 900.

［271］Knight J, Yueh L. The role of social capital in the labour market in China ［J］. Economics of Transition, 2010, 16 (3): 389 – 414.

［272］Kollock P. Social Dilemmas: The Anatomy of Cooperation ［J］. Annual Review of Sociology, 1998, 24 (1): 183 – 214.

［273］Kreps G A. Sociological Inquiry and Disaster Research ［J］. Annual Review of Sociology, 1984, 10 (10): 309 – 330.

［274］Liverman D M. Drought Impacts in Mexico: Climate, Agriculture, Technology, and Land Tenure in Sonora and Puebla ［J］. Annals of the Association of American Geographers, 1990, 80 (1): 49 – 72.

［275］Lewis, Christopher M, Davis, Peter O. Capital Market Instruments for Financing Catastrophe Risk: New Directions? ［J］. Journal of Insurance Regulation, 1998.

［276］López – Vázquez, Esperanza, Marván, Maria Luisa. Risk perception, stress and coping strategies in two catastrophe risk situations ［J］. Social Behavior & Personality An International Journal, 2003, 31 (1): 61 – 70.

［277］Li X Y, Ma K M, Fu B J et al. The regional pattern for ecological security (RPES): designing principles and method ［J］. Acta Ecologica Sinica, 2004, 24 (5): 1055 – 1062.

［278］Liang Liuke, Zhang Yunsheng, Fang Ming. Study on the Construction of Land-ecological Safety System ［J］. Journal of Yunnan Agricultural University, 2005.

［279］Liu F Y, Wang S K. Ecological Safety Evaluation of Land Use in Ji'an City Based on the Principal Component Analysis ［J］. Asian Agricultural Research, 2010 (2): 49 – 52.

［280］M Aichinger R et al. Maßnahmen zur $CO_2$ – Minderung bei der

Stahlerzeugung ［J］. Chemie Ingenieur Technik, 2006.

［281］ IPCC AR5. Intergovernmental Panel on Climate Change Climate Change Fifth Assessment Report （AR5） ［M］. London Cambridge University Press, Cambridge, UK, 2013.

［282］ Mileti, D. Disasters by Design: A Reassessment of Natural Hazards in the United States ［M］. Washington, D. C. : Joseph Henry Press, 1999.

［283］ Mochizuki M, Yu X Z, Seki S et al. Thermally driven ratchet motion of a skyrmion microcrystal and topological magnon Hall effect ［J］. Nature materials, 2014, 13 （3）: 241.

［284］ Morrow B H. Community resilience: A social justice perspective ［R］. Oak Ridge, TN: CARRI Research Report, 2008.

［285］ Myers C A, Slack T, Singlemann J. Social vulnerability and migration in the wake of disaster: the case of Hurricanes Katrina and Rita ［J］. Population and Environment, 2008 （29）: 271 – 291.

［286］ Nakagawa Y, Shaw R. Social capital: A missing link to disaster recovery ［J］. International Journal of Mass Emergencies and Disasters, 2004, 22 （1）: 5 – 34.

［287］ National Academy of Sciences of the United States of America. 2002.

［288］ National Research Council. Guidelines for the humane transportation of research animals ［M］. National Academies Press, 2006.

［289］ National Research Council. Improving Risk Communication. Washington: National Academy Press, 1989.

［290］ Nel P, Righarts M. Natural Disasters and the Risk of Violent Civil Conflict ［J］. International Studies Quarterly, 2008, 52 （1）: 159 – 185.

［291］ Nelson C A. Neural plasticity and human development ［J］. Current Directions in Psychological Science, 1999, 8 （2）: 42 – 45.

［292］ Neumann, Morgenstern. The Theory of Games and Economic Behavior [M]. Princeton University Press, 1953.

[293] Norman M. The question of linkages in environment and development [J]. Bioence, 1993 (5): 302 – 310.

[294] Norris F H, Stevens S P, Pfefferbaum B et al. Community resilience as a metaphor, theory, set of capacities, and strategy for disaster readiness [J]. American journal of community psychology, 2008, 41 (1 – 2): 127 – 150.

[295] O'Keefe P, K Westgate and B Wisner. Taking the Naturalness out of Natural Disasters [J]. Nature, 1976 (260): 566 – 567.

[296] Ortwin Renn. Three decades of risk research: accomplishments and new challenges [J]. Journal of Risk Research, 1998, 1 (1): 49 – 71.

[297] P A Wookey et al. Environmental constraints on the growth, photosynthesis and reproductive development of Dryas octopetala at a high Arctic polar semi-desert, Svalbard [J]. Oecologia, 1995.

[298] Pandey B, Okazaki K. Community Based Disaster Management: Empowering Communities to Cope with Disaster Risks [J]. Regional Development Dialogue, 2005 (6): 1 – 8.

[299] Paton D, Johnston D. Disasters and communities: vulnerability, resilience and preparedness [J]. Disaster Prevention and Management: An International Journal, 2001, 10 (4): 270 – 277.

[300] Paton D, McClure J. Preparing for Disaster: Building household and community capacity [M]. Charles C Thomas Publisher, 2013.

[301] Paton D, Smith L, Johnston D M. Volcanic hazards: risk perception and preparedness [J]. New Zealand Journal of Psychology, 2000, 29 (2): 86.

[302] Paul Slovic. Trust, Emotion, Sex, Politics, and Science: Surveying the Risk – Assessment Battlefield [J]. Risk Analysis, 2010, 19 (4): 689 – 701.

[303] Peacock W G, Brody S D, Highfield W. Hurricane risk perceptions among Florida's single family homeowners [J]. Landscape & Urban Planning,

2005, 73 (2 - 3): 120 - 135.

[304] Pearce L. Disaster Management and Community Planning, and Public Participation: How to Achieve Sustainable Hazard Mitigation [J]. Natural Hazards, 2003, 28 (2 - 3): 211 - 228.

[305] Pelling M and C High. Understanding Adaptation: What Can Social Capital Offer Assessments of Adaptive Capacity? [J]. Global Environmental Change, 2005, 15 (4): 308 - 319.

[306] Perrow C. The Next Catastrophe: Reducing Our Vulnerabilities to Natural, Industrial, and Terrorist Disasters [M]. Princeton, NJ: Princeton University Press, 2011.

[307] Pfefferbaum B J, Reissman D B, Pfefferbaum R L et al. Building resilience to mass trauma events [M]//Handbook of injury and violence prevention. Springer, Boston, MA, 2008: 347 - 358.

[308] Philip, Righarts, Marjolein. Natural Disasters and the Risk of Violent Civil Conflict | International Studies Quarterly | Oxford Academic [J]. International Studies Quarterly, 2008, 52 (1): 159 - 185.

[309] Pidgeon N. Risk communication and the social amplification of risk: theory, evidence and policy implications [J]. Risk Decision & Policy, 1999, 4 (2): 145 - 159.

[310] Portes, Alejandro. Social capital: Its origins and applications in modern sociology [J]. Annual Review of Sociology, 1998, 24 (1): 1 - 24.

[311] Post - Katrina Emergency Management Reform Act of 2006, Title VI, Sec. 503, pp. 1399 - 1400 of DHS.

[312] Pratt J W. Risk Aversion in the Small and in the Large [J]. Econometrica, 1975, 44 (2): 115 - 130.

[313] Pulley M L. Leading resilient organizations [J]. Leadership in action, 1997, 17 (4): 1 - 5.

[314] Putnam R, Leonardi R and Naetti R. "Making Democracy Work:

Civic Traditions in Modern Italy. " Princeton: Princeton University Press, 1993.

[315] Putnam. The Prosperous Community Social Capital and Public Life [J]. American Prospect, 1993b (13): 35 – 42.

[316] Renn O, Burns W J, Kasperson J X et al. The Social Amplification of Risk: Theoretical Foundations and Empirical Applications [J]. Journal of Social Issues, 1992.

[317] Renn O, Burns W J, Kasperson J X et al. The Social Amplification of Risk: Theoretical Foundations and Empirical Applications [J]. Journal of Social Issues, 2010, 48 (4).

[318] Renn, O. "White Paper on Risk Governance: Toward an Integrative Approach" [A]. Renn O. et al. (Eds) Global Risk Governance: Concept and ractice Using the IRGC Framework [C]. Netherlands: Springer, 2007: 3 – 73.

[319] Review B E H. World Population Trends: Signs of Hope, Signs of Stressby Lester R. Brown [J]. Population & Development Review, 1977, 3 (3): 331 – 332.

[320] Richardson G E. The metatheory of resilience and resiliency [J]. Journal of clinical psychology, 2002, 58 (3): 307 – 321.

[321] Robert, Costanza. The impact of ecological economics [J]. Ecological Economics, 1996.

[322] Robinson D J. Building a Green Economy [M]// The Energy Economy. Palgrave Macmillan US, 2015.

[323] Rose A Z. Economic resilience to disasters [J]. Disaster Prevention & Management An International Journal, 2009, 13 (4): 307 – 314 (8).

[324] Rosoff H, John R S, Prager F. Flu, risks, and videotape: escalating fear and avoidance [J]. Risk Analysis, 2012, 32 (4): 729.

[325] Rygel, L., D. O'sullivan and B. Yarnal. A Method for Constructing a Social Vulnerability Index: An Application to Hurricane Storm Surges in a De-

veloped Country [J]. Mitigation and Adaptation Strategies for Global Change, 2006, 11 (3): 741 –764.

[326] Salamon L M, Anheier H K. The civil society sector [J]. Society, 1997, 34 (2): 60 –65.

[327] Sandman et al. Public response to the risk from geological radon [J]. Journal of Communication, 2010, 37 (3): 93 –108.

[328] Sandman. Hazard versus Outrage in the Public Perception of Risk [M]. Effective Risk Communication. Springer US, 1989: 45 –49.

[329] Scheffer M, Carpenter S, Foley J A et al. Catastrophic shifts in ecosystems [J]. Nature, 2001, 413 (6856): 591.

[330] Sempier T T, Swann D L, Emmer R et al. Coastal community resilience index: A community self-assessment [J]. online. http: //www. masgc. org/pdf/masgp/08 –014. pdf (accessed 17 June 2013), 2010.

[331] Shaw R, Kobayashi K S H, Kobayashi M. Linking experience, education, perception and earthquake preparedness [J]. Disaster Prevention & Management, 2004, 13 (1): 39 –49.

[332] Shaw R. Community Practices for Disaster Risk Reduction in Japan [M]. Springer Japan, 2014.

[333] Sherrieb K, Norris F H, Galea S. Measuring capacities for community resilience [J]. Social indicators research, 2010, 99 (2): 227 –247.

[334] Shi Peijun. Mapping and ranking global mortality, affected population and GDP loss risks for multiple climatic hazards [J]. Journal of Geographical Sciences, 2016, 26 (7): 878 –888.

[335] Slovic P, Fischhoff B, Lichtenstein S. Rating the risks [J]. Environment, 1979, 21 (3): 14 –20.

[336] Slovic P. Perception of Risk [J]. Science, 1987, 236 (17): 280 – 285.

[337] Solovjova N V. Synthesis of ecosystemic and ecoscreening modelling

in solving problems of ecological safety [J]. Ecological Modelling, 1999, 124 (1): 1 – 10.

[338] Slovic P. Public perception of risk [J]. Journal of Environmental Health, 1997, 59 (9): 13.

[339] Slovic P. Trust, Emotion, Sex, Politics, and Science: Surveying the Risk – Assessment Battlefield [J]. Risk Analysis, 1999, 19 (4): 689 – 701.

[340] Smith M J. Pressure, Power, and Policy: State Autonomy and Policy Networks in Britain and the United States [J]. University of Pittsburgh Press, 1993, 12 (1): 97 – 98.

[341] Stallings R. Disaster and the theory of social order [C]// Quarantelli E L. What is a Disaster? Perspectives on

[342] Stoker G. Regime Theory and Urban Politics [M]. Theories of Urban Politics. Sage, 1995.

[343] SUN. An overview on the resilience of social-ecological systems [J]. Acta Ecologica Sinica, 2007, 27 (12): 5371 – 5381.

[344] Tate, E. Uncertainty Analysis for a Social Vulnerability Index [J]. Annals of the Association of American Geographers, 2013, 103 (3): 526 – 543.

[345] Thomalla F, Downing T, Spanger – Seigfried E, Reducing hazard vulnerability: towards a common approach between disaster risk reduction and climate adapation [J]. Disasters, 2006 (30): 39.

[346] Thompson M, Ellis R, Wildavsky A. Cultural theory [M]. Boulder, Colorado: Westview Press, 1990.

[347] Tierney K J. From the Margins to the Mainstream? Disaster Research at the Crossroads [J]. Annual Review of Sociology, 2007, 33 (1): 503 – 525.

[348] Tierney K, Bevc C, Kuligowski E. Metaphors matter: Disaster myths, media frames, and their consequences in Hurricane Katrina [J]. The

annals of the American academy of political and social science, 2006, 604 (1): 57 –81.

[349] Tierney K, Bruneau M. Conceptualizing and measuring resilience: A key to disaster loss reduction [J]. Tr News, 2007 (250): 14 –17.

[350] Tierney K. Disaster response: Research findings and their implications for resilience measures [R]. Oak Ridge, TN: CARRI Research Report, 2009.

[351] Tierney K J. From the Margins to the Mainstream? Disaster Research at the Crossroads [J]. Annual Review of Sociology, 2007 (33): 503 –525.

[352] Titus C S. Resilience and the virtue of fortitude: Aquinas in dialogue with the psychosocial sciences [M]. CUA Press, 2006.

[353] Tramonte, Michael R. Risk Prevention for All Children/Adolescents: Lessons L, eaming from Disaster Intervention. Washington DC: Paper Presented at the Annual Convention of National Association of School Psychologists, April, 2001. I5.

[354] Turton S. Global Environmental Risk – Edited by Jeanne X. Kasperson and Roger E. Kasperson and Running from the Storm: the Development of Climate Change Policy in Australia-by Clive Hamilton [J]. Geographical Research, 2010, 45 (4): 410 –411.

[355] Tversky A, Kahneman D. Advances in prospect theory: Cumulative representation of uncertainty [J]. Journal of Risks & suncertainty, 1992, 5 (4): 297 –323.

[356] UN/ISDR. Living with Risk: A Global Review of Disaster Reduction Initiatives [J]. 2002, 7 (4): 336 –342.

[357] Walker B, Holling C S, Carpenter S R et al. Resilience, Adaptability and Transformability in Social-ecological Systems [J]. Ecology & Society, 2004, 9 (2): 3438 –3447.

[358] Waller M A. Resilience in ecosystemic context: evolution of the

concept [J]. American Journal of Orthopsychiatry, 2001, 71 (3): 290.

[359] Wang X T, Simons F, Brédart S. Social cues and verbal framing in risky choice [J]. Journal of Behavioral Decision Making, 2001, 14 (1): 1 – 15.

[360] Williams N, T Vorley and P H Ketikidis. Economic resilience and entrepreneurship: A case study of the Thessaloniki city region [J]. Local Economy, 2013, 28 (4): 399 – 415.

[361] Xian – Gui Z, Caihong M A, Li – Feng G et al. Assessment of ecological safety under different scales based on ecological tension index [J]. Chinese Journal of Eco – Agriculture, 2007.

[362] Yu K J. Landscape ecological security patterns in biological conservation [J]. Acta Ecologica Sinica, 1999, 19 (1): 8 – 15.

[363] Young O R. International Governance: Protecting the Environment in a Stateless Society [M]. International governance: protecting the environment in a stateless society. Cornell University Press, 1994: 617 – 649.

[364] Wisner B P et al. At risk: natural hazards, people's vulnerability and disasters [M]. NY: Routledge.

[365] Yasamin O. Izadkhah. Formal and Informal Education for Disaster Risk Reduction. A contribution from Risk RED for the International Conference on School Safety, Islamabad, May 2008.